# Innovation et développement dans les systèmes agricoles et alimentaires

Guy Faure, Yuna Chiffoleau, Frédéric Goulet,
Ludovic Temple et Jean-Marc Touzard

Éditions Quæ

*Collection Synthèses*

Architecture des plantes et production végétale
Les apports de la modélisation mathématique
P. de Reffye, M. Jaeger, coordinateurs, D. Bartélémy, F. Houllier
2018, 360 pages

Les sols et la vie souterraine
Des enjeux majeurs en agroécologie
J.-F. Briat, D. Job
2017, 328 pages

Transformations agricoles et agroalimentaires
Entre écologie et capitalisme
G. Allaire, B. Daviron
2017, 432 pages

Architecture et croissance des plantes
Modélisation et applications
P. De Reffye, M. Jaeger, D. Barthélémy, F. Houllier
2016, E-pub

La Loire fluviale et estuarienne
Un milieu en évolution
F. Moatar, N. Dupont
2016, 320 pages

Éditions Quæ
RD 10, 78026 Versailles Cedex

# Table des matières

PARTIE 3

ACCOMPAGNEMENT DES ACTEURS DE L'INNOVATION

PARTIE 4

ÉVALUATION DES EFFETS DES INNOVATIONS

# Renouveler les regards sur l'innovation dans les systèmes agricoles et alimentaires

Guy Faure, Yuna Chiffoleau, Frédéric Goulet,
Ludovic Temple, Jean-Marc Touzard

L'innovation est devenue un objet de questionnement incontournable dans nos sociétés. Elle est omniprésente dans les discours d'acteurs économiques ou politiques, s'inscrit dans des politiques dédiées et dans de nouvelles institutions telles que les pôles ou les plateformes, et vient s'incarner dans la figure du héros contemporain créateur de *start-up*. Le thème de l'innovation a aussi gagné une place importante dans le monde scientifique, comme en témoigne la forte croissance des travaux qui y sont consacrés, la création de sociétés savantes et de revues spécialisées contribuant à l'affirmation d'un champ académique autour des *Innovation Studies* (Fagerberg et Verspagen, 2009 ; Godin, 2014).

## ▶▶ Innover pour exister dans le monde contemporain

Mais plus qu'une notion à la mode l'innovation est devenue de façon concrète un enjeu clé de l'agir, pour les entreprises, les politiques ou, plus globalement, la société. Au Nord comme au Sud, innover, c'est-à-dire introduire une nouveauté dans une organisation économique et sociale, apparaît plus que jamais comme un facteur de compétitivité des entreprises, permettant de réduire les coûts, d'améliorer la productivité ou la qualité des produits, ou encore de créer de nouveaux marchés dans un contexte de concurrence mondialisée (Porter et Heppelmann, 2014). Dans le prolongement des travaux de Schumpeter (1935), l'innovation est plus largement réaffirmée comme source de croissance macro-économique, au cœur maintenant d'une économie de la connaissance, valorisant la créativité, l'apprentissage et la communication (Foray 2009 ; Stiglitz et Greenwald, 2017). Elle est aussi mise en avant comme solution pour résoudre les problèmes générés par le développement économique lui-même, en particulier dans les domaines écologiques, énergétiques ou alimentaires, conduisant à ce que Callon *et al.* (2015) appellent un régime de l'économie des promesses techno-scientifiques. Enfin, à travers les frontières ouvertes par de nouvelles technologies, dans les domaines du numérique et de la biologie, par exemple, l'innovation est envisagée comme le ferment possible d'une transformation sociale plus radicale, allant vers un partage accru des connaissances (Rifkin, 2011), vers le transhumanisme (Ferry, 2016) ou vers une rupture avec les formes actuelles du capitalisme (Latouche, 2006).

Bien entendu, des regards critiques viennent questionner cet engouement pour l'innovation (Godin et Vinck, 2017 ; Petit, 2015). À la fois créatrice et destructrice, l'innovation provoque des exclusions sociales, détruit des emplois et des entreprises, peut susciter des monopoles et des rentes et générer de nouveaux risques techniques et sociétaux qu'il faut pouvoir appréhender (Joly *et al.*, 2015 ; Temple *et al.*, 2018). Mais ces critiques finissent souvent par se nourrir de la notion même d'innovation pour suggérer, ou parfois réhabiliter, des voies alternatives ou de résistance, par exemple à travers des innovations qualifiées de « sociales » ou de « frugales ». Que ce soit dans les arènes scientifiques, politiques, industrielles ou, plus largement, entrepreneuriales et médiatiques, l'innovation apparaît ainsi comme une notion qui permet d'analyser, d'encourager et de critiquer, mais aussi d'agir dans les transformations de nos sociétés contemporaines.

Cette primauté de l'innovation semble avoir gagné les multiples recoins de la société, attirant les regards, les débats et les engagements dans tous ses secteurs économiques. Cet ouvrage propose précisément de livrer des regards contemporains sur l'innovation dans l'un de ces secteurs, à savoir l'agriculture et les activités qui concourent à l'alimentation des sociétés. Plusieurs ouvrages ou travaux de synthèse ont contribué à éclairer la question de l'innovation en agriculture, à partir de différentes perspectives disciplinaires ou géographiques (Chauveau et Yung, 1993 ; Inra et École des Mines, 1998 ; Rajalahti, 2012 ; Coudel *et al.*, 2013 ; Touzard *et al.*, 2014). Mais, très souvent, pour la communauté scientifique qui étudie l'innovation, l'agriculture constitue plutôt un cas d'étude sectoriel parmi d'autres, aux côtés de la santé ou des transports, et ce, même si des questions spécifiques à l'agriculture peuvent être pointées (Malerba, 2006 ; RRI, 2014). Cet ouvrage vise à produire une réflexion actualisée sur les spécificités de l'innovation dans les secteurs agricoles et alimentaires, et ce, en prenant pour toile de fond les termes renouvelés des relations entre agriculture, alimentation et sociétés.

## ▸▸ Inscrire l'innovation agricole dans les débats sociétaux

La question de l'innovation dans les secteurs agricole et agroalimentaire est en effet l'objet de multiples débats reflétant les transformations des sociétés contemporaines, faisant bouger les lignes de clivage traditionnelles, entre pays du Nord et pays du Sud, rural et urbain, ou encore croissance économique et développement social. Ces débats conduisent à politiser l'innovation et à renouveler ses approches selon différents plans.

Un premier plan concerne les débats politiques et éthiques sur les innovations à privilégier ou à écarter. Les critères de ce qui fait ou non une «bonne» innovation varient selon les sociétés, les groupes sociaux, ou les périodes historiques. Dans le secteur agricole, les biotechnologies et les organismes génétiquement modifiés illustrent ces débats et la façon dont ils peuvent diviser les sociétés. Là où certains voient un gage de progrès et, par exemple, un moyen de réduire l'usage des pesticides ou d'améliorer la production alimentaire, d'autres ne voient qu'une stratégie visant à accroître les profits de firmes multinationales, à réduire l'autonomie des agriculteurs ou à mettre en péril le patrimoine génétique (Bernard de Raymond, 2010). Au-delà des impacts avérés, l'ampleur des débats est étroitement liée aux différents types de risques (sociaux, économiques, sanitaires…) associés à l'innovation (Beck, 2001). Toute innovation ne serait donc pas bonne en soi et, en fonction des critères retenus par les uns ou les autres et de l'attention portée ou non à certains types d'impacts, c'est la nature même des innovations qui est mise en débat.

Un deuxième plan se décline autour des finalités de l'innovation, dans un contexte soumis à de nouveaux enjeux, locaux ou globaux. Au cours du XX$^e$ siècle, l'innovation a été implicitement, puis explicitement, incluse dans l'idée de croissance économique et de progrès. Elle s'affirme aujourd'hui comme un processus lié à une pluralité de finalités, répondant aux grands enjeux qui traversent les sociétés et les politiques publiques. La sécurité alimentaire, le maintien de la biodiversité ou la lutte contre les pollutions et le changement climatique sont des exemples remarquables de ces grands enjeux, suscitant un nombre exponentiel d'initiatives et, par conséquent, d'innovations. Ces finalités sont elles-mêmes en débat, parfois révisées, hiérarchisées, ou recombinées dans des processus qui relèvent du politique. Ainsi, l'agriculture climato-intelligente (*Climate Smart Agriculture*), promue par la FAO (2013) afin de favoriser le déploiement d'innovations agricoles pour faire face aux enjeux du climat et de la sécurité alimentaire, se trouve elle-même mise en débat, car suspecte, aux yeux de certaines organisations non gouvernementales ou d'États, de dissimuler un écoblanchiment (*greenwashing*) et de servir de caution à la diffusion de technologies contrôlées par les pays industriels.

Ces débats sur les finalités de l'innovation en induisent d'autres, autour des cibles de l'innovation. Derrière cette question se retrouvent souvent les réflexions autour de l'amélioration des performances des entreprises (firmes de l'amont ou de l'aval, exploitations agricoles), sources d'une abondante littérature. En réaction, ou en parallèle, d'autres réflexions pointent la nécessité de canaliser les efforts consacrés à l'innovation, qu'ils viennent des secteurs publics ou des secteurs privés, en faveur des publics dont la situation économique et sociale serait la plus vulnérable, à l'image des politiques d'incitation à l'innovation pour l'agriculture familiale en Amérique latine (Goulet, 2016). Si l'idée est bien de montrer que la richesse induite par l'innovation des uns ne bénéficie pas forcément aux autres par ruissellement, le risque est toutefois de contribuer à la vision d'une innovation par catégories de cibles (riches *versus* pauvres) ou par marchés (solvables *versus* non solvables), niant les interdépendances entre processus et la nécessité d'approches transversales (Klein *et al.*, 2014).

Un quatrième plan de discussion prolonge le précédent et amène à s'interroger sur qui innove. Les travaux de Schumpeter (1935) théorisent l'entrepreneur innovant, et les analyses de l'innovation valorisent généralement les inventions des chercheurs et des ingénieurs, mais la capacité d'innovation des autres acteurs (en particulier les agriculteurs, les artisans et les consommateurs) reste souvent peu reconnue. S'ensuit un ensemble de débats autour de travaux réfutant leur rôle de simple cible ou de bénéficiaire et mettant en avant, dans le secteur agricole en particulier, l'innovation endogène, locale, ou bien encore paysanne, au risque parfois d'une approche populiste (Thomsons et Scoone, 1994). La reconnaissance, plus ou moins large, de ceux qui innovent a une portée symbolique et politique mais, souvent, elle est aussi un facteur d'efficacité pour répondre collectivement à un enjeu de développement.

Ces considérations ouvrent sur un dernier plan de discussion, autour du «comment» : comment émerge l'innovation ; comment faut-il la concevoir ; comment faut-il l'accompagner et l'évaluer ? Ce ne sont plus ici les innovations en tant que telles, et leurs finalités, qui sont discutées, ni simplement leurs bénéficiaires ou leurs auteurs, mais bien la façon de les mettre au point, de les faire surgir. La dimension principale de ce plan du débat se trouve ainsi dans la contestation des formes de l'innovation dites «descendantes» (*top down innovation*)[1], qui ont profondément marqué le développement agricole (Chambers, 1983 ; Darré, 1999). L'idée générale est alors de faire participer un nombre croissant d'acteurs hétérogènes à la mise au point des innovations, et de mettre en place un nouveau régime d'innovation, plus démocratique et basé sur l'expérimentation collective (Von Hippel, 2005 ; Callon *et al.*, 2015). Cette idée fait son chemin, jusque dans l'action publique liée au secteur agricole, se traduisant notamment par une meilleure identification des innovations produites par les agriculteurs sur leurs exploitations ou par la création de plateformes locales d'innovation ou *living labs*[2] territoriaux. La «bonne» façon d'innover devient ainsi objet de débat, de recherche, et de prises de positions contrastées selon les différents acteurs liés aux questions agricoles et alimentaires.

## ▸▸ Analyser l'innovation comme un processus multidimensionnel

Les regards sur l'innovation agricole qui sont proposés dans cet ouvrage se nourrissent de ces différents débats et contribuent à les enrichir et à les analyser. Mais ces regards s'appuient aussi sur un corpus important de contributions académiques récentes en économie, gestion, sociologie, géographie ou agronomie, domaines qui partagent des approches communes de l'innovation, que l'on retrouve dans ces deux communautés scientifiques pluridisciplinaires importantes que sont les *Innovation Studies* et les *Sciences and Technologies Studies*[3].

---

1. L'innovation descendante est celle pensée et promue par certains acteurs (la recherche, par exemple) pour le bénéfice d'autres acteurs (les agriculteurs, par exemple). Elle s'oppose à l'innovation ascendante, développée par les acteurs pour leur propre bénéfice (les agriculteurs, par exemple) et qui vont chercher des appuis par ailleurs.

2. Le *living lab* est à la fois une méthodologie et un lieu où citoyens, habitants et usagers sont considérés comme des acteurs clés des processus de recherche et d'innovation.

3. Les *Innovations Studies*, largement influencées par les économistes, analysent l'innovation, à différentes échelles (locale ou nationale) avec un focus particulier sur les systèmes d'innovation. Les *Sciences and Technologies Studies*, largement portées par les sociologues, étudient les relations entre recherches scientifiques et société pour produire des innovations technologiques.

Plus que comme la simple introduction ou adoption d'une nouveauté dans un système socio-économique, l'innovation est analysée dans les travaux de ces deux communautés, toutes disciplines confondues, comme un processus qui résulte d'interactions entre de nombreux acteurs, intervenant dans un contexte donné et exprimant une intention de changement. L'innovation peut certes être caractérisée de différentes manières, selon son objet (un produit *vs* un processus), selon sa nature (technique *vs* organisationnelle, élémentaire *vs* systémique...) ou selon les modalités de son émergence et de son déploiement dans le système considéré (radicale *vs* incrémentale, endogène *vs* exogène, descendante *vs* ascendante...). Mais, de fait, l'innovation résulte toujours de la synergie entre trois dimensions, technique, organisationnelle et institutionnelle. Ainsi, Leeuwis et Van den Ban (2004) considèrent qu'une innovation combine la mise en œuvre de nouvelles techniques et pratiques (constituant le *hardware*), de nouvelles connaissances et modes de pensée (*software*) et de nouvelles institutions et organisations (*orgware*). Les travaux des sociologues de l'École des Mines, en France dans les années 1980, et leurs contributions à la théorie de l'acteur-réseau (Akrich *et al.*, 1988a,b), ont pour leur part insisté sur la dimension sociotechnique des innovations, invitant à dépasser des réductionnismes techniques ou sociaux dans l'analyse des processus d'innovation.

À la suite des approches de Schumpeter (1935), un grand nombre d'approches actuelles de l'innovation considèrent également le rôle central des entrepreneurs, car ils saisissent des opportunités pour innover, en prenant des risques. Ce rôle de l'entrepreneur se manifeste en agriculture *via* le paysan qui innove (Chauveau *et al.* 1999) ou *via* l'entrepreneur hors du radar des organisations (Hall et Dorai., 2012). Mais au-delà de ces individus, parfois considérés comme des « champions », l'innovation en agriculture est surtout appréhendée à travers la construction de connaissances et de capacités dans le cadre de réseaux d'acteurs (Klerkx *et al.* 2010). Ces réseaux, formels ou informels, peuvent se caractériser par un ensemble de relations plus ou moins intenses entre des individus et/ou des organisations. Une multitude de processus d'apprentissage, collectifs ou individuels, prennent place afin de produire des connaissances utiles pour provoquer le changement désiré (Faure *et al.*, 2010). La fonction d'intermédiation (ou de facilitation) entre acteurs est fondamentale (Klerkx *et al.*, 2010) pour stimuler les interactions, faciliter les négociations, mobiliser des ressources, faire émerger ou redécouvrir des nouveautés, ou permettre la capitalisation d'expériences. La configuration des réseaux se modifie continuellement lors des processus d'innovation, en favorisant la création de nouveaux liens mais en provoquant la disparition d'autres liens.

L'innovation est alors appréhendée comme un processus complexe. Il peut être compris comme un processus tourbillonnaire et imprévisible, dont le pilotage est incertain, voire impossible (Akrich *et al.*, 1988a,b ; Leeuwis et Van Den Ban, 2004). De fait, tout processus d'innovation passe par des accélérations, des ralentissements et des crises, et les innovations, obéissant à un mécanisme de sélection, ne sont pas toutes viables (Nelson, 1993). Mais la complexité du processus peut aussi être étudiée à partir de cadres qui en balisent la trajectoire, saisissent différentes phases ou temps de l'innovation et en identifient des séquences stylisées. L'entrée par la théorie de l'acteur-réseau se réfère ainsi aux étapes de problématisation, d'intéressement, d'enrôlement et de mobilisation des acteurs (Akrich *et al.*, 1988a,b).

Les travaux étudiant les innovations dans les transitions sociotechniques (Geels et Schot, 2007) montrent comment elles peuvent émerger dans des niches qui permettent leur maturation ou leur élimination, puis peuvent ensuite prendre de l'ampleur, se disséminer sous leur forme originelle ou sous une nouvelle forme et, au final, modifier les régimes sociotechniques dominants. Les environnements institutionnel et macro-économique jouent alors un rôle important, à travers les règles, les normes et les valeurs qui supportent la trajectoire dominante ou permettent l'essor d'innovations de niche.

L'innovation peut aussi être analysée dans le cadre plus structuré de systèmes d'innovation, nationaux, régionaux ou sectoriels, mis en avant par les *Innovation Studies* (Martin, 2012). Schématiquement, un système d'innovation vise à saisir conjointement les acteurs, les réseaux, les connaissances et les institutions qui conditionnent l'innovation dans un espace donné. Il inclut l'ensemble des acteurs qui contribuent à l'innovation, c'est-à-dire la recherche, les acteurs intermédiaires, les organisations professionnelles, les entreprises, l'État avec ses politiques publiques, etc. Dans cette perspective, l'innovation ne résulte que dans certains cas de l'application des résultats de la recherche scientifique. De plus, quand la recherche est impliquée dans l'innovation, il existe de nombreux allers-retours entre les chercheurs et leurs partenaires, jusqu'à ce qu'ils parviennent à une ou des innovations, déployées par d'autres catégories d'acteurs (des agriculteurs, des firmes, des organisations). Une telle analyse, en matière de systèmes d'innovation, permet d'interroger à la fois les processus de développement et les politiques d'innovation, mais aussi les impacts des innovations (Klerkx *et al.*, 2010 ; Touzard *et al.*, 2014).

## ▸▸ Étudier et accompagner l'innovation dans l'agriculture

En nous appuyant sur les apports récents des travaux académiques sur l'innovation, communs à plusieurs disciplines, nous voulons dans cet ouvrage questionner et enrichir les regards sur l'innovation dans l'agriculture et l'alimentation. En proposant des synthèses et des analyses fondées sur des études de cas menées en Europe et dans de nombreux pays du Sud, nous affichons une double ambition. La première est de proposer un point d'étape sur des thématiques pour lesquelles la question de l'innovation est centrale, en lien notamment avec la périodisation des grandes transformations du secteur agricole ou avec de grands défis sociétaux. La seconde ambition est de présenter une posture de recherche sur l'innovation, à l'intersection entre analyse et accompagnement.

Les contributeurs de cet ouvrage partagent une approche systémique de l'innovation, forgée et traduite dans des pratiques de recherche pluridisciplinaire au sein d'une même unité mixte de recherche, l'UMR « Innovation », de Montpellier[4]. La construction

---

4. L'unité mixte de recherche « Innovation et Développement », créée au milieu des années 2000, regroupe environ 90 chercheurs, enseignants-chercheurs et doctorants du Centre de coopération internationale en recherche agronomique pour le développement (Cirad), de l'Institut national de la recherche agronomique (Inra) et de l'Institut national d'études supérieures agronomiques de Montpellier (Montpellier SupAgro). Les recherches sont de nature pluridisciplinaire (agronomie, économie, sociologie, géographie, sciences de gestion, droit). Les terrains sont variés (Sud de l'Europe, Afrique, Asie du Sud-Est, Amérique Latine).

d'une approche et d'un cadre analytique communs de l'innovation dans les systèmes agricoles et alimentaires s'est alors imposée, dans une triple perspective. La première est d'étudier, caractériser, nommer et rendre compte avec précision des mécanismes qui font l'innovation. L'objectif est de produire des connaissances factuelles, des concepts et des cadres d'analyse, dont la portée est générique, parfois au-delà des secteurs agricole et rural. Il s'agit également de qualifier des modèles d'innovation et d'évaluer les impacts de ces innovations. La seconde perspective consiste à utiliser les situations d'innovation ou, plus largement, de changement, comme des postes avancés d'observation pour saisir et caractériser les transformations des mondes agricoles. Les processus d'innovation sont en effet des espaces de déséquilibre, de transformation et de réagencement, qui donnent à voir comment les acteurs agissent, comment les ressources sont utilisées et transformées et, au final, comment les systèmes agricoles et alimentaires évoluent. La troisième perspective vise à accompagner les acteurs qui innovent, à travers des recherches participatives ou des recherches-actions, mais aussi à travers l'élaboration de méthodes pour favoriser l'émergence et le déploiement d'innovations, à l'échelle des exploitations agricoles ou de collectifs d'acteurs hétérogènes, et pour renforcer les capacités à innover de ces acteurs.

À travers ces trois perspectives, il s'agit de mener des recherches à même de contribuer aux débats académiques et sociétaux, avec des analyses originales, utiles pour concevoir des innovations avec les acteurs des systèmes agricoles et alimentaires, débouchant sur des outils d'aide à la réflexion pour ces acteurs et sur des méthodes d'intervention pour les dispositifs d'accompagnement, contribuant au renforcement des dispositifs de recherche et développement ou de conseil, ou encore participant à l'élaboration de politiques d'innovation et de recherche. L'ouvrage aborde l'ensemble de ces considérations à travers quatre parties, dont nous allons décrire le contenu plus en détails ci-dessous.

## ▶▶ Histoire et positionnement des travaux sur l'innovation dans l'agriculture

L'ouvrage s'ouvre sur une première partie visant à dresser un panorama de la pensée sur l'innovation en agriculture, dans une perspective historique aboutissant à la prise en compte des grands enjeux sociétaux de notre époque.

Le chapitre 1 traite de l'histoire de l'innovation et de ses usages dans l'agriculture, à partir d'une décomposition en trois périodes, en se basant plus spécifiquement sur les regards et les apports de l'économie et de la sociologie. Jusqu'à la Seconde Guerre mondiale, la notion d'innovation est peu utilisée et c'est la question du progrès technique qui est affirmée. Durant les quatre décennies suivantes, les approches diffusionnistes de l'innovation occupent le devant des travaux de recherche, avant que n'émergent, à partir des années 1980, les critiques du modèle de développement agricole et un renouvellement de la pensée sur l'innovation.

Dans le chapitre 2, les caractéristiques actuelles des innovations dans l'agriculture et l'agroalimentaire sont analysées en questionnant leurs spécificités sectorielles, liées aux rapports qu'entretiennent les activités agricoles et alimentaires avec la nature, l'espace et les sociétés. Ces innovations sont aussi marquées aujourd'hui par la convergence d'enjeux globaux que pointent les travaux sur les transitions, écologique, climatique, énergétique, numérique, sociale et alimentaire.

Le chapitre 3 montre que les sciences et les techniques contribuent à la transformation des mondes agricoles au travers de la création des institutions nationales ou internationales de recherche agronomique qui ont vu le jour pendant la seconde moitié du XX<sup>e</sup> siècle. Face, notamment, aux crises de confiance envers le modèle agricole industriel et aux évolutions propres au champ scientifique, ces institutions sont conduites à réinventer les termes de leurs contributions à l'innovation.

## ▸▸ Les domaines et les figures actuelles de l'innovation

La deuxième partie interroge différentes visions de l'innovation suivant les points de vue disciplinaires (agronomie, géographie, économie, gestion, sociologie), mais aussi suivant les domaines de l'innovation (les systèmes de production, les systèmes alimentaires, les organisations, le territoire).

Le chapitre 4 aborde l'innovation agro-écologique et montre que ce sont ses caractéristiques propres qui font de l'agro-écologie un processus d'innovation spécifique, conduisant à un renouvellement des approches et des dispositifs d'appui et de conseil aux agriculteurs.

Le chapitre 5 identifie le secteur de l'alimentation comme propice à des innovations sociales, qui permettent notamment de répondre à des enjeux d'accès à une alimentation de qualité pour des personnes en situation précaire. L'innovation sociale se comprend alors comme un processus relationnel et contextualisé, construit dans la durée par des individus singuliers et appuyé sur des ressources de médiation.

Le chapitre 6 montre que les systèmes agroalimentaires localisés (Syal) sont confrontés à des besoins permanents d'innovations techniques ou organisationnelles. La compréhension des Syal permet d'éclairer finement les processus d'innovation collectifs et localisés, impliquant des agriculteurs et des petites entreprises agroalimentaires, et d'identifier les voies d'appui aux acteurs.

Le chapitre 7 mobilise le concept d'innovation territoriale pour saisir les multiples dimensions des relations entre ville et agriculture et comprendre ainsi les transformations de l'agriculture dans le contexte de la société urbaine. L'innovation devient territoriale par accumulation de micro-changements qui finissent par infléchir des fonctionnements d'acteurs urbains ou ruraux, établis dans les usages et les normes qui régulent les relations entre ville et agriculture.

## ▸▸ Innover dans l'accompagnement de l'innovation

La troisième partie se penche sur l'accompagnement de l'innovation, en appréhendant la diversité des dispositifs de recherche et de conseil qui visent à promouvoir l'innovation, et en proposant des méthodes d'intervention pour accompagner l'innovation auprès d'agriculteurs ou de collectifs hétérogènes. Les travaux présentés s'ancrent sur des analyses et sur une longue pratique d'appui aux acteurs du conseil et de l'accompagnement.

Le chapitre 8 rend ainsi compte des différentes fonctions des dispositifs d'appui à l'innovation existants, notamment dans les pays du Sud. Les auteurs montrent qu'une diversité de dispositifs est nécessaire pour créer des conditions favorables à l'innovation et pour accompagner pas à pas des collectifs, en fonction de leurs capacités et de leurs besoins d'apprentissage.

Le chapitre 9 présente pourquoi et comment les chercheurs s'associent aux autres acteurs dans une recherche-action en partenariat pour construire un dispositif de production de connaissances avec les acteurs engagés dans la transformation de la réalité. La recherche-action en partenariat peut être perçue comme une innovation en tant que telle, car elle implique des changements significatifs dans les dispositifs de recherche, notamment en matière de gouvernance, de méthodes et de pratiques.

Le chapitre 10 présente des démarches de co-conception de systèmes techniques innovants basées sur des interactions fortes entre les acteurs impliqués. Une diversité d'objets intermédiaires, tels que la modélisation ou l'expérimentation agronomique en milieu paysan, sont utilisés pour faciliter ces interactions et pour favoriser les apprentissages.

Le chapitre 11 aborde l'évolution du conseil en agriculture et la diversité des méthodes pour fournir du conseil. Il montre que le choix d'une méthode dépend de la nature du problème à traiter et des solutions à mettre en œuvre, mais aussi des capacités des conseillers, des objectifs que se fixent les organisations de conseil et, enfin, des mécanismes de gouvernance et de financement du conseil.

Le chapitre 12 traite de l'accompagnement des collectifs multi-acteurs pour faciliter l'innovation, en comparant deux démarches d'intervention. Ces démarches visent à faciliter l'émergence de solutions ou de plans d'action négociés au sein de groupes de pairs ou d'arènes d'acteurs hétérogènes. Le chapitre analyse les points communs et les différences entre ces démarches, pour en tirer des leçons pour l'accompagnement.

## ▶▶ Évaluer les effets de l'innovation sur les dynamiques de développement

La quatrième et dernière partie aborde les questions liées à l'évaluation des effets des innovations sur les dynamiques de développement, en posant tout d'abord des questions de finalité et d'éthique, mais aussi des questions de méthodes d'évaluation pour mesurer les effets.

L'objectif du chapitre 13 est de clarifier la place de la morale et de l'éthique dans les processus d'innovation. L'évaluation porte ainsi une attention particulière aux jugements moraux des acteurs. À l'appui des résultats d'une démarche de recherche-action sur les alternatives à l'abattage industriel des animaux d'élevage, le chapitre montre comment des éleveurs placent leur responsabilité morale à l'égard de leurs bêtes au cœur de ce processus d'innovation qu'est l'abattage à la ferme.

Le chapitre 14 discute des impératifs d'évaluation des programmes de recherche ou de développement qui sont émis par des bailleurs de fonds, des agences nationales de recherche ou de développement, ou des acteurs de la société civile. Il présente les différentes méthodes d'évaluation pouvant être mobilisées, ainsi que les arbitrages à effectuer afin de choisir l'approche la plus adaptée à l'innovation étudiée et aux questions posées par l'évaluation.

Le chapitre 15 aborde les outils d'évaluation multicritères pour explorer les effets et les impacts d'innovations techniques ou organisationnelles. Il discute de trois questions méthodologiques, à savoir la prise en compte des multiples dimensions de l'innovation, la participation des acteurs à l'élaboration des critères et des indicateurs d'évaluation, et la manière d'aboutir à une appréciation finale à travers le choix de méthodes de mesure.

Le chapitre 16, enfin, s'intéresse aux évaluations *ex-ante* et *ex-post* de systèmes de production agricoles à l'aide d'outils informatiques (simulateur, modélisation). En *ex-post*, ces outils permettent d'évaluer les effets de l'adoption d'une innovation sur les performances des exploitations existantes. En *ex-ante*, ces outils deviennent des outils de dialogue et permettent de tester différents scénarios avec les agriculteurs et les techniciens.

Au fil de ces quatre parties, ce sont les travaux de chercheurs de différentes disciplines qui sont restitués, mais aussi la dynamique collective engagée au sein d'une unité mixte de recherche. Les laboratoires de recherche, au même titre finalement que les collectifs d'acteurs associés aux processus d'innovation, sont composés d'individus divers, par leurs fonctions, leurs approches et leurs prises sur la réalité. Dans les deux situations, ce sont précisément ce pluralisme et les interactions qu'il génère qui permettent de faire émerger des nouveautés, c'est-à-dire de nouvelles idées, de nouvelles pratiques de recherche et de nouveaux produits. Nous vous souhaitons une belle lecture !

## ▸▸ Références bibliographiques

Akrich M., Callon M., Latour B., 1988a. À quoi tient le succès des innovations. Premier épisode : l'art de l'intéressement. *Gérer et comprendre, Annales des Mines*, 11, 4-17.

Akrich M., Callon M., Latour B., 1988b. À quoi tient le succès des innovations. Deuxième épisode : l'art de choisir les bons porte-parole. *Gérer et comprendre, Annales des Mines*, 12, 14-29.

Beck U., 2001. *La Société Du Risque. Sur La Voie D'une Autre Modernité*, Aubier, Paris.

Bernard de Raymond A., 2010. Les mobilisations autour des Ogm en France, une histoire politique (1987-2008), *In : Les mondes agricoles en politique* (B. Hervieu, N. Mayer, P. Muller, F. Purseigle, J. Rémy, eds), Presses de Sciences Po, Paris, 293-336.

Callon M., Rip A., Joly P.-B., 2015. Réinventer L'innovation ? *InnovatiO*, 1, [on line], <http://innovacs-innovatio.upmf-grenoble.fr/index.php?id=252> (consulté le 27 mars 2018).

Chambers R., 1983. *Rural Developement. Putting the Last First*, Longman, New York.

Chauveau J.P., Cormier Salem M.C., Mollard E. (eds), 1999. *L'innovation en agriculture, questions de méthodes et terrains d'observation*, IRD, Paris, 362 p.

Chauveau J.P., Yung J.M, 1993. Innovation et sociétés. Quelles agricultures ? Quelles innovations ?, Actes du xɪv séminaire d'économie rurale, volume 2, 13-16 sept 1993, Montpellier, France, Inra, Cirad, Orstom.

Coudel E., Devautour H., Soulard C.T., Faure G., Hubert B. (eds), 2013. Renewing Innovation Systems in Agriculture and Food: How to go towards more sustainability? Wageningen Academic Publishers.

Darré J.P., 1999. *La production de connaissances pour l'action. Arguments contre le racisme de l'intelligence*, Éditions de la Maison des sciences de l'homme / Institut national de la recherche agronomique.

Fagerberg J., Verspagen B., 2009. Innovation Studies – the Emerging Structure of a New Scientific Field. *Research Policy*, 38(2), 218-233.

FAO, 2013. *Climate Smart Agriculture Source Book*, FAO, Rome.

Faure G., Gasselin P., Triomphe B., Temple L., Hocde H. (eds), 2010. Innover avec les acteurs du monde rural : la recherche-action en partenariat, collection Agricultures tropicales en poche, Quæ / CTA / Presses agronomiques de Gembloux.

Ferry L., 2016. *La Révolution transhumaniste. Comment la technomédecine et l'ubérisation du monde vont bouleverser nos vies*, Plon, Paris.

Foray D., 2009. *L'économie de la connaissance*, La Découverte, Paris.

Geels FW, Schot J., 2007. Typology of sociotechnical transition pathways. *Research Policy*, 36(3), 399-417.

Godin B., 2014. Innovation Studies: Staking the Claim for a New Disciplinary Tribe. *Minerva*, 52(4), 489-95.

Godin B., Vinck D. (eds), 2017. *Critical Studies of Innovation: Alternative Approaches to the Pro-Innovation Bias*, Edward Elgar, Northampton, MA.

Goulet F., 2016. *Faire science à part. Politiques d'inclusion sociale et recherche agronomique en Argentine*. Habilitation à diriger des recherches, Sociologie, université Paris-Est, Champs-sur-Marne.

Hall A., Dorai K., 2012. De quels types d'entrepreneurs innovants avons-nous besoin ? *In : Apprendre à innover dans un monde incertain : concevoir les futurs de l'agriculture et alimentation* (Coudel E., Hubert B., Devautour H. Soulard C., Faure G., eds), Quæ, Versailles.

Inra, École des Mines (eds), 1998. *Les chercheurs et l'innovation. Regards sur les pratiques de l'Inra*, Quæ, Versailles.

Joly P.B., Colinet L., Gaunan A., Lemarié S., Larédo P., Matt M., 2015. Évaluer l'impact sociétal de la recherche pour apprendre à le gérer : l'approche Asirpa et l'exemple de la recherche agro-nomique. *Gérer & Comprendre*, 122, 31-42.

Klein J.-L., Laville J.-L., Moulaert F. (eds), 2014. *L'innovation sociale*, Eres, Toulouse.

Klerkx L., Aarts N., Leeuwis C., 2010. Adaptive management in agricultural innovation systems: The interactions between innovation networks and their environment, *Agricultural Systems*, 103(6), 390-400.

Latouche S., 2006. *Le pari de la décroissance*, Fayard, Paris.

Leeuwis C., Van den Ban A., 2004. *Communication for innovation: rethinking agricultural extension*, Third edition, Blackwell Publishing, Oxford.

Malerba F., 2006. Innovation and the evolution of industries. *Journal of Evolutionary Economics*, 16, 3-23.

Martin B.R., 2012. The evolution of science policy and innovation studies, *Research Policy*, 41(7), 1219-1239.

Nelson R., 1993. *National Innovation Systems. A Comparative Analysis*, Oxford University Press, New York/Oxford.

Petit S., 2015. Faut-il absolument innover ? À la recherche d'une agriculture d'avant-Garde. *Courrier de l'environnement de l'Inra*, 65, 19-28.

Porter M.E., Heppelmann J.E., 2014. How Smart, Connected Products are Transforming Competition. *Harvard Business Review*, November 2014, 65-88.

Rajalahti R., 2012. *Agricultural Innovation Systems. An investment source book*, World Bank, Washington.

Rifkin J., 2011. *The Third Industrial Revolution: How Lateral Power Is Transforming Energy, the Economy, and the World*, Palgrave Macmillan.

RRI (Réseau de recherche sur l'innovation), 2014. *Principes d'économie de l'innovation*. Peter Lang, Bruxelles.

Schumpeter J., 1935. *La théorie de l'évolution économique. Recherches sur le profit, le crédit, l'intérêt et le cycle de la conjoncture*, Dalloz, Paris.

Stiglitz J.E., Greenwald B., 2017. *La nouvelle société de la connaissance*, Éditions Les liens qui libèrent, 443 p.

Temple L., Barret D., Blundo Canto G., Dabat M.H., Devaux-Spatarakis A., Faure G., Hainzelin E., Mathé S., Toillier A., Triomphe B., 2018. Assessing Impacts of Agricultural Research for Development: a systemic model focusing on outcomes. *Research Evaluation*, rvy005, 1-14, doi: 10.1093/reseval/rvy005

Thompson J., Scoones I., 1994. Challenging the Populist Perspective: Rural People's Knowledge, Agricultural Research, and Extension Practice. *Agriculture and Human Values*, 11, 58-76.

Touzard J.-M., Temple L., Faure G., Triomphe B., 2014. Systèmes d'innovation et communautés de connaissances dans le secteur agricole et agroalimentaire. *Innovations - Revue d'économie et de management de l'innovation*, 43, 13-38.

Von Hippel E., 2005. *Democratizing Innovation*. MIT Press, Cambridge, MA.

# Partie 1

## Renouvellement des approches en agriculture

Chapitre 1

# Une histoire de l'innovation et de ses usages dans l'agriculture

Ludovic Temple, Yuna Chiffoleau et Jean-Marc Touzard

**Résumé.** Les travaux sur l'innovation dans l'agriculture sont relativement récents, mais s'inscrivent dans une histoire plus longue des approches du progrès technique et des transformations du secteur agricole. Ce chapitre revient sur l'histoire de l'usage de la notion d'innovation dans l'agriculture et sur les travaux dans ce domaine, en se centrant sur les contributions de l'économie et de la sociologie. Trois périodes marquent cette histoire : jusqu'à la Seconde Guerre mondiale, la notion d'innovation n'est pas utilisée dans la littérature, mais la question du progrès technique, progressivement évacuée par les économistes, s'affirme dans les sciences agricoles ; sur les 40 années qui suivent, les approches diffusionnistes de l'innovation concernent tous les secteurs, notamment l'agriculture, dont la modernisation est accompagnée par les sociologues et les économistes ; enfin, à partir des années 1980, les critiques du modèle de développement agricole antérieur sont croissantes et s'accompagnent d'un renouvellement de la pensée sur l'innovation, donnant de nouvelles perspectives pour les recherches sur l'innovation dans l'agriculture et les domaines associés.

L'origine et les premiers usages du mot «innovation» sont très éloignés de l'agriculture, mais aussi du sens positif, et généralement technologique, qu'il prend aujourd'hui (Godin, 2015). Ce terme est en effet d'abord utilisé dans les domaines juridiques et politiques, avec une connotation subversive et négative aux XVIIe et XVIIIe siècles, qui se maintiendra en partie au XIXe siècle. En 1740, dans le dictionnaire de l'Académie française, l'innovation est ainsi définie comme *l'introduction de quelque nouveauté dans une coutume, dans un usage, dans un acte*. Il est ensuite mentionné qu'*il ne faut point faire d'innovation. Les innovations sont dangereuses.* Dans ce contexte où l'innovation est assimilée à une rupture de l'ordre établi, les premiers philosophes ou économistes qui s'intéressent aux transformations de l'agriculture et de l'industrie préfèrent utiliser les termes «amélioration» ou «progrès», dans les domaines des techniques ou de l'organisation du travail. C'est le cas notamment de Smith et Ricardo, puis de Marx, qui font du progrès technique un des moteurs du développement économique, ou de Say, qui l'associe à l'entrepreneuriat (Diemer et Laperche, 2014). Ce n'est qu'au cours du XXe siècle que l'innovation va s'affirmer comme une notion positive, qualifiant un processus générant des changements techniques, organisationnels, de produit ou d'usage. Elle constitue alors un champ de recherche, à l'interface de différentes communautés scientifiques (économie, sociologie, géographie, gestion...) et dans de multiples domaines empiriques, dont l'agriculture et l'alimentation. Elle devient même une idéologie qu'il convient aujourd'hui de mettre en critique (Godin et Vinck, 2017).

Nous proposons de retracer dans ce chapitre comment les notions d'amélioration ou de progrès technique, puis d'innovation, ont été appliquées et enrichies par différents courants de l'économie et de la sociologie ayant étudié les transformations des secteurs agricole et alimentaire. Cette approche historique analyse l'évolution de ces notions dans ces secteurs, au regard de trois facteurs :
– l'influence de la progression générale des idées et des théories sur le changement et l'innovation, en particulier en économie et en sociologie ;
– les évolutions macro-économiques et sociales qui contribuent à définir les enjeux et les demandes de la société vis-à-vis des activités agricoles et agroalimentaires ;
– les transformations des systèmes agricoles et alimentaires qui peuvent aussi influencer les représentations, les questions et les méthodes de ceux qui les analysent.

Nous développerons alors l'idée que si l'usage de la notion de progrès, puis d'innovation, dans l'agriculture et l'alimentation a été largement influencé par des facteurs exogènes (évolution générale de la pensée sur le changement technique, contextes macro-économique et institutionnel), le secteur est aussi porteur d'innovations dont l'analyse et les débats enrichissent les travaux plus généraux sur cette notion (figure 1.1).

Ce chapitre repose d'abord sur une exploration bibliographique en économie et en sociologie, disciplines qui ont au départ porté la notion d'innovation dans l'agriculture. Il mobilise aussi les apports des travaux conduits par des chercheurs de l'unité mixte de recherche «Innovation», considérés comme témoins et acteurs des usages de cette notion. Nous organisons ce chapitre de manière chronologique, en distinguant trois grandes périodes dans l'histoire des transformations de l'agriculture et de l'usage de la notion d'innovation en agriculture. La première période couvre les deux siècles qui précèdent la Seconde Guerre mondiale et l'indépendance de nombreux pays colonisés. La notion d'innovation n'est pas utilisée explicitement, mais la question du progrès technique est à la fois progressivement évacuée par les économistes académiques et affirmée par les scientifiques des sciences agricoles. La deuxième période couvre les 30 à 40 années qui suivent la Seconde Guerre mondiale, durant lesquelles la notion d'innovation, promue par Schumpeter (1935), se déploie dans tous les secteurs, notamment dans l'agriculture, dont la modernisation est accompagnée par les sociologues et les économistes. À partir des années 1980, la troisième période est marquée à la fois par les critiques du modèle de développement antérieur et par un renouvellement de la pensée sur l'innovation, allant jusqu'à une mise en critique de la notion, en économie comme en sociologie. Elle conduit à donner de nouvelles perspectives à l'usage de la notion d'innovation dans l'agriculture.

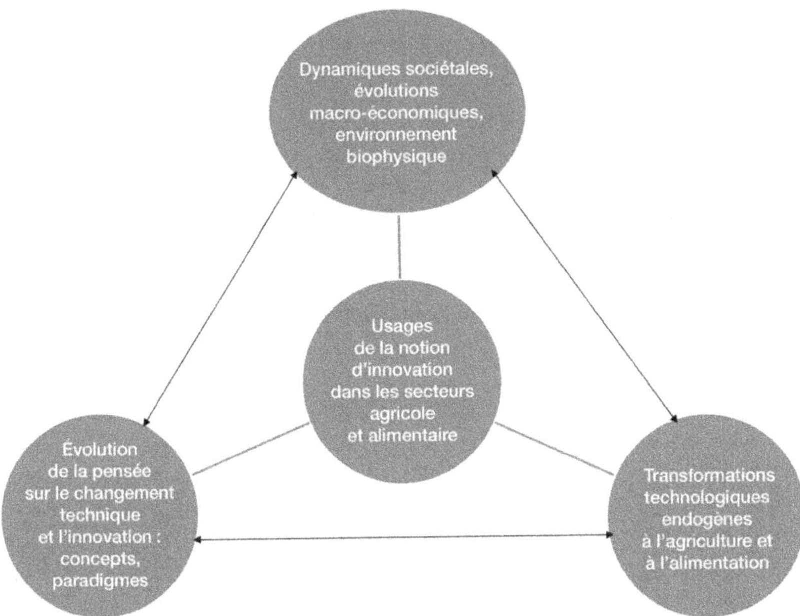


**Figure 1.1.** Grille d'analyse de l'innovation dans l'agriculture.

# ▸▸ Deux siècles de révolution agricole sans qu'il soit question d'innovation

## La transformation progressive des agricultures au temps de l'industrialisation

Les sociétés européennes des XVIIIe et XIXe siècles sont encore marquées par des disettes alimentaires (au moins jusqu'en 1850) qui remettent en cause les institutions qui gouvernent l'agriculture, révèlent les limites des techniques existantes, et appellent au progrès. La période est traversée en Europe par l'émergence de l'industrie, de profonds changements politiques (dont la Révolution française), l'augmentation des connaissances scientifiques, la croissance démographique et urbaine... Les changements techniques sont alors au cœur d'une révolution agricole lente, différenciée selon les territoires et les filières, très liée à l'essor de l'industrie et du commerce (Vanderpotten, 2001). Un changement technique majeur dans l'agriculture européenne est ainsi l'abandon de la jachère, remplacée par des cultures de fourrages et de légumineuses[1] (Griffon, 2017), ce qui permet de diminuer les besoins en terres cultivables au regard des besoins alimentaires à satisfaire. Les changements concernent aussi de nombreux autres domaines : outillage (charrues, faux...), chaulage et engrais, drainage et irrigation, sélection du cheptel, nouvelles cultures et rotations, mécanisation puis motorisation (batteuses, locomobiles, puis

---

1. En 2014, une innovation majeure de la recherche agronomique dans les plantations en monoculture de bananes aux Antilles est le renouvellement des pratiques de jachère !

tracteurs). Bien que la mécanisation des travaux démarre en 1850, l'usage du tracteur pour les labours se réalise plus tardivement, compte tenu d'une atomisation des exploitations, peu favorable à la substitution du capital au travail.

L'ensemble de ces changements techniques bénéficie des progrès de la connaissance sur le fonctionnement des plantes et la fertilité des sols. Ils interviennent dans un contexte où la recherche agronomique naît de la confrontation empirique d'expérimentations, portées par des notables agricoles, puis relayées par l'action publique (Jas, 2005). Ces changements sont surtout permis par des évolutions exogènes à l'agriculture, telles que la modification des institutions définissant les conditions d'accès aux communs (les terres), la demande alimentaire croissante, dans les villes comme dans les campagnes, la mobilisation de l'énergie fossile (charbon) et des industries sidérurgiques et chimiques, l'essor des transports terrestres et maritimes et l'extension des échanges internationaux (Losch, 2014) Ce processus se réalise sur plusieurs siècles, avec des variations géographiques. Il est concomitant au démarrage de l'industrie, qui mobilise progressivement le travail libéré par l'agriculture, pour fournir en retour de nouveaux objets techniques favorisant le transport, la mécanisation puis, progressivement, la fertilisation ou la protection des cultures. Les incitations à l'accroissement de la productivité du travail agricole, permis par les progrès scientifiques et techniques, se multiplient alors.

L'exploitation économique des territoires coloniaux accélère le capitalisme industriel des pays européens et leur permet de s'approprier de nouvelles matières premières (coton, hévéa) ou des ressources alimentaires à faible prix, comme le sucre ou le café. La période ouverte par la colonisation peut aussi s'analyser comme le transfert, par la guerre, d'un mode de production qui «optimise» la mise en exploitation des ressources naturelles et des hommes (travail forcé ou esclavagisme) dans d'autres territoires. En soi, elle impose par la coercition une trajectoire technologique fondée sur un mode de production donné, en particulier la mise en place du modèle des grandes plantations (hévéa, sucre, banane…). L'agriculture coloniale finance pour partie les investissements en capital qui accélèrent l'industrialisation des pays occidentaux. À titre d'illustration, en 1791, les principales recettes d'exportation de la République française sont les matières premières coloniales, comme le café, le sucre, ou le coton (Jaurès et Soboul, 1983). Elles financent des importations alimentaires (céréales) destinées à sécuriser la paix sociale dans le secteur industriel naissant, du textile ou des mines.


## Des physiocrates aux néoclassiques : l'évacuation progressive du changement technique agricole par les premiers économistes

Ces deux siècles de transformation de l'agriculture vont être observés par les premiers économistes et vont parfois inspirer leur vision du progrès technique. C'est le cas, au xviiie siècle, des physiocrates (comme Quesnay) qui avancent que l'investissement des riches fermiers, éclairés par les méthodes nouvelles, permettra une amélioration de l'efficacité de l'agriculture, et donc la création de richesses nationales. Les économistes classiques (Smith, Ricardo, Mill, Say...) vont ensuite s'intéresser au changement technique, mais en partant avant tout d'observations dans l'industrie naissante, même si l'agriculture reste présente dans leurs travaux (Boutillier et Laperche, 2016). Pour Smith, l'introduction de nouvelles machines et la division du travail résultent d'initiatives d'acteurs économiques (en particulier, les artisans), mais supposent aussi de profonds changements institutionnels et contractuels, auxquels les innovations techniques sont donc subordonnées (Labini, 2007). Dans l'agriculture, il suggère par exemple la mise en place de contrats de fermage de long terme, pour favoriser l'investissement. De son côté, Ricardo (1817) repère deux formes d'amélioration dans l'agriculture, à savoir […] *celles qui augmentent les facultés productives de la terre* […] (les nouvelles rotations, les engrais…) et […] *celles qui par le perfectionnement des machines permettent d'obtenir le même produit avec moins de travail* […] (la charrue, le début de la mécanisation). Say associe l'image du fermier, déjà chère aux physiocrates, à un entrepreneur de l'industrie agricole et insiste sur les liens entre les changements techniques dans l'agriculture et ceux dans l'industrie, car […] *l'emploi des machines libère des tâches vivrières les hommes, leur permettant de se consacrer à d'autres activités* (Say, cité par Boutillier, 2004). Il investit lui-même dans les premières filatures françaises qui utilisent du coton importé des colonies, illustrant comment le progrès dans l'industrie se nourrit aussi de l'agriculture coloniale. Mais les économistes classiques travaillent peu sur la compréhension des conditions du changement technique et sur ses liens avec les progrès de la science. Ils pointent les conséquences du progrès technique dans l'agriculture, mais les capacités d'innovation des sociétés agraires sont sous-estimées, nourrissant ainsi les thèses malthusiennes selon lesquelles les famines et les guerres sont les éléments régulateurs du décalage entre pression démographique et productions agricoles.

Poursuivant de manière critique ces travaux, Marx remet le progrès technique dans une perspective historique, en l'inscrivant dans la dynamique du capitalisme et l'évolution des rapports sociaux. Il entraîne, selon lui, une *appropriation du travail vivant par le capital*, violente pour les travailleurs et les paysans, mais qui apparaît nécessaire pour le progrès de l'humanité. Kaustky (1900) développe cette analyse dans l'agriculture, en soutenant que l'essor des *sciences mécaniques, chimiques et biologiques* conduit à son industrialisation, et favorise les grandes exploitations et la prolétarisation du paysannat. La thèse sera contestée en Russie par Chayanov dès les années 1920, mais c'est seulement à partir des années 1960 que ses idées seront diffusées dans la communauté scientifique, montrant au contraire la capacité de l'agriculture paysanne à adopter le changement technique.

De leur côté, les économistes néoclassiques (Marshall, Walras, Menger…), qui s'affirment à la fin du XIX<sup>e</sup> siècle et s'imposent au XX<sup>e</sup> siècle dans la discipline, évacuent le changement technique. Même s'il est promu dans les discours, il est en effet considéré comme une variable exogène à l'analyse économique, qui doit se concentrer sur les équilibres et les décisions d'agents rationnels coordonnés par le marché. Le changement technique est alors une cause possible, non étudiée, du changement de fonction de production d'une entreprise, y compris d'une entreprise agricole. Mais, difficilement mesurable, il n'est pas intégré à cette fonction. Davantage tournés vers l'analyse des secteurs de l'industrie, du commerce, et des affaires ou vers la construction de modèles mathématiques, les économistes académiques ont donc fini, au début du XX<sup>e</sup> siècle, par ne plus se préoccuper du progrès technique, en particulier dans l'agriculture.

## L'analyse du changement technique dans les sciences agricoles, prémices de l'économie et de la sociologie rurales

Si la question du changement technique dans l'agriculture est peu traitée par les économistes académiques du XIXe siècle, elle est par contre très présente chez les premiers chimistes, les agronomes, les économistes ruraux ou les historiens qui enseignent et écrivent dans les écoles d'agriculture (Mazoyer et Rondart, 1997), les cercles agrariens ou les sociétés savantes, en France, en Grande-Bretagne, en Allemagne ou en Russie (Robin *et al.*, 2007). La vision est alors très pragmatique, positive, empreinte de la conviction, issue de l'esprit des lumières, que la rationalité et la science vont permettre l'essor d'une agriculture moderne (de Lavergne, 1860). On parle alors de sciences agricoles, qui s'appuient sur des observations, des voyages, des études historiques, des enseignements, des expérimentations en station et en laboratoire, mais aussi sur de nombreuses publications régionales et sur les comices agricoles (Jas, 2005). Le progrès technique résultant de *l'alliance de la science et l'art dans la culture du sol* (Grandeau, 1869, cité par Jas, 2005) est au cœur de ces travaux et se retrouve dans les titres de revues, comme le *Progrès agricole et viticole*, édité à Montpellier à partir de 1884. Des débats concernent aussi l'usage de la notion même d'innovation, qui reste ambivalente et suspecte, comme l'explique le président du comice agricole de Chartres en 1856 (cité par Farcy, 1983) : *Amélioration et innovation ! Ces mots expriment deux pensées bien différentes, voilà pourquoi j'accepte avec une grande réserve certaines machines nouvelles, trop prônées par les uns pour ne point rencontrer chez d'autres une défiance toute naturelle. […] La terre ne se cultive pas à l'emporte-pièce et certaines combinaisons fort ingénieuses en théorie, sont plus admirées dans leur repos, au Palais des Arts et Métiers, qu'elles ne le seraient aux champs, lorsqu'il faudrait les mettre aux prises avec des obstacles non prévus.*

L'analyse des changements techniques fait aussi l'objet de travaux qui ouvriront la voie aux premiers sociologues ruraux, au début du XXe siècle. Des auteurs comme Weber (1904), Augé-Laribé (1905) ou Bloch (1931) analysent les conditions sociales et politiques qui gouvernent les transformations techniques dans l'agriculture européenne (notamment en France et en Allemagne). Le progrès technique dans l'agriculture résulte alors, selon ces auteurs, des volontés d'entreprendre et d'accroître la productivité du travail, portées par des catégories d'acteurs variables selon les pays ou les régions (*Junker*, *farmer*, métayer, vigneron…), faisant face au poids des traditions et des structures sociales héritées. Cette première sociologie du changement technique dans l'agriculture pointe aussi les multiples facteurs qui l'influencent, tels que la diffusion du progrès scientifique *via* l'industrie ou l'enseignement, l'extension du marché des produits et des intrants, les changements institutionnels et politiques, ou l'évolution des besoins sociaux structurés par les changements macro-économiques.

On peut considérer, à la lecture de ces travaux, que les transformations de l'agriculture n'ont pas été nourries par des ruptures violentes dans les systèmes techniques. Les changements techniques se sont construits progressivement au gré des mouvements économiques, scientifiques, sociaux et politiques. Le terme de «révolution agricole» est donc sans doute peu adapté pour qualifier cette période. Le véritable basculement technologique et industriel de l'agriculture se produit principalement à l'issue de la Seconde Guerre mondiale.

# ‣ Les révolutions vertes portées par la conception linéaire et technologique de l'innovation

## Modernisation et révolution verte pour les agricultures des Trente Glorieuses

Les contextes historique et macro-économique d'après-guerre génèrent un environnement institutionnel qui met l'État au centre des investissements productifs, pour reconstruire rapidement les bases de la production alimentaire mondiale. Les zones rurales du monde occidental, suite aux deux guerres mondiales, ont été dépeuplées. Il s'agit notamment d'assurer rapidement la sécurité alimentaire, au regard de la croissance démographique et des risques politiques que portent les crises alimentaires. Un axe de cette reconstruction relève de la mise en utilisation rapide des avancées technologiques générées par les investissements militaires dans l'effort de guerre. Les travaux en chimie sur les gaz de combat, commencés lors de la Première Guerre mondiale, contribuent à des avancées rapides sur la synthèse de l'ammoniac, pour produire des engrais chimiques massivement commercialisés après la Seconde Guerre mondiale (Allaire et Daviron, 2017). Les progrès obtenus sur les tanks (motorisation, chenilles) vont nourrir, en quelques années, la mécanisation des labours dans l'agriculture européenne. Cette transformation de l'agriculture des pays industriels est d'autant plus rapide que la reconstruction d'après-guerre augmente le coût du travail salarié et impose la recherche d'un accroissement rapide de la productivité du travail en agriculture. L'agriculture et les activités de transformation et de distribution alimentaires se voient alors appliquer les modèles élaborés dans l'industrie, en matière de spécialisation, de recherche d'économies d'échelle et de diffusion de l'innovation technologique. En Europe et aux États-Unis, la mise en place de la société de consommation de masse s'appuie sur de nombreuses innovations de procédés et de produits, dans des entreprises qui vont constituer un véritable secteur industriel agroalimentaire, autour du lait, des céréales, des oléagineux ou de la viande, dont on cherche à renforcer la production à l'échelle nationale (Malassis, 1979).

La prééminence du rôle de l'État s'exprime par l'élaboration de politiques agricoles ambitieuses, qui jouent sur plusieurs tableaux pour accompagner la modernisation de l'agriculture : protection des marchés, crédit subventionné, investissement dans les infrastructures, enseignement, conseil, et recherche agronomique. En France, cette politique s'appuie sur une cogestion avec les organisations agricoles, pour la promotion d'un modèle d'entreprise agricole familiale modernisée (Coulomb *et al.*, 1990). Un peu plus tard, les pays occidentaux vont créer les centres internationaux de recherche agronomique (Gérard et Marty, 1995)[2] dans un contexte de décolonisation mais aussi de lutte contre l'expansion du communisme, renforcée pour partie par le mécontentement populaire issu de l'aggravation de la pauvreté et des situations d'insécurité alimentaire dans ces pays que l'on désigne alors comme les pays du « tiers monde ». L'objectif de cette recherche agronomique

---

2. Les centres internationaux de recherche agronomique à l'origine de la révolution verte ont été créés dans les années 1970.

internationale est d'accroître la production alimentaire mondiale en mobilisant les nouvelles technologies de la révolution verte, en particulier en cultivant de nouvelles variétés de céréales à haut rendement. L'élaboration de ces variétés en station expérimentale implique une intensification des systèmes de production en matière d'utilisation d'engrais et de pesticides de synthèse. Les nouveaux États, issus des processus de décolonisation, mettent aussi en place des politiques agricoles favorables (soutien aux prix agricoles, subventions aux intrants, etc.) et des structures de vulgarisation, pour, d'après les discours de leurs responsables, former les paysans à l'adoption des nouvelles technologies. Ce modèle technologique, soutenu dans les années 1970-1980 par les instances internationales, va orienter les recherches agronomiques des pays en développement vers des fonctions d'expérimentation, pour assurer le transfert d'inventions majoritairement mises au point par la recherche et l'industrie des pays développés (Lele et Goldsmith, 1989 ; Raina, 2011).

Le modèle d'intensification technique de l'agriculture, basé sur la consommation d'intrants chimiques et d'énergie fossile, implique des investissements financiers importants dans l'agriculture, plus envisageables dans des pays industriels ou émergents (Chine, Brésil, Inde…) que dans des pays en développement. Il est performant, par rapport aux objectifs d'accroissement de la productivité, dans des contextes où la production est sécurisée (risques naturels ou économiques réduits). Là où il se met en place, il permet alors l'adaptation de l'agriculture aux exigences de la transformation industrielle. En revanche, dans des contextes de faible industrialisation, de marchés peu organisés, de fortes densités rurales, de risques climatiques élevés, de faible accès au financement ou d'État faible, l'efficacité de ce modèle est beaucoup plus questionnable. C'est le cas notamment dans de nombreux pays en Afrique ou en Asie, lorsque la petite agriculture familiale est dominante et que les agriculteurs ne peuvent pas financer l'achat d'intrants et d'équipements mais ne peuvent pas non plus trouver du travail dans le secteur industriel (Dorin, 2017)[3].

## L'économie de l'innovation : de Schumpeter aux économistes industriels

Ces transformations rapides des économies nationales et de leurs agricultures peuvent être analysées à partir de travaux qui mettent en avant la notion d'innovation, et en premier lieu ceux de Schumpeter (1935). Celui-ci étudie comment les grandes transformations technologiques (machine à vapeur, énergie électrique) rythment les cycles économiques par des phases de *destruction créatrice*. Un moteur de cette évolution est la concentration des entreprises, qui aboutit dans de nombreux secteurs industriels, en amont (agrochimie) comme en aval (agroalimentaire), à des marchés oligopolistiques. L'innovation y apparaît comme un objectif stratégique des firmes, *l'arme de la concurrence oligopolistique qui remplace celle des prix*, et un moyen de maintenir le capitalisme. Schumpeter établit à cette époque la distinction, encore contemporaine, entre invention et innovation, en considérant l'entrepreneur

---

3. Il est intéressant de souligner que c'est cette même situation que l'on rencontre actuellement dans certains pays asiatiques, qui se confirme en Afrique et risque de se généraliser dans les décennies à venir.

comme l'acteur central qui articule la technologie nouvelle (l'invention) et le marché pour produire une innovation. Il propose une première typologie des innovations, en fonction de ce sur quoi porte la nouveauté (produit, procédé, matière première, marché, ou organisation).

Plusieurs travaux, dont ceux de Schumpeter, nourrissent la conception du modèle linéaire d'innovation et des politiques publiques d'après-guerre, qui va s'étendre à l'agriculture. Ainsi, de manière concomitante, les travaux d'économie industrielle des années d'après-guerre légitiment les politiques publiques et le rôle central de l'État dans la définition des grands choix technologiques à travers la commande publique et la grande entreprise, principalement dans les secteurs des infrastructures et de l'énergie. À la fin des années 1970, les économistes néoclassiques, à leur tour, acceptent l'idée d'une dynamique endogène des changements technologiques, en introduisant le rôle du capital humain dans les mécanismes de croissance (Denison, 1962). Ce glissement va conduire, dans la littérature, au remplacement du terme de « technique » par celui de « technologie ».

## Les sciences sociales au service de la modernisation agricole

Au cours de ces Trente Glorieuses, de nombreux chercheurs en sciences sociales vont étudier et accompagner les changements techniques dans l'agriculture, en utilisant progressivement la notion d'innovation, vue avant tout comme l'adoption par les agriculteurs de nouveaux objets techniques (semences, engrais, pesticides, machines…) mis au point par la recherche et l'industrie. La sociologie et l'économie rurales des années d'après-guerre, aux États-Unis puis en Europe, s'engagent ainsi largement au service de la modernisation de l'agriculture (Ruttan, 1996) et du transfert de ce modèle de développement dans les pays du Sud (Badouin, 1985).

La sociologie rurale, d'abord à l'œuvre aux États-Unis (Rogers, 1976), va ainsi, pendant plus de 30 ans, fournir les outils et les méthodes d'analyse pour favoriser la diffusion de nouvelles technologies, en étudiant les freins à leur adoption et en proposant une catégorisation des adoptants (les innovateurs, les adoptants précoces, les suiveurs…), qui fait toujours référence. En France, les sociologues mobilisent aussi la notion d'innovation pour analyser les résistances ou les conditions favorables à la modernisation agricole, qui relèvent des structures sociales des sociétés rurales (Mendras, 1970), de modes d'engagement dans l'action collective (Boisseau, 1982) ou de l'évolution de dispositifs d'intervention (formation, crédit, conseil…) et d'organisations (syndicats, mutuelles, coopératives…) portant le progrès dans les campagnes (Bodiguel, 1975).

Influencés par l'évolution de la micro-économie, les économistes ruraux vont, d'une part, créer des outils de gestion pour une entreprise agricole moderne, organisée et ouverte à l'innovation (Chombart de Lauwe, 1949), et, d'autre part, mobiliser des modèles économétriques pour évaluer ou justifier les effets du changement technique (Boussard, 1987). L'agriculteur est alors supposé faire des choix d'innovation en tant qu'agent optimisateur d'une fonction de revenu. Ces modèles seront utilisés pour deux objectifs importants. Le premier est d'orienter *ex ante* des recherches techniques en station expérimentale vers des solutions qui maximisent la performance économique. Le second est de modéliser le fonctionnement des marchés afin de référencer les relations entre les prix des facteurs, les prix des produits et l'adoption de technologies, pour appuyer la mise en place de politiques agricoles favorables. Des travaux économiques sur le changement technique sont aussi réalisés dans les pays en développement, notamment pour mesurer les écarts entre la productivité réelle et la productivité potentielle, variables selon les régions, et trouver des explications sur les déterminants du changement technique. Ces travaux pointent généralement les contraintes dans l'accès des agriculteurs aux intrants, au capital et aux connaissances produites par la recherche agronomique. D'autres travaux, dès la fin des années 1970, cherchent à comprendre les logiques et les pratiques des agriculteurs pour adapter les propositions techniques qui leur sont faites par les organisations de recherche et de développement (Jouve et Mercoiret, 1987).

Un courant critique sur l'innovation, d'inspiration marxiste, est aussi présent chez les économistes et les sociologues ruraux dans plusieurs pays (Coulomb *et al.*, 1990), mais ses analyses se concentrent plus sur l'évolution des rapports de travail et des structures agraires que sur l'innovation en tant que telle. Celle-ci est vue généralement comme un moyen au service de la généralisation du capitalisme, dans les pays du Nord comme dans ceux du Sud, ou au service de la quasi-intégration de l'agriculture dans les filières industrielles.

Au cours des Trente Glorieuses, la notion d'innovation se répand donc dans les communautés scientifiques qui constituent progressivement l'économie et la sociologie rurales ou agricoles, accompagnant les modernisations agricoles, au Nord et au Sud. Associés à une vision assez consensuelle du progrès et du développement dans l'agriculture (et, secondairement, dans l'alimentation), les travaux sur l'innovation se réfèrent à Schumpeter (davantage cité toutefois dans les recherches sur les secteurs industriels) et sont marqués par une vision diffusionniste et pragmatique, en phase avec les enjeux de développement des sociétés modernes et postcoloniales.

## ▶▶ Les renouvellements de la notion d'innovation face aux transitions agricoles et alimentaires

### De la crise du modèle fordiste aux nouvelles approches de l'innovation

Le modèle de développement des Trente Glorieuses commence à être contesté dès la fin des années 1960, qui marquent l'émergence d'une recherche de biens de qualité différenciée, par les consommateurs et les citoyens. La crise culturelle s'affirme dans les années 1970, portée par des mouvements sociaux remettant en question le modèle productiviste et la volonté de façonner les modes de vie selon les intérêts des entreprises (Touraine, 1978). Un nouveau modèle sociétal est revendiqué autour des enjeux liés à l'environnement, à l'identité et à l'autonomie, incluant une revendication de pratiques d'autogestion. La crise culturelle est concomitante à une fréquence plus élevée et à une intensité de plus en plus forte des crises économiques qui surviennent dès les années 1980 et vont culminer dans la crise financière de 2008. Cette succession de crises est à mettre en regard avec plusieurs externalités environnementales et sociales du modèle de croissance économique des Trente Glorieuses, fondé sur l'industrialisation et l'expansion globale des firmes : diminution accélérée des stocks de ressources naturelles (énergies fossiles, réserves en eau, phosphates), érosion de la biodiversité, changement climatique, accroissement structurel des inégalités sociales ou bien encore crises sanitaires et environnementales liées à l'utilisation d'intrants de synthèse. Les questions de l'agriculture et de l'alimentation prennent une place croissante dans ces dénonciations et dans les débats politiques sur l'évolution de la planète et sur les innovations susceptibles de répondre aux enjeux globaux (voir le chapitre 2 de cet ouvrage). La réorientation des politiques agricoles aux États-Unis et surtout en Europe, à partir de la fin des années 1980, témoigne largement de ces préoccupations, tout comme l'évolution des débats et des objectifs de développement dans les institutions internationales (McIntyre *et al.*, 2009). En même temps, l'affirmation de nouvelles formes de capitalismes agraires, en particulier en Amérique du Sud et en Asie du Sud-Est, permet la poursuite du modèle agro-industriel, mais aussi renforce sa critique, à partir notamment des mouvements paysans et de l'agro-écologie (Allaire et Daviron, 2017). Les difficultés du transfert technologique de la révolution verte en Afrique montrent aussi que l'industrialisation de l'agriculture ne se généralise pas à toutes les agricultures mondiales et que d'autres voies de développement sont à rechercher. Ainsi, des travaux d'économistes du développement dans des contextes de pression sur les ressources naturelles et de pression démographique soulignent les capacités d'innovation des sociétés agraires, qui valorisent les potentialités productives des écosystèmes (Boserup, 1981).

Plus largement, les crises que traversent les sociétés, à partir des années 1980 surtout, obligent les entreprises à revoir leur modèle de croissance. D'une part, elles sont incitées à tenir compte des conditions sociales de l'innovation (en interne et dans leur environnement) et, d'autre part, elles sont appelées à s'investir, au-delà ou à côté des innovations technologiques, dans des innovations organisationnelles et des investissements immatériels, de façon à s'inscrire dans la nouvelle économie de la qualité, des connaissances et des services (Gadrey, 1992 ; Cohendet *et al.*, 1998). Les entreprises du secteur agroalimentaire illustrent cette tendance (Rastoin, 2000). Dans ce contexte, la recherche agronomique intègre de nouvelles approches de l'innovation. En France, à l'Institut national de la recherche agronomique (Inra), elles s'incarnent en particulier dans les travaux pluridisciplinaires et participatifs du département « Systèmes agraires et développement », créé en 1979 (Cornu *et al.*, 2017). Dans les pays tropicaux, elles s'illustrent notamment à travers l'usage du terme « agro-écologie », initialement mobilisé pour caractériser les systèmes de production des agricultures vivrières (Altieri, 1995 ; Caplat, 2012). Cette notion sera reprise au milieu des années 2000 dans la recherche, pour nourrir les concepts d'intensification durable[4] ou d'intensification écologique et proposer d'autres voies

---

4. Dans cet ouvrage, l'adjectif « durable » et le substantif « durabilité » seront utilisés dans un sens restreint, pour caractériser un processus, un système, ou un secteur d'activité, entre autres, dont l'élaboration et le fonctionnement se font dans le respect du développement durable (développement qui répond aux besoins du présent sans compromettre la possibilité, pour les générations à venir, de pouvoir répondre à leurs propres besoins, selon la définition donnée en 1987 par la Commission Brundtland de l'ONU).

d'intensification dans des situations où les ressources se dégradent (Griffon, 2006). Les politiques et les institutions de recherche agricole de certains pays (France ou Brésil, par exemple) l'utiliseront ensuite plus largement pour envisager une meilleure conformité de l'agriculture aux principes de l'écologie.

Dans cette période, le paradigme diffusionniste de l'innovation est ainsi rompu ou aménagé, ce qui ouvre la voie à une diversité d'approches de l'innovation dans l'ensemble du système productif (industrie, agriculture, services) et dans la construction de nouveaux liens de l'agriculture avec l'alimentation et/ou l'environnement.

## La multiplication des travaux sur l'innovation en économie

Les économistes vont se faire l'expression de ces bouleversements sociaux en multipliant les travaux sur l'innovation. Certes, dans le prolongement de l'économie néoclassique, de nombreux auteurs vont continuer à aborder l'innovation non comme un processus mais comme un (nouveau) facteur de production pour la firme, associé à des investissements de recherche et développement, et échangeable sur un marché où les technologies sont protégées par des brevets. Mais le paradigme diffusionniste est remis en cause dès les années 1980 par d'autres économistes, qui proposent une approche évolutionniste de l'innovation (Nelson et Winter, 2002 ; Dosi, 1993). En mobilisant des analogies avec la biologie, ils soulignent comment les modèles de décision économique sont adaptatifs. Ainsi, l'adoption d'une technologie est vue comme le résultat d'un processus graduel, fondé sur des interactions internes et externes à l'entreprise, qui aboutit à une sélection des innovations les plus adaptées. Le problème économique réside dans la définition et dans la mise en œuvre des capacités, des procédures et des règles de décision des firmes pour innover et changer leurs routines. L'économie évolutionniste se construit ainsi autour des concepts de routine et d'innovation, mais aussi de paradigme technologique et de dépendance au sentier[5]. Cette approche évolutionniste devient majeure dans la construction de l'économie de l'innovation et du changement technique, conduisant à la mise en place des *Innovation Studies* (Martin, 2012). Dans ce cadre, les processus d'innovation sont aussi analysés à travers la notion de système d'innovation, qui permet de saisir conjointement les stratégies d'entreprise, les institutions, les réseaux et les dynamiques de connaissances qui conditionnent l'innovation à une échelle nationale, régionale ou sectorielle (Spielman, 2006).

Contribuant à préciser les conditions ou les effets de différentes catégories d'innovation, l'usage de la notion d'innovation gagne également, au-delà des *Innovation Studies,* d'autres courants de l'économie :

– les approches en matière de districts industriels (Becattini, 2004), de systèmes productifs localisés, de clusters ou de milieu innovateur mettent ainsi en évidence l'importance des interactions locales et de la proximité (Pecqueur et Zimmerman, 2004) ;

---

5. Cette notion traduit l'idée que l'innovation et les performances de l'entreprise sont déterminées par ses routines et ses technologies antérieures.

– des travaux se référant à l'économie néo-institutionnelle analysent aussi les modes de gouvernance de l'innovation et des contrats ou des brevets associés (Guellec, 2009);
– d'autres économistes, inscrits dans l'économie politique, poursuivent les perspectives tracées par Schumpeter en montrant comment l'innovation est liée aux crises et aux transitions du capitalisme (Boyer, 2015);
– l'économie financière elle-même s'intéresse à l'innovation comme processus, en proposant des «innovations financières» pour la soutenir.

## Diversités d'usage de la notion d'innovation dans l'économie agricole ou rurale

Cette multiplication de travaux sur l'innovation en économie, dominés par l'influence évolutionniste, se retrouve à travers la forte croissance d'articles ou d'ouvrages utilisant cette notion d'innovation pour aborder l'agriculture et/ou l'alimentation. Au moins trois types d'usages peuvent être mentionnés (Touzard *et al.*, 2014).

L'agriculture et l'agroalimentaire peuvent être d'abord simplement considérés comme des domaines empiriques parmi d'autres, dans lesquels on peut importer les cadres académiques d'analyse de l'innovation, l'analyse évolutionniste ou néo-institutionnaliste, par exemple. C'est le cas dans de nombreux travaux universitaires, dans des études liées à l'élaboration de stratégies d'innovation nationales ou à l'analyse de l'émergence d'un nouveau produit alimentaire ou de biotechnologies. Les visions sont parfois encore proches de thèses diffusionnistes, accordant un rôle clé à la recherche et à l'évaluation des conditions d'acceptabilité des innovations par les agriculteurs et par la société.

D'autres travaux, en économie politique, analysent les processus d'innovations agricoles et alimentaires avec un regard plus critique et historique, en les reliant aux transformations du secteur et de ses relations au reste de l'économie et de la société (Allaire et Daviron, 2017). La question de la spécificité du secteur, de ses institutions et de ses innovations, est alors posée, pouvant alimenter en retour des débats académiques et politiques.

Enfin, il faut surtout souligner l'existence d'analyses, souvent liées aux actions de développement dans l'agriculture, qui prônent des approches plus originales de l'innovation, en montrant les spécificités du secteur et en défendant une perspective plus opérationnelle de l'économie rurale ou agricole. Les innovations sont associées au fonctionnement particulier des exploitations agricoles, à la gestion des externalités et des ressources locales (foncier, eau, paysages…), aux liens avec le tourisme ou l'alimentation… Par exemple, des innovations portant sur des produits dont la qualité est liée à l'origine appellent des approches particulières sur les systèmes agroalimentaires localisés. De même, l'analyse des conditions sectorielles de l'innovation conduit à utiliser des notions spécifiques comme les *Agricultural Innovation Systems*, appelant au Nord et au Sud à réviser le modèle diffusionniste, à réformer l'organisation de la recherche et du conseil agricoles (Sumberg *et al.*, 2002; Temple et Compaoré Sawadogo, 2018) ou à proposer d'inclure dans les politiques agricoles des dispositifs spécifiques d'appui à l'innovation.

## Les travaux sur les dynamiques sociales de l'innovation dans l'agriculture

Amorcée dès les années 1970, la rupture avec le modèle diffusionniste de l'innovation en agriculture contribue à structurer plusieurs communautés de recherche en sociologie. Reconnectant l'agriculture aux domaines qu'elle impacte ou qui la contraignent (environnement et alimentation, en particulier), la sociologie s'ouvre aussi à de nouvelles collaborations avec l'économie.

Tout d'abord, une série de travaux à partir des années 1970 illustrent une nouvelle approche de l'agriculture et du monde rural, ré-enchantant les savoirs populaires, au risque d'un populisme idéologique. Les travaux de Chambers *et al.* (1989), notamment, ouvrent la voie à des recherches réhabilitant les savoirs empiriques locaux et l'innovation endogène. Contributeur majeur d'un renouvellement de la recherche en sciences sociales dans le domaine agricole en France à partir des années 1980, Darré s'inscrit dans cette perspective et déplace l'analyse depuis des catégories (chercheurs, agriculteurs...) vers des configurations locales d'acteurs (morphologie de réseaux), plus ou moins favorables aux capacités collectives d'innovation (Darré *et al.*, 1989). Ce déplacement s'accompagne de la mise en évidence de l'appartenance de certains agriculteurs à plusieurs groupes sociaux (multi-appartenance) comme une des sources d'innovation dans l'agriculture. Ce résultat rejoint des travaux en socio-anthropologie du développement conduits au Sud (de Sardan, 1995).

D'autres recherches, également en socio-anthropologie du développement, ouvrent une autre perspective, en ramenant dans l'analyse des innovations la trajectoire historique et le contexte institutionnel qui entourent les changements techniques et organisationnels, du macro-économique des politiques au micro-économique des entreprises (Chauveau *et al.*, 1999 ; Requier-Desjardins, 1999). Cette approche amène alors à penser comment les changements techniques dans l'agriculture peuvent emprunter des trajectoires historiques différentes, selon les contextes nationaux ou locaux.

L'observation des alternatives au modèle productiviste nourrit parallèlement, dans les pays du Nord comme dans ceux du Sud, un autre champ de travaux qui s'inscrit dans une perspective plus contestataire. Ainsi, la sociologie des mouvements sociaux se renouvelle, à partir des initiatives écologistes notamment. Dénonçant les dommages environnementaux du progrès technique, celles-ci sont analysées comme construisant un nouveau mouvement social, à savoir une action (et non plus une situation ou une catégorie, à l'image de la classe sociale) visant à transformer la société, par la contestation mais aussi à travers des alternatives locales, concrètes et innovantes (Touraine, 1978). Ces nouveaux mouvements sociaux (écologie, féminisme, régionalisme...) et les initiatives associées, dans le domaine du développement territorial notamment, font émerger la notion d'innovation sociale. L'innovation sociale désigne alors de nouvelles finalités et logiques d'innovation ; en lien avec l'agriculture, elle s'incarnera ensuite surtout à travers les travaux sur les circuits alimentaires alternatifs et sur d'autres dynamiques locales reconnectant agriculture et alimentation dans une perspective de durabilité (Seyfang et Smith, 2007). Dans ces travaux, et aussi de façon plus générale, l'innovation sociale est étroitement liée à une seconde notion, celle de société civile, qui vient souligner la nécessité de tenir compte de nouveaux acteurs du changement social (Laville, 2014).

Ces initiatives intéressent également d'autres praticiens ou théoriciens de l'innovation, de la sociologie de l'innovation[6] aux *Sciences and Technology Studies*, voyant là l'opportunité de proposer une alternative au modèle centralisé de l'innovation technologique, à travers un modèle d'innovation distribuée, ouvert à une plus grande diversité d'acteurs, d'actants non humains, de mécanismes et de nouveautés (Von Hippel, 2005 ; Joly *et al.*, 2013). Les travaux inscrits dans cette perspective montrent en quoi les marchés et les technologies associées fabriquent des sujets de préoccupation qui suscitent l'émergence de « groupes concernés », la construction de nouveaux réseaux sociotechniques (Callon, 1986) contribuant à inventer et à diffuser des solutions, organisationnelles mais aussi technologiques, aux problèmes identifiés.

Dans le secteur de l'agriculture, cette émergence participe à l'essor d'un nouveau régime de production des savoirs et de l'innovation sur le vivant. Ce nouveau régime est mis en perspective, par exemple, à travers l'histoire longue de l'innovation variétale en France (Bonneuil et Thomas, 2009), bousculée par les mouvements qui refusent les organismes génétiquement modifiés et agissent en faveur des semences paysannes. L'analyse du rôle joué par des groupes locaux dans l'évolution des systèmes techniques et par des structures sociales à des échelles d'organisation supérieures (filières, politiques publiques...) alimente et questionne les travaux regroupés sous le terme des « théories des transitions » (Lamine, 2012). Ce type d'analyse s'inspire à la fois de la sociologie de l'innovation, des *Sciences and Technology Studies* et de l'économie évolutionniste (Geels et Schott, 2007).

Enfin, l'analyse de l'innovation dans le secteur agricole, ou en lien avec ce secteur, suscite de nouvelles collaborations entre économistes et sociologues, autour de la prise en compte du rôle des institutions, des réseaux ou des connaissances. Ces collaborations viennent en effet souligner l'importance des contextes institutionnel et local dans l'émergence des initiatives, notamment dans le cas des innovations sociales autour de l'alimentation durable et/ou du développement territorial (Chiffoleau et Prévost, 2012 ; Laville, 2014). Elles permettent d'approfondir l'analyse des processus d'apprentissage et de coordination qui sous-tendent les changements de pratiques et la coproduction de nouvelles règles et normes, au sein de réseaux d'acteurs agricoles et agroalimentaires (Chiffoleau et Touzard, 2014), participant, par-là, au renouvellement des travaux sur les milieux innovateurs et les systèmes productifs locaux.

## ▶▶ Conclusion : l'innovation dans l'agriculture, source d'évolutions théoriques et d'interdisciplinarité

Dans ce chapitre, nous avons présenté, à travers une lecture historique, comment l'économie et la sociologie ont été utilisées pour analyser le changement technique et l'innovation, dans le secteur agricole tout d'abord, et plus récemment dans l'agroalimentaire, l'alimentation et le développement territorial. Nous montrons que dans ces deux disciplines la pensée s'est déplacée du progrès technique vers différentes formes et acceptions de l'innovation, en se confrontant aux transformations

---

6. École de pensée appelée aussi « sociologie des sciences et des techniques », « sociologie de la traduction » ou bien encore « théorie de l'acteur-réseau », selon les auteurs et les objets étudiés.

de l'agriculture, avec des périodes d'éloignement ou de rapprochement des idées, d'application ou de reformulation des approches et des questions. Les influences propres à l'histoire des disciplines sont prégnantes, avec par exemple l'éloignement de l'économie néoclassique des questions du changement technique, puis le réinvestissement de cette discipline autour des apports de Schumpeter. Toutefois, du fait de travaux de terrain côtoyant les enjeux de développement, les sciences agricoles, puis l'économie et la sociologie rurales, ont aussi, dans certains cas, contribué en retour à faire évoluer les cadres conceptuels d'analyse de l'innovation, à la fois en économie et en sociologie. L'ancrage territorial de l'innovation agroalimentaire, l'importance des débats et des controverses touchant aux modifications du vivant ou à la sécurité alimentaire, la transition agro-écologique, ou l'émergence d'innovations sociales dans les systèmes alimentaires sont autant d'exemples de terrains féconds pour les recherches d'aujourd'hui sur l'innovation et sont potentiellement sources de résultats ayant une portée générique pour l'économie et la sociologie.

Cette revue permet aussi de rendre compte que la fonction de l'innovation dans les processus de développement agricole a varié au cours du temps, selon des contextes sociohistoriques et des demandes sociétales qui en ont influencé le contenu. Dans les années d'après-guerre, marquées par l'usage des concepts élaborés par Schumpeter, la demande sociétale a ainsi entraîné la transformation de l'activité agricole pour accroître rapidement sa productivité. À partir des années 1970-1980, la crise (sociale, culturelle, puis économique), à laquelle l'agriculture productiviste contribue, a conduit à élargir les finalités de l'innovation et à impliquer davantage d'acteurs sociaux (consommateurs, citoyens, experts…) dans sa genèse. Ce nouveau contexte a suscité une diversification des approches de l'innovation, en économie comme en sociologie, mais a aussi encouragé le rapprochement des deux disciplines, pour mieux saisir les différents facteurs et effets des changements.

La mise en perspective historique de l'usage variable de la notion d'innovation dans le secteur agricole nous conduit ainsi à un exercice stimulant, où les travaux scientifiques portant sur les transformations interagissent avec ces mêmes transformations. Cet exercice est une nouvelle contribution à la rencontre entre économie et sociologie. Dans ce sens, l'innovation dans le secteur agricole est aussi objet intermédiaire (Vinck, 1999), permettant la rencontre entre disciplines et la construction de l'interdisciplinarité. L'enjeu est alors de renforcer le débat entre les disciplines autour de l'innovation, au-delà de l'économie et de la sociologie, en associant la gestion, la géographie et l'agronomie, aujourd'hui très présentes dans l'analyse des transformations de l'agriculture, mais aussi d'autres domaines, comme l'alimentation et l'environnement, en particulier.

## ▶▶ Références bibliographiques

Allaire G., Daviron B., 2017. *Transformations agricoles et agroalimentaires. Entre écologie et capitalisme*, Éditions Quæ, Versailles, 429 p.

Altieri M.A., 1995. *Agroecology: The Science of Sustainable Agriculture*, deuxième édition, Westview Press, Boulder.

Augé-Laribé M., 1905. Le rôle du capital dans la viticulture languedocienne. *Revue d'économie politique*, 193-222.

Badouin R., 1985. *Le développement agricole en Afrique tropicale*, Cujas, Paris, 320 p.

Becattini G., 2004. *Industrial districts: A new approach to industrial change*, Edward Elgar Publishing.

Bloch M., 1931. *Les caractères originaux de l'histoire rurale française*, Armand Colin, Paris.

Bodiguel M., 1975. *Les paysans face au progrès*, Les Presses de Sciences Po, Paris.

Boisseau P., 1982. *Sources de l'innovation dans les exploitations agricoles*, Inra, série Études et recherches.

Bonneuil C., Thomas F., 2009. *Gènes, pouvoirs et profits. Recherche publique et régimes de production des savoirs de Mendel aux OGM*, Éditions Quæ, Versailles.

Boserup E., 1981. *Population and Technological Change: A study of Long term Trends*, The University of Chicago Press, Chicago.

Boussard J.M., 1987. Économie de l'agriculture, Édition Economica, Paris, 300 p.

Boutillier S., 2004. Économie et économistes face à l'innovation. *In : L'innovation et l'économie contemporaine : espaces cognitifs et territoriaux* (D. Uzunidis, dir.), De Boeck, Louvain, 21-44.

Boutillier S., Laperche B., 2016. Christopher Freeman : la systémique de l'innovation. *In : Les grand auteurs du management de l'innovation et de la créativité* (Burger-Helmchen T., Hussler C., Cohendet P., eds), Éditions Management et Société, 38-57.

Boyer R., 2015. Économie politique des capitalismes, La découverte, Paris.

Callon M., 1986. Éléments pour une sociologie de la traduction. La domestication des coquilles Saint-Jacques dans la Baie de Saint-Brieuc. *L'Année sociologique* 36, 169-208.

Caplat J., 2012. *L'agriculture biologique pour nourrir l'humanité*, Actes Sud, 477 p.

Chambers R., Pacey A., Thrupp L. (eds), 1989. *Farmer first. Farmer innovation and agricultural research*, Intermediate technology publications, London.

Chauveau J.-P., Comier-Salem M.-C., Mollard E., 1999. *L'innovation en agriculture : questions de méthodes et terrains d'observation*, Édition IRD, 362 p.

Chiffoleau Y., Prévost B., 2012. Les circuits courts, des innovations sociales pour une alimentation durable dans les territoires. *Norois*, 224, 7-20.

Chiffoleau Y., Touzard J.-M., 2014. Understanding local agri-food systems through advice network analysis. *Agriculture and Human Values*, 31(1), 19-32.

Chombart de Lauwe J., 1949. *Pour une agriculture organisée*, Presses universitaires de France, Paris.

Cohendet P., Foray D., Guellec D., Mairesse J., 1998. La gestion publique des externalités positives de recherche. *Revue française de gestion*, 128-138.

Cornu P., Valceschini E., Maeght-Bournay O., 2017. *L'histoire de l'INRA, entre science et politique*, Éditions Quæ, Versailles.

Coulomb P., Delorme H., Hervieu B., Jollivet M., Lacombe P., 1990. *Les agriculteurs et la politique*, Presses de la Fondation de Sciences Politiques, Paris.

Darré J.-P., Leguen R., Lemery B., 1989. Changement technique et structure professionnelle locale en agriculture. Économie *rurale*, 192(1), 115-122.

Denison E., 1962. *The sources of economic growth in the United States and the alternatives before us*, Committee for Economic Development, New York.

Diemer A., Laperche B., 2014. De la critique des corporations à la libération des forces productives : l'économie politique de Jean-Baptiste Say. *Innovations*, 3, 19-38.

Dorin B., 2017. India and Africa in the Global Agricultural System (1960-2050): Towards a New Sociotechnical Regime?, *Economic & Political Weekly*, LII (25-26), 5-13.

Dosi G., 1993. Technological paradigms and technological trajectories. *Research Policy*, 22(2), 102-103.

Farcy J.-C., 1983. Le monde rural face au changement technique : le cas de la Beauce au XIXe siècle. *Histoire Économie et Société*, 2, 161-184.

Gadrey J., 1992. *L'économie des services*, La Découverte, Paris.

Geels F.W., Schott J., 2007. Typology of sociotechnical transition pathways. *Research Policy,* 36(3), 399-417.

Gérard F., Marty I., 1995. Les politiques d'accompagnement de la révolution verte en Asie. *Revue d'économie du développement*, 2, 93-114.

Godin B., 2015. *Innovation Contested – The Idea of Innovation Over the Centuries*, Routledge, London.

Godin B., Vinck D., 2017. *Critical Studies of Innovation*, Edition Edward Elgar, 335 p.

Griffon M., 2006. *Nourrir la planète pour une révolution doublement verte*, Odile Jacob, Paris.

Griffon M., 2017. La nature comme modèle : un chemin vers l'appréhension de la complexité agricole. *In : Evolutions agro-techniques contemporaines* (Dubois M.J.F., Sauvée L., eds), Université technologique de Belfort-Montbeliard.

Guellec D., 2009. Économie de l'innovation, La Découverte, Paris.

Jas N., 2005. Déqualifier le paysan, introniser l'agronome, France 1840-1914. Écologie et *politique*, 31, 45-55.

Jaurès, J., Soboul A., 1983. *Histoire socialiste de la Révolution française,* vol. 2, Éditions sociales.

Joly P.B., Rip A., Callon M., 2013. Repenser l'innovation. *Innovation – La Revue* Numéro 1 [En ligne].

Jouve P., Mercoiret M.R., 1987. La recherche-développement : une démarche pour mettre les recherches sur les systèmes de production au service du développement rural. *Les Cahiers de Recherche-Développement*, 16, 8-15.

Kautsky, K., 1900. La question agraire : étude sur les tendances de l'agriculture moderne, Éditions V. Giard et E. Brière, Paris.

Labini P., 2007. Développements scientifiques, innovations technologiques, croissance et productivité. *Revue d'économie industrielle*, 118, 79-90.

Lamine C., 2012. «Changer de système» : une analyse des transitions vers l'agriculture biologique à l'échelle des systèmes agri-alimentaires territoriaux. *Terrains & travaux*, 20, 139-156.

Lavergne (de) L., 1860. *L'économie rurale de la France depuis 1789*, Librairie agricole, Paris.

Laville J.L., 2014. Innovation sociale, économie sociale et solidaire, entreprenariat social. Une perspective historique, *In : L'innovation sociale* (Klein J.L., Laville J.L., Moulaert F., eds), Eres, Paris.

Lele U., Goldsmith A., 1989. The Development of National Agricultural Research Capacity: India's Experience with the Rockefeller Foundation and Its Significance for Africa, *Economic Development and Cultural Change*, 37(2), 305-343.

Losch B., 2014. Les agricultures familiales au cœur de l'histoire des agricultures du monde. In : Agricultures familiales et mondes à venir (Sourrisseau J.-M, ed.), Éditions Quæ, Versailles.

Malassis, L., 1979. *Économie agro-alimentaire*, vol. 1, Cujas, Paris.

Martin B., 2012. The evolution of science policy and innovation studies, *Research Policy*, 41, 1219-1239.

Mazoyer M., Rondart L., 1997. *Histoire des agricultures du monde : du néolithique à la crise contemporaine*, Seuil, Paris.

McIntyre B., Herren H., Wakhungu J., Watson R. (eds), 2009. International Assessment of Agricultural Knowledge, Science and Technology for Development, global report, Island Press, Washington, DC.

Mendras H., 1970. *La fin des paysans : innovations et changement dans l'agriculture française*, Colin, Paris.

Nelson R., Winter S., 2002. Evolutionary theorizing in economics. *Journal of Economic Perspectives*, *16*(2), 23-46.

Pecqueur B., Zimmermann J.-B., 2004. Économie de proximité, Hermes-Lavoisier, Paris.

Raina R., 2011. Institutional Strangleholds: Agricultural Science and the State in India, *In: Shaping India: Economic Change in Historical Perspective* (Narayana D., Mahadevan R., eds), Routledge, New Delhi, 99-123.

Rastoin J.L., 2000. Une brève histoire de l'industrie alimentaire. Économie rurale, 255-256, 61-71.

Requier-Desjardins D., 1999. Les théories néo-schumpeteriennes de l'innovation sont-elles applicables à l'agro-alimentaire tropicale, *In : L'innovation en agriculture* (Chauveau J.-P., Comier-Salem M.-C., Mollard E., eds), Édition IRD, 65-80.

Ricardo D., 1817. *Des principes de l'économie politique et de l'impôt*, réédition 2012, Ink book, Paris.

Robin P., Aeschlimann J.-P., Feller C., 2007. *Histoires et Agronomie*, IRD Éditions, Montpellier.

Rogers, E. M., 1976. New product adoption and diffusion. *Journal of consumer Research*, 2(4), 290-301.

Ruttan V., 1996. What Happened to Technology Adoption Diffusion Research? *Sociologia Ruralis*, 36(1), 51-73.

Sardan (de) J.P., 1995. *Anthropologie et développement : essai en socio-anthropologie du changement social*, Karthala, Paris.

Schumpeter J., 1935. La théorie de l'évolution économique. Recherches sur le profit, le crédit, l'intérêt et le cycle de la conjoncture, Dalloz, Paris.

Seyfang G., Smith A., 2007. Grassroots Innovations for Sustainable Development: Towards a New Research and Policy Agenda. *Environmental Politics*, 16(4), 584-603.

Spielman D., 2006. Systems of Innovation: Models, Methods, and Future Directions. *Innovation Strategy Today*, 2(1), 55-66.

Sumberg J., Okali C., Reece D., 2002. Agricultural research in the face of diversity, local knowledge and the participation imperative. *Agricultural Systems*, 76, 793-753.

Temple L., Compaore Sawadogo E., 2018. *Innovation Processes in Agro-Ecological Transitions in the Developing Countries*, ISTE / Wiley.

Touraine A., 1978. *La voix et le regard*, Seuil, Paris.

Touzard J.-M., Temple L., Faure G., Triomphe B., 2014. Systèmes d'innovation et communautés de connaissances dans le secteur agricole et agroalimentaire. Innovations - *Revue d'économie et de management de l'innovation*, 43, 13-38.

Vanderpooten M., 2001. Éléments techniques d'une révolution agricole au début de l'époque contemporaine, thèse pour le doctorat en histoire, Université Toulouse 2.

Vinck D., 1999. Les objets intermédiaires dans les réseaux de coopération scientifique. Contribution à la prise en compte des objets dans les dynamiques sociales. *Revue française de sociologie*, 40(2), 385-414.

Von Hippel E., 2005. *Democratisizing innovation*, The MIT Press, Cambridge.

Weber M., 1904. Capitalisme et société rurale, traduction publiée dans *Tracés. Revue de Sciences humaines*, 2015, 29, 133-158.

# Chapitre 2

# L'innovation agricole et agroalimentaire au XXI<sup>e</sup> siècle : maintien, effacement ou renouvellement de ses spécificités ?

JEAN-MARC TOUZARD

**Résumé**. Le chapitre analyse les caractéristiques actuelles des innovations dans l'agriculture et l'agroalimentaire, en questionnant la nature et l'évolution de leurs spécificités sectorielles. Malgré la globalisation, ces innovations conservent des traits spécifiques liés aux rapports qu'entretiennent les activités agricoles ou alimentaires avec la nature, l'espace et leurs sociétés. Cette spécificité résulte aussi de configurations historiques d'acteurs, d'institutions et de connaissances qui orientent l'innovation et constituent des systèmes d'innovation agricole. Mais les innovations agricoles ou agroalimentaires sont surtout marquées aujourd'hui par la convergence d'enjeux globaux que pointent les travaux sur les transitions, qu'elles soient écologique, climatique, énergétique, numérique, sociale ou alimentaire. Les spécificités des innovations agricoles ou agroalimentaires se renouvellent dans les transitions en cours, mais leur évolution future dépend de la confrontation entre différents modèles de production, d'échange et de consommation alimentaire.

Depuis le Néolithique, les activités de production, d'échange et de consommation alimentaires ne cessent de se transformer, en intégrant de nouvelles techniques, organisations ou institutions, et en proposant de nouveaux produits agricoles ou alimentaires (Malassis, 1996). Les objets, les rythmes et l'ampleur de ces innovations diffèrent selon les périodes historiques et les contextes géographiques, mais leur émergence et leur diffusion à l'échelle de la planète se sont accélérées sur les deux derniers siècles. Face à ce mouvement, une même question est posée de manière récurrente par des agronomes, des économistes et des sociologues ruraux, ou par des scientifiques qui étudient les dimensions sectorielles de l'innovation (Chambers et al., 1989 ;

Sebillotte, 1996 ; Chauveau *et al.*, 1999 ; Malerba, 2004 ; Touzard *et al.*, 2014) : quelles sont les caractéristiques spécifiques aux innovations agricoles ou agroalimentaires et ces spécificités ne seraient-elles pas en train de se dissoudre dans le cadre de la globalisation des activités humaines ? Dans ce chapitre, cette question servira de fil directeur permettant de révéler et de questionner les caractéristiques actuelles des innovations dans l'agriculture et l'agroalimentaire. Dans un premier temps, nous montrerons que malgré la globalisation ces innovations conservent des traits spécifiques liés aux rapports qu'entretiennent les activités agricoles ou alimentaires avec la nature, l'espace et les sociétés. Nous confirmerons ensuite que cette spécificité résulte aussi de configurations particulières d'acteurs, d'institutions et de connaissances qui constituent des systèmes d'innovation agricole. Nous développerons alors l'idée que les innovations agricoles ou agroalimentaires sont également marquées aujourd'hui par la convergence d'enjeux globaux, que pointent les travaux sur les transitions des systèmes agroalimentaires. Nous conclurons en suggérant que les spécificités des innovations agricoles ou agroalimentaires se renouvellent dans les transitions en cours, mais qu'elles sont au cœur d'une confrontation entre différents modèles, offrant plusieurs perspectives pour le maintien ou non de ces spécificités.

## ▸▸ La prégnance des relations à la nature, à l'espace et aux sociétés

Si certains auteurs avancent l'idée que la globalisation des sociétés humaines conduit à une uniformisation des comportements et des formes de production et d'échange (Fukuyama, 1992), l'examen des caractéristiques propres aux activités agricoles ou agroalimentaires suggère plutôt le maintien, voire même le renouvellement, de traits originaux susceptibles de marquer les innovations dans ces secteurs. Ces spécificités peuvent être d'abord abordées sous un angle anthropologique, en analysant trois rapports qui fondent ces activités.

### Le rapport au vivant et à la nature reste au cœur de l'innovation

En premier lieu, les activités agricoles et les produits alimentaires mettent en jeu des rapports particuliers au vivant et à la nature : les aliments procèdent en effet de systèmes biologiques (plantes, animaux, micro-organismes) qui restent très largement dépendants de la Terre, de ses climats et de ses écosystèmes, et sont *in fine* ingérés par un corps humain. Ces fondements biologiques jouent aujourd'hui sur la définition de domaines d'intervention de la recherche et de l'innovation (agronomie, génétique, zootechnie, technologies alimentaires, nutrition…), mais surtout sur les conditions de mise en œuvre du changement par les acteurs. La prégnance de la nature se traduit en effet par une instabilité des flux agroalimentaires, liée à la saisonnalité de la production agricole, à la fragilité des écosystèmes, aux risques climatiques, à la périssabilité de nombreux produits (qu'il faut donc transformer pour les conserver) ou aux questions sanitaires (Colonna *et al.*, 2012). La rentabilité des investissements agricoles est alors souvent affectée par une utilisation limitée à la durée d'un stade de développement biologique (la récolte, par exemple). Du fait des aléas climatiques ou sanitaires, l'innovation apparaît aussi souvent plus risquée que dans d'autres secteurs et, de ce fait même, confrontée à des formes de résistance de la part d'agriculteurs, parfois qualifiés «d'adverses au risque» (Ghadim *et al.*, 2005). L'acte biologique d'ingérer des aliments peut aussi être considéré comme un des fondements de leur dimension symbolique, jouant sur les domaines possibles ou interdits de l'innovation (Muchnik *et al.*, 2007). Les représentations sociales de la nature et du vivant, et leurs évolutions historiques, sont en effet des conditions importantes de l'innovation, comme en témoignent sur la période récente les débats sur les organismes génétiquement modifiés (OGM) ou sur le statut des animaux dans les systèmes alimentaires (Porcher, 2017). Ce rapport au vivant et à la nature s'exprime de manière ambivalente dans les innovations : la succession historique des changements technologiques peut être vue comme un long processus d'artificialisation, de réduction de cette dépendance au vivant, de dénaturalisation des entités biologiques constituant les réseaux trophiques (animaux, plantes, microorganismes des sols...), aboutissant à la culture sous serre, à l'élevage hors sol, à la production de viande *in vitro*... Mais cette histoire est aussi animée par des mouvements inverses, qui replacent la nature au cœur de l'innovation, à l'image aujourd'hui de l'agro-écologie (voir le chapitre 4), de l'agriculture biologique ou de nouveaux aliments «naturels». Ce rapport physique et sensible à la nature est certes en partie masqué au consommateur urbain par la succession d'opérations techniques et commerciales dans les chaines de valeur... Mais il est aussi réactivé à travers le marketing des firmes ou l'établissement de nouveaux liens entre mangeurs et producteurs, renvoyant selon certains auteurs à une quête de nature, inhérente à la nature humaine (Tétard, 2003). Adversité, contrainte, fondement ou opportunité, la nature reste bien au cœur de l'innovation agricole ou agroalimentaire.

## Des innovations inscrites dans l'espace

Au-delà de ce rapport à la nature, les activités agricoles conservent des liens à l'espace qui influencent les innovations du secteur. La terre reste d'abord largement un support physique au déploiement de l'agriculture : une partie des changements techniques ou organisationnels concernent directement le travail du sol et les déplacements (motorisation, gestion des troupeaux, transports des récoltes), mais prennent aussi en compte l'hétérogénéité de l'espace, pour localiser les cultures ou adapter les pratiques, qui est aujourd'hui un des fondements des innovations de l'agriculture de précision[1] (Bordes, 2017). L'aménagement foncier est d'ailleurs en soi un domaine d'innovation (terrasses, remembrement, systèmes de drainage ou d'irrigation) et a même été longtemps un des fondements du progrès agricole, promu, en France, par le corps du génie rural. Ce rapport à l'espace joue plus largement sur l'innovation agricole à travers les questions foncières (rôle de la tenure sur l'investissement), sur les concurrences pour l'usage des sols (mise en place de nouvelles cultures, liens entre agriculture et élevage) ou même sur les transports qui sécurisent approvisionnement et ventes pour les innovateurs (Chauveau et al., 1999).

---

1. L'agriculture de précision vise à optimiser l'utilisation des intrants et à adapter les pratiques agricoles, pour obtenir un rendement optimal en prenant en compte la variabilité intra-parcellaire.

Il renvoie aussi aux représentations sociales sur l'espace, prenant en compte ses attributs, ses usages et sa valeur (Di Méo et Buleon, 2005). Ainsi, les enjeux patrimoniaux du foncier agricole sont souvent une clé pour comprendre les choix d'investissement et d'innovation à l'échelle d'entreprises agricoles (Pichot, 2006) ou de territoires (Perrin et Soulard, 2017). L'évolution des représentations de l'espace dans les sociétés est aussi en jeu dans l'émergence de produits alimentaires d'origine (Marie-Vivien et Bienabe, 2017) ou, plus largement, dans l'histoire des liens entre aliments, communautés rurales et villes (Ariés, 2016). Enfin, des représentations et des fonctions liées à l'inscription spatiale de l'agriculture ouvrent aujourd'hui de nouveaux domaines d'innovation, comme la lutte contre les incendies, l'écopâturage et, plus largement, la production de services environnementaux (Gascuel et Magda, 2015). Géographiquement située, l'innovation agricole et alimentaire apparaît ainsi duale dans ses rapports à l'espace, visant soit à s'extraire de contraintes spatiales, soit à tirer profit d'avantages spécifiques que cet ancrage spatial peut procurer.

## L'innovation alimentaire comme rapport social

Troisième rapport fondamental, le rapport aux autres fait de l'alimentation un acte social qui met en jeu les relations et les normes qui organisent la vie de communautés humaines (Fischler, 2013). Ce rapport aux autres pour se nourrir oriente l'innovation dans les systèmes alimentaires, depuis l'agriculture et ses fournisseurs jusqu'à la commercialisation du produit final. Au-delà du rapport à la nature évoqué précédemment, le rapport aux autres fonde en effet les normes alimentaires (culturelles, religieuses, éthiques, administratives...) qui autorisent, rejettent ou valorisent certains produits ou techniques agricoles. Il définit plus largement des conditions d'usage et de sociabilité alimentaires, notamment autour du repas, qu'il soit familial, individuel, collectif ou festif. Ces conditions sont prises en compte dans les innovations d'entreprises agroalimentaires (composition, conditionnement, et marketing des produits), mais aussi dans celles d'une partie des agriculteurs, lorsque leurs produits sont directement valorisés dans l'alimentation, à l'image du vin, très lié en France à la gastronomie. Plus fondamental, peut-être, ce rapport aux autres renvoie au mécanisme de la rivalité mimétique (Girard, 1996). L'aliment, au-delà de la satisfaction d'un besoin nutritif (et parfois de la survie), prend une valeur sociale parce que l'autre le désigne comme désirable, ce qui fonde la socialisation alimentaire. Ce mécanisme peut expliquer comment des distinctions sociales sont associées aux aliments, faisant notamment désirer les aliments des classes supérieures (Bourdieu, 1979) et constituant un processus moteur pour la mise au point et le marketing de nouveaux produits. Ce processus concerne certes de nombreux biens, marqueurs du positionnement social, mais l'aliment a une place particulière, notamment parce qu'il peut être partagé (Cardon, 2017). Les conditions d'usage et de sociabilité alimentaires sont aujourd'hui soumises aux transformations des sociétés postmodernes, associant la recherche du bien-être individuel, immédiat, à une posture critique sur le progrès et une volonté de reconstruire du sens et des liens sociaux (Charles et Lipovetsky, 2004). Avec des nuances selon les pays, ces évolutions redessinent des conditions pour l'innovation agroalimentaire, autour de l'individualisation d'une partie de l'alimentation ou de l'affirmation des questions de santé, mais aussi de la montée en puissance d'aliments éthiques ou reliant producteurs et consommateurs… En même temps, à l'échelle mondiale, les différences culturelles dans l'alimentation restent notables (CEP, 2017). Elles conservent une valeur identitaire (observable dans les pratiques domestiques et l'offre de restauration alimentaire) pour de nombreuses communautés, y compris en milieu urbain, et orientent une partie de l'innovation agroalimentaire, malgré la mise en place d'un standard industriel (Rastoin et Ghersi, 2010). Le rapport aux autres continue donc à se construire autour de l'alimentation, dessinant pour l'innovation agricole et agroalimentaire des cadres sociaux associant aujourd'hui postmodernité et influence des cultures héritées.

Les rapports à la nature, à l'espace et aux autres marquent donc l'innovation dans l'agriculture et l'agroalimentaire et l'inscrivent dans une tension fondamentale, entre le rejet de l'influence qui est en jeu dans chaque rapport (artificialisation, délocalisation, individualisation) et sa permanence ou sa réactivation (intégration de la nature, de l'espace, et des autres).

# ▶▶ Des configurations particulières d'acteurs, d'institutions et de connaissances

Autour de ces rapports, des acteurs, des institutions et des connaissances se sont construits à travers l'histoire, permettant la coordination et la régulation des activités agricoles et alimentaires, orientant l'innovation, constituant des systèmes sectoriels d'innovation (Malerba, 2004).

## De multiples agriculteurs face à des firmes concentrées et aux acteurs publics

Les activités agricoles ou agroalimentaires sont ainsi exercées par des configurations particulières d'acteurs et d'organisations qui marquent l'innovation dans ces secteurs. Des centres de recherche agronomique, des organisations de formation (lycées agricoles, écoles d'ingénieurs agronomes, universités agricoles) et de développement (instituts techniques, chambres d'agriculture, sociétés d'aménagement ou d'ingénierie agricole, associations de producteurs) sont aujourd'hui, dans tous les pays, dédiés à la construction de nouvelles connaissances et compétences pour l'agriculture et l'alimentation. Ils font face à une atomisation d'exploitations agricoles, en grande majorité familiales, et, à l'inverse, à une forte concentration des firmes d'amont (fourniture d'intrants et d'équipements), des services financiers (banques et assurances) et des entreprises d'aval (transformation agroalimentaire et distribution). De nombreux acteurs spécifiques, comme des associations, des bureaux d'étude, des syndicats agricoles ou agroalimentaires, des médias spécialisés, jouent aussi le rôle d'intermédiaires pour l'innovation dans ces secteurs (Klerkx et Leeuwis, 2009). Cette configuration d'acteurs présente des variantes selon les pays (plus forte concentration des exploitations agricoles en Grande-Bretagne, poids plus élevé de la grande distribution en France, dualisme agraire en Amérique latine, rôle d'organisations non gouvernementales en Afrique…) ou selon les produits (plus faible concentration de la transformation et du négoce dans le secteur du vin). Elle reste néanmoins prégnante et représente un marqueur sectoriel. L'atomisation des producteurs agricoles peut ainsi expliquer l'importance de l'action collective dans l'innovation agricole et le rôle que conservent des organisations publiques ou professionnelles, permettant d'assurer des économies d'échelle ou de variété dans des activités de recherche et développement, par exemple pour expérimenter de nouvelles pratiques (Faure *et al.,* 2010). Elle peut aussi expliquer l'importance de réseaux d'innovation reposant sur des liens locaux entre agriculteurs (Chiffoleau et Touzard, 2014). À l'inverse, la forte concentration de firmes en amont et en aval de l'agriculture est associée à un développement industriel très poussé de l'innovation, à partir de services internes de recherche et développement, d'alliances stratégiques internationales ou de dépôts et d'acquisitions de brevets. Cette opposition structurelle entre de multiples agriculteurs, les oligopoles industriels privés, et la masse des consommateurs, est fondamentale pour comprendre les débats sur l'innovation en agriculture et le rôle joué par l'État, les organisations professionnelles et les médias. Cela concerne en particulier le contrôle des semences, des biotechnologies et des produits alimentaires eux-mêmes, mais aussi l'usage des intrants, la gestion de l'information ou la définition des pratiques agricoles.

## Des innovations cadrées par des institutions sectorielles

Plus largement, ces acteurs agissent et innovent dans le cadre d'institutions particulières, historiquement constituées à l'échelle du secteur, et marquées par la dimension éminemment stratégique de l'alimentation pour les États et les personnes. Les politiques agricoles et alimentaires en sont une expression formelle, soutenant, orientant et cadrant l'innovation à l'échelle régionale, nationale ou internationale, de manière directe (soutien à la recherche et à l'innovation) ou indirecte (en jouant sur l'investissement, les réglementations, les prix, la formation...). À l'échelle européenne, la politique agricole commune (PAC) témoigne de cette institutionnalisation du soutien à l'innovation, devenu plus explicite depuis 2006, avec l'institution de partenariats européens pour l'innovation (Brunori *et al.,* 2013). À l'échelle de la France, la mise en place de réseaux mixtes technologiques (RMT) ou de groupements d'intérêt économique et environnemental (GIEE) l'illustre également, renouvelant les institutions de développement mises en place à partir des années 1960 (Hervieu *et al.,* 2010). Dans les pays du Sud, ces institutions sont marquées par les projets financés par des bailleurs internationaux, portant sur la recherche agricole ou le conseil, accompagnant la révolution verte depuis les années 1960. L'émergence récente de dispositifs de type « plateforme d'innovation agricole » en est une autre illustration (Faure *et al.,* 2010). Mais, au Nord comme au Sud, il faut aussi retenir le rôle d'institutions moins formelles constituées dans le temps long, jouant sur l'accès aux ressources et l'organisation de la production (comme le fermage, le métayage, les règles organisant le travail familial, le statut même d'agriculteur...), sur les échanges (les foires, salons et marchés agricoles, la création de standards, labels ou indications géographiques...) et sur la consommation (conditions de restauration, normes alimentaires déjà évoquées...). Ces institutions associent des règles objectives et des compromis entre représentations sociales (des conventions) qui définissent les qualités des aliments et orientent les manières d'innover dans le cadre d'une régulation sectorielle spécifique

(Allaire et Boyer, 1995). L'exemple des indications géographiques, majoritairement liées aux produits agroalimentaires, l'illustre parfaitement. Elles instituent une signalisation de la qualité qui s'appuie sur des conventions et une codification des pratiques (cahier des charges se référant à des usages loyaux et constants), ce qui conditionne les innovations possibles (Belletti *et al.*, 2017).

## Des combinaisons particulières de connaissances pratiques et scientifiques

La nature même des connaissances engagées dans les processus productifs et innovants peut aussi être pointée comme originale (Laurent et Landel, 2017). La construction de connaissances dans l'agriculture et l'agroalimentaire, et les besoins de formation associés, se réfèrent à de nombreuses disciplines et domaines techniques (de l'agronomie jusqu'aux technologies alimentaires ou commerciales), mais aussi à la nécessité d'adaptation et d'expérimentation locales de connaissances génériques (conséquence notamment des relations au milieu naturel) et à l'importance de connaissances tacites acquises et transmises par la pratique, notamment chez les agriculteurs. Cette multidisciplinarité et cette confrontation de savoirs scientifiques et pratiques constituent un argument pour justifier le maintien de l'enseignement agricole et le caractère appliqué de la science agronomique (voir le chapitre 3). Distribuées entre les acteurs, les connaissances associées à certaines innovations agricoles seraient aussi, de ce fait, plus difficilement protégeables par un droit de propriété intellectuelle, ce qui peut être vu comme un frein possible à l'investissement privé dans l'innovation. Par ailleurs, l'existence, dans tous les pays, de services de conseil agricole (publics, professionnels ou privés) montre que l'agencement et la spécification de connaissances pour l'innovation agricole sont stratégiques, coûteux, mais potentiellement efficaces (Labarthe et Laurent, 2013). L'implication croissante des connaissances des consommateurs-citoyens oriente aussi l'innovation, comme dans d'autres secteurs (on parle alors de *user innovations*), mais avec des formes particulières, liées parfois à la possibilité pour les consommateurs d'expérimenter et de partager ces connaissances dans un jardin potager ou un marché alimentaire de producteurs (Chiffoleau et Prévost, 2012), ou de contribuer à des démarches de certification participative (Mundler et Rouchier, 2016). Enfin, les connaissances scientifiques elles-mêmes sont amenées à participer de manière nouvelle aux débats publics sur l'innovation agricole et agroalimentaire (Joly, 2016). Au-delà de contributions classiques en amont de l'innovation, elles exercent une fonction croissante d'expertise et de légitimation des innovations, comme en témoigne la multiplication de groupes d'experts sur l'usage des biotechnologies ou les liens entre aliments et santé.

## La construction de systèmes d'innovation agricole

La construction historique et conjointe de réseaux d'acteurs, d'institutions et de connaissances, assure la régulation des activités agricoles et agroalimentaires et contribue à cadrer les innovations qui les transforment, avec le maintien de spécificités sectorielles et nationales (Touzard et Labarthe, 2016). La notion de système sectoriel d'innovation a ainsi été proposée pour mieux étudier ces conditions de l'innovation (Malerba, 2004). Elle s'applique pleinement à l'agriculture et à l'agro-alimentaire, conduisant certains auteurs à proposer des notions comme l'AIS (*Agricultural Innovation System*) ou l'AKIS (*Agricultural Knowledge and Innovation System*) (Klerkx *et al.*, 2010). Des approches historiques, comparatives, compréhensives ou opérationnelles, utilisent ces notions (Touzard *et al.*, 2014). Elles montrent, sur tous les continents, l'émergence d'acteurs et d'institutions nationales formellement dédiés à l'innovation agricole ou agroalimentaire. Souvent, deux grandes modalités coexistent dans chaque pays : d'une part, un système conçu à partir de la recherche agronomique publique, des universités et, parfois, de partenariats avec des firmes privées, qui est généralement descendant (*top down innovation*), et, d'autre part, des systèmes qui valorisent au contraire la collaboration entre agriculteurs (*grassroots innovation*) ou entre acteurs du secteur agroalimentaire. Les systèmes nationaux d'innovation agricole peuvent aussi être confrontés à d'autres systèmes d'innovation, plus ou moins autonomes, qui s'organisent autour de produits forts (café, cacao, coton, vin, lait...), de régions (dans les pays fédéraux, notamment) ou de modèles de production (l'agriculture biologique, dans de nombreux pays européens). Cette architecture d'institutions, d'acteurs et de connaissances apparaît bien comme une spécificité du secteur agricole (Labarthe, 2005).

## ▶▶ Le renouvellement d'enjeux globaux marque l'innovation agricole et agroalimentaire

Au-delà des caractéristiques des activités agricoles ou agroalimentaires et de leurs systèmes d'innovation, la spécificité des innovations de ces secteurs peut être cherchée dans le renouvellement des enjeux auxquels elles font face, tels que la dégradation de l'environnement, le changement climatique, la sécurité alimentaire, la lutte contre la pauvreté, les révolutions technologiques... La prise en compte de ces enjeux se traduit par des projets politiques visant à réorienter les activités agricoles ou alimentaires, à inscrire leurs innovations dans des transitions. Depuis le début des années 2000, plusieurs auteurs ont ainsi proposé un schéma intégrant l'innovation dans des transitions, en considérant plusieurs échelles d'analyse (*Multi Level Perspective*), notamment celle de la niche où apparaît une innovation, et celle du système sociotechnique où s'institutionnalise un régime de fonctionnement d'un secteur, intégrant ou non ces innovations (Geels, 2010). L'examen des enjeux politiques auxquels sont confrontées les innovations agricoles ou agroalimentaires révèle alors les différentes transitions, agro-écologique, climatique, énergétique, alimentaire, sociale, ou technologique, dans lesquelles elles peuvent s'inscrire.

### Innover pour la transition écologique

En premier lieu, l'évolution de l'agriculture et de l'alimentation fait face à une dégradation rapide des ressources naturelles. La question concerne d'abord la biodiversité, très impactée par la déforestation, la spécialisation agricole et l'usage de pesticides par l'agriculture industrielle. L'enjeu concerne aussi la gestion des sols, mis à mal par l'agriculture dans de nombreuses régions (érosion, baisse de fertilité...), et celle de l'eau, largement utilisée pour l'irrigation ou polluée par les résidus de pesticides ou d'engrais. Les activités agricoles ou agroalimentaires se trouvent aussi au cœur de la crise des cycles de l'azote et du phosphore (Rockstrom *et al.*, 2009). Aujourd'hui, leurs impacts négatifs menacent même la productivité de l'agriculture dans de nombreuses régions (OCDE et FAO, 2016). L'agriculture et l'alimentation apparaissent alors au centre des débats environnementaux parce qu'elles sont une des causes des dégradations observées, mais aussi parce qu'elles font partie des solutions pour y remédier. D'un côté, certaines formes d'agriculture peuvent en effet fournir des services environnementaux (ouverture de paysage, restauration de biodiversité, lutte contre les incendies, régulation des cycles de l'eau…) et, d'un autre côté, les consommateurs peuvent inciter à l'adoption de pratiques plus écologiques tout au long des chaînes alimentaires, jusqu'à l'agriculture. Par cette double contribution, les innovations agricoles ou alimentaires peuvent donc s'inscrire dans une transition écologique, mais en suivant plusieurs voies technologiques qui sont débattues et se confrontent (Vanloqueren et Barret, 2009) :

– optimisation de l'usage des intrants et atténuation de leurs impacts, tout en restant dans le système de l'agriculture industrielle, grâce à l'utilisation d'organismes génétiquement modifiés, à la réduction de la toxicité, du volume et/ou de la fréquence d'utilisation des pesticides, au choix d'une agriculture de précision ou raisonnée… ;

– retrait d'intrants ou d'opérations comme le labour (Goulet et Vinck, 2012) et adoption de pratiques comme la lutte intégrée permettant une intensification écologique de l'agriculture (Aggeri, 2011) ;

– conversion à l'agriculture biologique, devenue un régime sociotechnique à part entière dans certains pays (Lamine, 2011) ;

– adoption de formes plus radicales de pratiques agro-écologiques, comme la permaculture, intégrant de nouvelles connaissances sur le rôle des sols, des arbres, des légumineuses, l'autoproduction d'intrants ou les associations culturales (Ingram, 2017) ;

– reconnaissance et amélioration de pratiques paysannes déjà existantes mais peu reconnues ou peu soutenues (agroforesterie au Sud, élevage extensif dans les montagnes…).

Les innovations de cette transition agro-écologique sont soutenues par de nouveaux réscaux et dispositifs institutionnels aux échelles locale (associations, clubs ou réseaux), nationale (par exemple, le projet agro-écologique pour la France, promu en 2013) ou internationale (initiatives de l'Organisation des Nations Unies pour l'alimentation et l'agriculture, convention pour la diversité biologique, forum de l'agro-écologie). Elles sont portées par un mouvement social et scientifique (Wezel *et al.*, 2009) et sont l'objet de confrontations politiques qui s'invitent dans les arènes médiatiques et législatives (Aulagnier et Goulet, 2017 ; Sabourin *et al.*, 2017).

## Innover pour répondre aux enjeux du changement climatique

Le changement climatique est aussi devenu un enjeu majeur pour l'agriculture. Celle-ci est en effet le deuxième secteur le plus émetteur de gaz à effet de serre (24 % à l'échelle mondiale), en particulier à travers les activités d'élevage, la riziculture, la déforestation ou l'usage d'engrais de synthèse (Soussana, 2013). En même temps, l'agriculture est de plus en plus reconnue pour son rôle potentiel dans l'atténuation du changement climatique, du fait de sa capacité à fixer du carbone (dans les sols, la biomasse…), en suivant des options de réduction des émissions qui sont moins lourdes que ne le sont les projets de la géo-ingénierie. L'agriculture est aussi l'un des secteurs les plus exposés au changement climatique, qui joue sur la variabilité et la baisse des rendements, mais aussi sur la qualité des produits ou la géographie agricole (relocalisation de la production, évolution des paysages, concurrence sur les ressources…). L'agriculture et l'agroalimentaire font ainsi partie des secteurs les plus concernés à la fois par l'atténuation du changement climatique et par l'adaptation à ce changement, ce qui justifie la recherche d'innovations pour une agriculture qualifiée de climato-intelligente (*Climate Smart Agriculture*). Différentes visions de cette agriculture se confrontent, en particulier sur la nature de l'innovation et son contrôle : doit-elle être essentiellement technologique et poussée par la recherche et les firmes ou bien doit-elle valoriser avant tout les innovations locales et paysannes ? Des organisations non gouvernementales se sont positionnées contre l'agriculture climato-intelligente, y voyant une tentative d'écoblanchiment (*greenwashing*) de la part de firmes voulant poursuivre leur contrôle sur l'agriculture ; des organisations (comme la KIC climat) assument une vision technologique qui serait compatible avec différentes formes d'agriculture ; d'autres voient l'agriculture climato-intelligente comme une opportunité pour les agricultures des pays du Sud (Torquebiau, 2015) ; d'autres enfin la considèrent avant tout comme un projet politique de mobilisation pour une transition climatique (FAO, 2013). Les liens sont aussi établis avec les enjeux énergétiques. L'agriculture est en effet consommatrice d'énergie fossile pour la production (énergie nécessaire à la synthèse de certains intrants et à la motorisation) et pour la logistique, mais elle est aussi productrice d'énergie issue de la biomasse (alcools, huiles, méthane…) ou de composants substituables aux produits fabriqués à partir d'énergies fossiles. La transition énergétique peut ainsi remettre en avant d'autres formes de mécanisation comme la traction animale, notamment dans les pays du Sud. Mais, de manière plus drastique, l'agriculture trouve aussi une place dans la bio-économie (Colonna *et al.*, 2012), nouveau domaine d'innovation incluant une diversité d'options techniques et organisationnelles, opposant notamment des filières organisées à grande échelle, autour de bioraffineries et d'une production agricole de masse (canne à sucre, maïs, oléagineux…), à des niches où se teste l'usage local d'énergies issues de l'agriculture. Là aussi, l'agriculture, devenue dans de nombreux pays un secteur dépendant des énergies fossiles, est l'objet de controverses et de confrontations politiques majeures, remettant par exemple en cause les arguments en faveur de la production actuelle d'agrocarburants (Allaire et Daviron, 2017).

## Innover pour contribuer à la sécurité alimentaire

Par ailleurs, face à la croissance démographique mondiale et à l'évolution des conditions de production, d'échange et de consommation alimentaires, la sécurité alimentaire est redevenue un enjeu majeur, renouvelé par la crise alimentaire de 2007-2008 (Heady et Fan, 2011). Au-delà de facteurs conjoncturels (sécheresses, guerres, hausse du prix du pétrole, crash financier), cette crise a révélé des changements structurels concernant la demande (concurrence par les biocarburants, croissance de la consommation alimentaire en calories animales…), la production (stagnation des rendements, baisse des investissements publics et privés dans l'agriculture…) et les échanges (financiarisation des marchés agricoles, diminution des stocks, libéralisation des politiques agricoles nationales…). Cette crise alimentaire a montré les limites du modèle de développement et d'innovation agricoles promu au plan international depuis les années 1950, puis libéralisé et financiarisé (Allaire et Daviron, 2017). La sécurité alimentaire concerne à la fois la disponibilité, la qualité (notamment sanitaire et nutritionnelle), la régularité et l'accessibilité des aliments, mais aussi la capacité des populations et des pays à définir et à contrôler leur alimentation. Les innovations qui peuvent concourir à l'amélioration de ces différentes dimensions de la sécurité alimentaire, c'est à dire à la sécurisation alimentaire (Touzard et Temple, 2012), sont de natures très différentes, incluant celles qui concernent de nouveaux systèmes de culture, jusqu'à celles qui visent à couvrir des risques sur un marché agroalimentaire. Elles se mettent en place à différentes échelles, de l'unité domestique jusqu'aux politiques sectorielles et aux chaînes globales de valeur. Ces innovations doivent être saisies dans leur complémentarité et leur cohérence, et se combiner à des changements institutionnels, des modifications de comportement alimentaire, la redéfinition de stratégies des firmes et d'acteurs publics, le renforcement des capacités des acteurs (éducation). Mais la multiplicité des dimensions de la sécurité alimentaire (pas forcément atteignables conjointement), les fortes différences géographiques de l'enjeu alimentaire, les désaccords et les controverses sur les aspects politiques de la souveraineté alimentaire ou sur les options technologiques (régime agro-industriel *versus* régime agro-écologique) laissent ouvert le périmètre des innovations possibles.

## Innover pour répondre aux enjeux sociaux

La réduction de la pauvreté et le renforcement des capacités des populations sont également des enjeux majeurs auxquels sont confrontées les activités agricoles et alimentaires, en premier lieu dans les pays les moins avancés et à revenus intermédiaires, où la population agricole est importante et la plus pauvre. À l'échelle mondiale, près de 75 % des familles sous le seuil de pauvreté vivent en milieu rural et dépendent de l'agriculture (World Bank, 2016). L'accès à l'éducation et à la santé est également plus limité en zone rurale. L'innovation dans l'agriculture et l'agroalimentaire présente alors des liens multiples et contradictoires avec ces enjeux. Dans sa dimension «destructrice», l'innovation apparaît comme l'une des causes de la marginalisation économique de nombreux agriculteurs, qui ne peuvent rémunérer leur travail du fait de la baisse relative des prix agricoles. Elle peut aussi renforcer la concentration foncière et les migrations humaines. Dans sa dimension «créatrice», l'innovation peut au contraire favoriser un entreprenariat rural, renforcer la création de valeur en milieu rural, ou cibler explicitement des enjeux sociaux de formation et d'inclusion (McIntyre *et al.,* 2009). Elle peut ainsi contribuer à réduire des inégalités et renforcer des capacités, et donc des libertés (Sen, 2003). C'est l'enjeu que se donne par exemple le mouvement de l'économie sociale et solidaire dans l'agriculture, ou celui qui motive l'émergence de niches d'innovations sociales dans le secteur (voir le chapitre 5). Au-delà des inégalités et de la pauvreté, la question démocratique et des droits humains est aussi en cause. Les innovations agricoles et alimentaires peuvent en effet réduire ces droits, lorsqu'elles sont portées par des acteurs (firmes, administrations, organisations agricoles…) qui visent à renforcer un système sociotechnique allant à l'encontre de positions exprimées par des communautés locales (De Schutter, 2014). Mais l'agriculture et l'alimentation sont aussi des domaines de revendication, d'affirmation de projets, qui peuvent contribuer à la vie politique et à l'expression démocratique (Renting *et al.*, 2012) : les luttes pour la terre restent d'actualité dans de nombreux pays (mouvements contre l'accaparement des terres ou l'extension de projets immobiliers) ; la revendication d'une alimentation de qualité pour tous suscite des niches d'innovation sociale et rejoint la mise en place d'approches participatives et ouvertes de l'innovation (Chiffoleau et Prévost, 2012).

## Innover face à deux révolutions technologiques majeures

Enfin, l'agriculture et l'alimentation sont aussi marquées par ces deux grands changements technologiques du début du XXIe siècle que sont le déploiement du numérique et celui des biotechnologies. Il s'agit ici d'innovations génériques, exogènes, qui ont des impacts potentiels majeurs et spécifiques sur le secteur et l'ensemble de ses innovations. L'usage des nouvelles technologies de l'information et de la communication (NTIC) dans l'agriculture, d'abord associé à l'agriculture de précision, s'étend à une grande diversité d'innovations qui se combinent, comme les capteurs, les robots, le guidage par satellite, l'informatique embarquée, les applications numériques de gestion des troupeaux ou de l'irrigation, les outils d'aide à la décision… Les applications multiples constituent les bases d'une agriculture connectée, ou numérique (Bellon-Maurel et Huyghe, 2016), qui modifie les conditions du travail agricole et la gestion de l'exploitation agricole. Ces innovations sont promues par des firmes et des organisations de recherche et développement liées à l'agriculture industrielle, mais de nouveaux acteurs émergent (firmes du numérique et *start-ups*, associations et organisations non gouvernementales) et tendent à créer de nouveaux réseaux d'innovation, bénéficiant de l'élargissement et de la baisse du coût de l'offre numérique, y compris dans les pays du Sud. Des arguments sont avancés pour créer de nouveaux services et faire de cette agriculture numérique une voie vers l'agriculture durable (Walter *et al.*, 2017) ou même l'agro-écologie (Bonny, 2017). Mais les controverses sont importantes au sujet du contrôle de l'information et des innovations de l'agriculture numérique, ou de l'exclusion d'une partie des agriculteurs (Mazaud, 2017).

La montée en puissance des biotechnologies, elle, s'est affirmée au cours des années 1990, en particulier avec la création et la commercialisation de semences génétiquement modifiées. Les implications des nouvelles connaissances en génétique et en biologie sont en amont de multiples innovations agroalimentaires, depuis la création variétale (qu'elle aboutisse ou non à des organismes génétiquement modifiés), jusqu'à la production de viande *in vitro*, la fabrication de biomolécules ou le traitement des déchets liés à l'agriculture. Les débats sur les innovations biotechnologiques dans l'agriculture, parce qu'elles touchent directement au vivant (voir plus haut), ont pris des dimensions éthiques, politiques et juridiques importantes, visant à caractériser et à gérer les risques (Joly, 2016). Ces débats sont d'autant plus vifs que les enjeux économiques sont considérables, portés par quelques firmes multinationales, mais aussi par des centres de recherche, de petites et moyennes entreprises (PME), et des clusters d'entreprises, modifiant les positions et les relations de pouvoir au sein des systèmes d'innovation de l'agriculture (Laperche, 2009). Les innovations numériques et biotechnologiques sont certes globalement inscrites dans le régime sociotechnique de l'agriculture et de l'alimentation industrielle, mais elles font aussi émerger des niches, intégrables ou non par ce régime, et peuvent s'hybrider avec des formes différentes d'agriculture, comme l'agriculture biologique.

## Des enjeux politiques de l'innovation à la contribution aux transitions

Les enjeux présentés ici ne sont pas tous spécifiques au secteur agricole et agroalimentaire, ou de même intensité selon les produits et les pays. L'enjeu de sécurité alimentaire est propre au secteur ; les enjeux écologiques et climatiques lui donnent un rôle majeur ; ceux du numérique, des biotechnologies ou les enjeux sociaux sont communs à de nombreux secteurs, mais marquent fortement l'évolution des activités agricoles et agroalimentaires. Par contre, la convergence de ces enjeux au début du XXIe siècle constitue bien une situation inédite et spécifique, donnant une dimension très politique à l'innovation agricole et agroalimentaire, du local à l'international. Prendre en compte la construction politique de ces enjeux et leur pouvoir axiologique (i.e. le sens qu'ils peuvent donner aux innovations) amène à inscrire les innovations agricoles et alimentaires dans différentes transitions. Ces transitions sont étroitement liées et participent à une même grande transformation de l'agriculture dans la société. Les processus concernés par chaque enjeu sont en effet interdépendants, à l'image du changement climatique, qui accélère la perte de biodiversité, augmente les risques alimentaires, et renforce les inégalités sociales entre le Nord et le Sud. Par ailleurs, chaque innovation agricole ou agroalimentaire interagit généralement avec plusieurs enjeux, en pouvant répondre positivement à certains, mais négativement à d'autres. Enfin, ces différents enjeux sont aussi combinés (et parfois occultés) dans des projets politiques globaux qui mettent en avant différents modèles agroalimentaires ou leur coexistence (Touzard et Fournier, 2014) et qui sont en débat, en concurrence ou en confrontation dans chaque transition.

# ▸▸ Conclusion : la spécificité des innovations se renouvelle, mais n'est pas immuable

Interroger l'évolution des spécificités des innovations agricoles et agroalimentaires dans la globalisation nous a amenés à examiner trois ensembles de facteurs, associés à des approches différentes de l'agriculture et de ses innovations. Dans une perspective anthropologique, nous avons d'abord montré que les rapports à la nature, à l'espace et aux autres continuaient de marquer les innovations du secteur, mais à travers une dialectique dans laquelle se confrontent des forces qui visent à évacuer la nature, l'espace ou la société, et d'autres qui cherchent à en renouveler l'expression, et donc à reconstruire une spécificité sectorielle. L'observation des configurations d'institutions, d'acteurs et de connaissances a ensuite confirmé que les innovations agricoles et agroalimentaires restent très dépendantes de systèmes sectoriels d'innovation, systèmes qui sont traversés par une diversité de processus pouvant les contester ou les recomposer. Enfin, en nous référant aux approches de la transition, nous avons examiné une série d'enjeux globaux auxquels sont confrontées les innovations agricoles et agroalimentaires, soulignant leur convergence inédite et leur dimension très politique dans la période actuelle.

La globalisation n'a donc pas dissous les spécificités des innovations agricoles et agroalimentaires, et tendrait même à les renouveler, si l'on considère la convergence des transitions dans lesquelles le secteur est engagé. La spécificité de ces innovations se joue dans la co-évolution entre les rapports anthropologiques qui sous-tendent ces activités, les systèmes d'innovation construits pour les réguler et les enjeux globaux auxquels elles doivent répondre. Influencée par de nombreux processus, parfois contradictoires, la spécificité de ces innovations n'est pour autant ni donnée, ni immuable. Trois remarques amènent en effet à maintenir une perspective ouverte sur l'évolution future des innovations et des régimes agricoles et agroalimentaires dans lesquels elles s'inscrivent :

– notre approche générale des innovations ne doit pas occulter la diversité de leurs formes concrètes, plus ou moins spécifiques selon les produits, la localisation géographique, les activités (de l'agriculture à la restauration) ou la nature de l'innovation (technique ou organisationnelle, incrémentale ou radicale, exogène ou endogène) ; cette diversité s'intègre dans le fonctionnement et la régulation globale du secteur, mais elle constitue aussi une base pour son éclatement possible ;

– ces innovations se réfèrent à différents modèles agricoles et alimentaires qui dépassent l'antagonisme « industriels *versus* alternatifs » (Touzard et Fournier, 2014), et en particulier à des modèles de qualité différenciée (de proximité, naturaliste, patrimonial, éthique) ; la coexistence de ces modèles dans la plupart des pays apparaît à la fois comme un trait de la globalisation et comme une spécificité sectorielle ; les innovations peuvent s'inscrire dans chacun de ces modèles, mais résultent aussi de leurs confrontations et de leurs interactions ; la position dominante du modèle agro-industriel, et en particulier son contrôle sur les biotechnologies, suggère toutefois la possibilité à long terme d'une perte de spécificité sectorielle, à travers, par exemple, la poursuite de l'artificialisation de la production alimentaire, telle que la production de viande *in vitro*, et cela, malgré les contestations dont ce modèle est l'objet ;

– la dimension très politique de l'innovation que souligne notre analyse met en avant la manière dont les transitions sont gérées à différentes échelles, du local à l'international ; or, au niveau international, les accords politiques restent largement ouverts, entre la relance d'une gouvernance néolibérale de l'agriculture et de l'alimentation, un repli sur des relations bilatérales associées à des régulations régionales ou la construction d'une gouvernance multilatérale et civique mondiale.

Chaque option porte une vision différente de la place de l'agriculture et de l'alimentation, de ses innovations et de ses spécificités. La question des contributions du secteur à la production de biens publics est alors centrale et en débat. La reconnaissance de ces contributions pourrait alors donner aux innovations agricoles et agroalimentaires une position plus forte et spécifique dans les transitions en cours.

# ▸▸ Références bibliographiques


Aggeri F., 2011. Le développement durable comme champ d'innovation : scénarisations et scénographies de l'innovation collective. *Revue française de gestion*, 215(6), 87-106.

Allaire G., Boyer R. (eds), 1995. *La grande transformation de l'agriculture*, Inra-Economica, Paris.

Allaire G., Daviron B., 2017. *Transformations agricoles et agroalimentaires : entre écologie et capitalisme*, Éditions Quæ, Versailles.

Ariés P., 2016. *Une histoire politique de l'alimentation*, Éditions Max Milo.

Aulagnier A., Goulet F., 2017. Des technologies controversées et de leurs alternatives. Le cas des pesticides agricoles en France. *Sociologie du travail*, 59(3).

Belleti A., Marescotti A., Touzard J.-M., 2017. Geographical Indications, Public Goods and Sustainable Development: The roles of actors' strategies and public policies. *World Development*, 98, 45-57.

Bellon-Maurel V., Huyghe C., 2016. L'innovation technologique dans l'agriculture. *Géoéconomie*, 80, 159-180.

Bonny S., 2017. High-tech agriculture or agroecology for tomorrow's agriculture? *Harvard College Review of Environment & Society*, 4, 28-34.

Bordes J., 2017. Numérique et agriculture de précision. *Annales des Mines*, 87(3), 87-93.

Bourdieu P., 1979. *La distinction*, Éditions de Minuit, Paris, 670 p.

Brunori G., Barjolle D., Dockes A., 2013. CAP Reform and Innovation: The Role of Learning and Innovation Networks. *Euro Choice*, 12(2), 27-33.

Cardon P. (ed.), 2017. *Quand manger fait société*, Presses Universitaires du septentrion, Lille.

CEP, 2017. *MOND'Alim 2030 : panorama prospectif de la mondialisation des systèmes alimentaires*, La Documentation française, Centre d'étude et de prospective du ministère de l'Agriculture, Paris.

Chambers R., Pacey A., Trupp L., 1989. *Farmer first: farmer innovation and agricultural research*, Intermediate Technology Publications, London.

Charles S., Lipovetsky G., 2004. *Les temps hypermodernes*, Grasset, Paris.

Chauveau J.-P., Cormier Salem M.-C., Mollard E. (eds), 1999. *L'innovation en agriculture : questions de méthodes et terrains d'observation*, Éditions Orstom-IRD, Paris, 362 p.

Chiffoleau Y., Prévost B., 2012. Les circuits courts, des innovations sociales pour une alimentation durable dans les territoires. *Norois*, 224, 7-20.

Chiffoleau Y., Touzard J.-M., 2014. Understanding local agri-food systems through advice network analysis. *Agriculture and Human Values*, 31, 19-32.

Colonna P., Fournier S., Touzard J.-M., 2012. Systèmes alimentaires. *In: Pour une alimentation durable* (Esnouf C., Russel M., Bricas N., eds), Éditions Quæ, Versailles, 79-108.

De Schutter O., 2014. Les droits de l'Homme au service de la sécurité alimentaire. In : *Penser une démocratie alimentaire* (Collart Dutilleul F., Bréger T., dir.), Inida, San José, 61-65.

Di Méo G., Buléon P. (dir.), 2005. *L'espace social. Lecture géographique des sociétés*, Armand Colin, Paris, 304 p.

FAO, 2013. *Climate Smart Agriculture Source Book*, FAO, Rome.

Faure G., Gasselin P., Triomphe B., Temple L., Hocdé H. (eds), 2010. *Innover avec les acteurs du monde rural. La recherche-action en partenariat*, collection Agricultures tropicales en poche, CTA, Presses agronomiques de Gembloux, Éditions Quæ, 224 p.

Fischler C., 2013. *Les alimentations particulières. Mangerons-nous encore ensemble demain ?*, Odile Jacob, Paris.

Fukuyama F., 1992. *The End of History and the Last Man*, Free Press.

Gascuel C., Magda D., 2015. Gérer les paysages et les territoires pour la transition agroécologique. *Innovations Agronomiques*, 43, 95-106.

Geels F.W., 2010. Ontologies, socio-technical transitions to sustainability, and the multi-level perspective. *Research Policy*, 39(4), 495-510.

Ghadim A., Pannel D., Burton M., 2005. Risk, uncertainty, and learning in adoption of a crop innovation. *Agricultural Economics*, 33(1), 1-9.

Girard R., 1996. *Eating disorders and mimetic desire*, College of Arts and Sciences, East Caroline University.

Goulet F., Vinck D., 2012. L'innovation par retrait. Contribution à une sociologie du détachement. *Revue Française de Sociologie*, 53(2), 195-22.

Heady D., Fan S., 2011. *Reflections on the Global Food Crisis*, IFPRI Research Monograph, 165 p.

Hervieu B., Mayer N., Muller P., Purseigle F., Remy J., 2010. *Les mondes agricoles en politique*, Presses de Science Po, Paris.

Ingram J., 2017. Agricultural transition: Niche and regime knowledge systems' boundary dynamics. *Environmental Innovation and Societal Transitions*, 24.

Joly P.-B., 2016. Science réglementaire : une internationalisation divergente? L'évaluation des biotechnologies aux États-Unis et en Europe. *Revue française de Sociologie*, 57(3), 443-472.

Klerkx L., Aarts N., Leeuwis C., 2010. Adaptive management in agricultural innovation systems: The interactions between innovation networks and their environment. *Agricultural Systems*, 103(6), 390-400.

Klerkx L., Leeuwis C., 2009. Establishment and embedding of innovation brokers at different innovation system levels. *Technological forecasting and Social Change*, 76(6), 849-860.

Labarthe P., 2005. Trajectoires d'innovation des services et inertie institutionnelle : dynamique du conseil dans trois agricultures européennes. *Géographie, économie et société*, 3, 289-311.

Labarthe P., Laurent C., 2013. Privatization of Agricultural Extension Services in the EU: Towards a Lack of Adequate Knowledge for Small-scale Farms? *Food Policy*, 38, 240-252.

Lamine C., 2011. Transition pathways towards a robust ecologization of agriculture and the need for system redesign. Cases from organic farming and IPM. *Journal of Rural Studies*, 27, 209-219.

Laperche B., 2009. Stratégies d'innovation des firmes des sciences de la vie et appropriation des ressources végétales : processus et enjeux. *Mondes en développement*, 147(3), 109-122.

Laurent C., Landel P., 2017. Régime de connaissances et régulation sectorielle en agriculture. *In : Transformations agricoles et agroalimentaires* (Allaire G. et Daviron B., eds), Éditions Quæ, Versailles.

Malassis L., 1996. *Traité d'économie agroalimentaire*, Édition Cujas, Paris.

Malerba F., 2004. *Sectoral Systems of Innovation*, Cambridge University Press.

Marie-Vivien D., Biénabe E., 2017. The Multifaceted Role of the State in the Protection of Geographical Indications. *World Development*, 98, 1-11.

Mazaud C., 2017. À chacun son métier, les agriculteurs face à l'offre numérique. *Sociologies pratiques*, 34(1), 39-47.

McIntyre B., Herren H., Wakhungu J., Watson R. (eds), 2009. *International Assessment of Agricultural Knowledge, Science and Technology for Development, global report*, Island Press, Washington, DC.

Muchnik J., Requier-Desjardins D., Sautier D., Touzard J.-M., 2007. Systèmes agroalimentaires localisés. *Économies et Sociétés*, série AG, 29, 1465-1484.

Mundler P., Rouchier J., 2016. *Alimentation et proximités. Jeux d'acteurs et territoires*, Educagri, Dijon.

OCDE, FAO, 2016. Perspectives agricoles de l'OCDE et de la FAO, 2016-2025, FAO, Rome.

Perrin C., Soulard C., 2017. L'agriculture dans le système alimentaire urbain : continuités et innovations. *Natures Sciences Sociétés,* 25(1), 3-6.

Pichot J.-P., 2006. L'exploitation agricole : un concept à revisiter du nord aux Suds. *Cahiers Agricultures*, 15, 483-486.

Porcher J. (coord), 2017. *Travail animal, l'autre champ du social*, Écologie politique, 54, Éditions Le Bord de l'Eau, 187 p.

Rastoin J.-L., Ghersi G., 2010. *Le système alimentaire mondial. Concepts et méthodes, analyses et dynamiques.* Éditions Quæ, Versailles, 565 p.

Renting H., Schermer M., Rossi A., 2012. Building Food Democracy: Exploring Civic Food Networks and Newly Emerging Forms of Food Citizenship. *International Journal of Sociology of Agriculture and Food,* 19, 289-307.

Rockström J., Steffen W., Noone K., Persson A., Chapin F.S. III, Lambin E., Lenton T.M., Scheffer M., Folke C., Schellnhuber H.J., Nykvist B., de Wit C.A., Hughes T., van der Leeuw S., Rodhe H., Sörlin S., Snyder P.K., Costanza R., Svedin U., Falkenmark M., Karlberg L., Corell R.W., Fabry V.J., Hansen J., Walker B., Liverman D., Richardson K., Crutzen P., Foley J., 2009. Planetary boundaries: exploring the safe operating space for humanity. *Ecology and Society,* 14(2), 32.

Sabourin E., Patrouilleau M.M., Le Coq J.-F., Vásquez L., Niederle P. A. (org.), 2017. *Politicas Publicas a favor de la agroecologia en America Latina.* Cirad, Red PP-AL, FAO.

Sebillotte M. (dir.), 1996. *Systems-Oriented Research in Agriculture and Rural Development,* Éditions du Cirad, Montpellier.

Sen A., 2003. *Un nouveau modèle économique. Développement, justice, liberté,* Odile Jacob, Paris.

Soussana J.-F., 2013. *S'adapter au changement climatique,* Éditions Quæ, Versailles.

Tétart G., 2003. Consommer la nature et parfaire son corps. Études rurales, 165-166, 9-31.

Torquebiau E. (ed.), 2015. *Changement climatique et agricultures du monde,* Éditions Quæ, AFD, Versailles.

Touzard J.-M., Fournier S., 2014. La complexité des systèmes alimentaires : un atout pour la sécurité alimentaire ? *VertigO,* 14, 2014.

Touzard J.-M., Labarthe P., 2016. Regulation Theory and Agriculture transformations: a literature review. *Revue de la régulation : Capitalisme, Institutions, Pouvoir,* 20, 2016.

Touzard J.-M., Temple L., 2012. Sécurisation alimentaire et innovations dans l'agriculture et l'agroalimentaire : vers un nouvel agenda de recherche ? *Cahiers Agricultures,* 21, 293-301.

Touzard J.-M., Temple L., Faure G., Triomphe B., 2014. Systèmes d'innovation et communautés de connaissances dans le secteur agricole et agroalimentaire. Innovations - *Revue d'économie et de management de l'innovation,* 43, 13-38.

Vanloqueren G., Baret P., 2009. How agricultural research systems shape a technological regime that develops genetic engineering but locks out agroecological innovations. *Research Policy,* 38(6), 971-983.

Walter A., Finger R., Huber R., Buchmann N., 2017. Smart farming is key to developing sustainable agriculture. *Proceedings of the National Academy of Sciences USA,* 114, 6148-6150.

Wezel A., Bellon S., Doré T., Francis C., Vallod D., David C., 2009. Agroecology as a science, a movement or a practice. A review. *Agronomy for Sustainable Development,* 29(4), 503-515.

World Bank, 2016. *Who Are the Poor in the Developing World?* Policy Research Paper, Poverty and Equity Global Practice Group, Washington DC.

# Chapitre 3

# La recherche agronomique et l'innovation : essai d'analyse sociohistorique

Frédéric Goulet

**Résumé.** Ce chapitre contribue à questionner, dans une perspective sociohistorique, la place qu'occupe la thématique de l'innovation dans le champ de la recherche agronomique. Si la notion d'innovation est aujourd'hui omniprésente, l'idée que les sciences et techniques puissent, et doivent, contribuer à la transformation des mondes agricoles est ancienne. Elle est même fondatrice de la création des institutions nationales et internationales de recherche agronomique qui ont vu le jour pendant la seconde moitié du XXe siècle. Ces dernières décennies, la transformation des relations entre science, agriculture et société est venue néanmoins questionner cette contribution. Face, notamment, aux crises de confiance envers le modèle agricole industriel et aux évolutions propres au champ scientifique, les horizons souhaitables pour les mondes agricoles ont évolué, et se sont diversifiés. Les institutions de recherche agronomique ont été conduites à faire face à ces évolutions, et à réinventer régulièrement les termes de leurs contributions à l'innovation et à la transformation des mondes agricoles.

Dans un ouvrage sur l'innovation en agriculture, recueillant les analyses de scientifiques venant principalement d'instituts de recherche agronomique, comment ne pas mener une réflexion sur les relations qu'entretiennent ces instituts avec la production d'innovations ? Notre objectif dans ce chapitre est de questionner, dans une perspective sociohistorique (Payre et Pollet, 2013), la place qu'occupe cette question de l'innovation dans le champ de la recherche agronomique. Nous montrerons que, depuis plus d'un demi-siècle, de profondes transformations ont affecté la façon dont la recherche agronomique est amenée à interagir avec les parties prenantes des processus d'innovation, et notamment avec les agriculteurs. Nous verrons que si l'objectif de conduire des recherches pour orienter la transformation des activités productives et de la société est resté central, les modalités pour y répondre ont pris des formes variées avec le temps, s'insérant dans un ensemble d'activités et d'injonctions de plus en plus diversifiées. Par l'expression de recherche agronomique, nous entendrons ici l'ensemble des institutions, des politiques et des pratiques liées à l'organisation et à la conduite d'activités scientifiques et techniques liées à l'agriculture. Bien entendu, cette acception embrasse des opérateurs aussi bien publics que privés, mais notre attention se portera ici principalement sur le secteur public. Elle sera même tournée plus spécifiquement sur les instituts de recherche agronomique français – en particulier sur l'Institut national de la recherche agronomique (Inra) – plutôt que vers les universités, qui associent l'enseignement supérieur à la recherche. Par innovation, nous entendrons l'ensemble des nouveautés techniques et des changements de pratiques qui viennent affecter ou réorienter la pratique des agriculteurs ou d'autres opérateurs de la production agricole.

## ▸▸ La mise en place d'une recherche appliquée

Dans de nombreux secteurs, l'innovation est étroitement associée aux activités scientifiques et techniques, constituant une concrétisation attendue des investissements consentis en recherche et développement. L'agriculture n'échappe pas à cette lecture. La création, dans le courant du XXe siècle, par les États-nations, d'instituts de recherche agronomique s'est en effet inscrite dans cette logique. À l'heure des politiques de modernisation agricole dans les pays industrialisés, ou des révolutions vertes dans les pays en développement, des organismes technoscientifiques à vocation sectorielle et appliquée ont été mis en place. Ceux-ci se voient assigné la fonction de répondre à des objectifs définis depuis les sphères politiques, renvoyant au rôle donné à l'agriculture dans la société. L'autonomie alimentaire des États, l'augmentation des capacités exportatrices, ou encore la lutte contre la faim dans le monde (Cornilleau et Joly, 2014), ont ainsi constitué des enjeux mobilisateurs pour lesquels a été érigé un appareil scientifique et technique dédié. L'augmentation de la productivité et des rendements agricoles a constitué le levier central sur lequel se sont concentrées les recherches, portant le plus souvent sur des technologies ou des artefacts directement engagés dans l'acte productif, comme la génétique végétale et les semences (Kloppenburg, 2004 ; Bonneuil et Thomas, 2009). Cet appareil scientifique et technique créé et organisé par l'État a lui-même constitué l'une des pièces d'une architecture d'intervention publique visant non seulement à concevoir des innovations technologiques, mais également à les diffuser auprès des producteurs. C'est ainsi que des politiques et des institutions de vulgarisation ou de développement agricole ont vu le jour, pour agir non plus seulement au sein des laboratoires ou des stations expérimentales, mais aussi auprès des agriculteurs ou des communautés rurales. Par exemple, en France, les politiques de professionnalisation des agriculteurs (Rémy, 1987), ou l'essor de services visant à accompagner les ménages ruraux dans ces transformations (Brunier, 2015), ont constitué dans le cadre de la cogestion agricole (Coulomb *et al.*, 1990) un versant essentiel des politiques de modernisation. C'est en tout cas dans cet environnement que sont nés les organismes de recherche agronomique tels que nous les connaissons aujourd'hui, qui ont pour mandat explicite de produire des connaissances et des technologies qui soient à même de générer une (r)évolution dans le secteur agricole. La recherche agronomique a donc été pensée dès l'origine comme relevant d'une science appliquée, générant des résultats appropriables par les producteurs. Mais, malgré cette volonté, différents déplacements sont venus affecter cette proximité et cette opérationnalité, et ont amené de nombreux acteurs à questionner la capacité des institutions de recherche agronomique à générer des innovations.

## ▸▸ La diversification des activités scientifiques et le tournant académique

Les activités concrètes des instituts, leur organisation, et leur relation avec leurs publics cibles, ont en effet progressivement évolué depuis leur création. L'une des principales évolutions relève tout d'abord d'une dynamique interne à ces instituts, renvoyant aux transformations importantes qui ont touché leurs agents et la nature des connaissances qu'ils produisent. Tout d'abord, les spécialités scientifiques et les disciplines se sont progressivement diversifiées, en premier lieu vers les technologies agroalimentaires, et par la suite vers l'intégration des sciences économiques, humaines et sociales, notamment, dont le potentiel d'application, moins directement lié aux technologies proprement dites, contrastait avec les activités conduites jusqu'alors. L'entrée de certaines disciplines comme la sociologie a alors pendant longtemps relevé – et c'est encore le cas dans de nombreux pays émergents ou en développement – d'une volonté de rendre compte des facteurs sociaux facilitant ou non l'adoption par les agriculteurs d'innovations conçues au sein des laboratoires ou des stations expérimentales. Ensuite, à partir des années 1980, l'évolution générale des modes de gestion et d'évaluation des activités scientifiques a conduit dans bien des cas à reléguer au second plan l'enjeu de conception d'innovations directement destinées aux acteurs de la modernisation agricole, ou ayant pour objectif de répondre à des problèmes concrets auxquels ces derniers sont confrontés. Au gré de la spécialisation croissante des domaines de recherche, et d'une évaluation individuelle de plus en plus tournée vers la bibliométrie (Gingras, 2014), les activités de recherche ont été programmées de façon croissante en fonction des agendas propres à une communauté scientifique globalisée. La recherche agronomique est ainsi devenue dans certains pays industrialisés une recherche «comme une autre», dans le sens où elle a emboîté le pas d'un mouvement transversal à l'ensemble du monde technoscientifique. Les recrutements des nouveaux chercheurs ont progressivement privilégié l'excellence académique et la connexion avec le monde universitaire, plutôt que la connaissance et l'expérience du monde agricole. Les sciences sociales constituent de ce point de vue un excellent témoin, les instituts, comme l'Inra en France, ayant été amenés progressivement à privilégier la maîtrise de cadres théoriques ou la capacité à publier dans des revues académiques, plutôt qu'une connaissance fine des mondes agricoles et de leurs problématiques. Toujours en France, la disparition, dans les associations professionnelles et les sociétés savantes comme l'Association française de sociologie, de réseaux thématiques autour de la sociologie rurale en dit long sur ce point. Le rural et l'agriculture sont devenus des objets appréhendables au travers de courants ou de traditions théoriques plus génériques ou généralistes, comme la sociologie du travail, la sociologie des professions ou, plus récemment, la sociologie de l'environnement, la sociologie des sciences et des techniques ou la sociologie économique[1].

L'excellence académique est ainsi devenue un moteur de premier plan pour la recherche agronomique, venant siéger – sans non plus le supplanter, comme nous l'expliquons à la fin de cette section – aux côtés de l'enjeu initial d'application. L'éloignement vis-à-vis des acteurs de terrain n'est d'ailleurs pas la seule résultante de ces évolutions, puisque c'est bien souvent le dialogue et les collaborations entre les différentes disciplines ou spécialités au sein des instituts qui sont devenus un véritable défi. Les institutions de recherche agronomique présentent en leur sein un très large éventail de spécialistes et de disciplines, souvent déliées les unes des autres, interagissant difficilement entre elles malgré les encouragements et les injonctions internes au champ scientifique pour accroître l'interdisciplinarité. Ainsi, un économiste agricole trouvera probablement plus de sujets de discussions en commun avec un enseignant-chercheur en économie au sein d'une université qu'avec un généticien du blé pourtant installé dans le laboratoire voisin du sien, et plus que ce généticien n'en trouverait avec un spécialiste des sciences du sol qu'il croise tous les jours à la cafétéria ! La recherche agronomique, encore une fois en dépit de sa vocation opérationnelle, a ainsi suivi à partir des années 1980 un mouvement contribuant parfois à éloigner l'enjeu de production d'innovations et de connaissances directement applicables au monde agricole. En France, le recours aux financements externes, officialisé en 2005 au travers de l'Agence nationale de la recherche (ANR), a renforcé par ailleurs une logique de désectorialisation, amenant la recherche agronomique à suivre les mêmes règles que les universités ou les instituts généralistes, à l'heure de se financer ou de se faire évaluer.

Si ces tendances ont incontestablement et longuement pesé sur l'identité et l'activité des institutions de recherche agronomique, affirmer que la recherche agronomique serait devenue une tour d'ivoire relèverait néanmoins de la caricature. Certaines dynamiques venant des directions des instituts, ou des chercheurs eux-mêmes, sont en effet venues entretenir le lien aux acteurs des mondes agricoles et l'ambition transformatrice de la recherche agronomique, en parallèle du tournant académique opéré. On peut par exemple signaler la naissance, dans les années 1970 au sein de l'Inra, du département Sciences pour l'action et le développement (SAD, auparavant dénommé Systèmes agraires et développement), pour proposer une alternative systémique aux segmentations disciplinaires, et une recherche en prise avec l'action et le développement (Cornu, 2012). On peut aussi citer, dans une perspective internationale, la création dans les années 1980 du Centre de coopération internationale en recherche agronomique pour le développement (Cirad), institutionnalisant l'existence d'une recherche agronomique au service de l'aide au développement dans les pays du Sud. De même, en revenant dans le cadre métropolitain, il convient de mentionner, dans les années 1990, la mise en place d'instruments de financement comme le Programme pour et sur le développement régional (PSDR, cofinancé par l'Inra et les Régions), visant à orienter la conduite de recherches interdisciplinaires et

---

1. Notons tout de même la permanence de la Société française d'économie rurale qui, au-delà de ce que son nom indique, accorde une place importante au pluralisme de disciplines et d'approches en sciences sociales.

surtout articulées aux besoins des acteurs locaux des Régions françaises. Enfin, dans les années 2000, des structures comme les réseaux mixtes technologiques (RMT) ont pour leur part été mises en place pour maintenir, voire renforcer, les relations entre les institutions de recherche et les acteurs de la mutation des secteurs agricoles et agroalimentaires. Ainsi, comme nous l'avons évoqué dans le titre de cette section, le tournant académique pris par les institutions de recherche agronomique s'est inscrit dans une diversification des activités et des missions, coexistant avec des initiatives diverses visant à maintenir ou à favoriser un potentiel d'application fort auprès des acteurs des mondes agricoles et ruraux.

## ▸▸ De nouveaux rapports entre agriculture, science et société

Au-delà de cette lecture propre aux transformations du monde technoscientifique, d'autres niveaux d'analyse, renvoyant cette fois à des facteurs plutôt externes, permettent d'affiner le diagnostic de cette mutation qu'a connue la recherche agronomique dans sa relation à l'innovation. Si la recherche agronomique a changé, c'est que le monde agricole lui-même a connu des transformations rendant complexe la tâche de la recherche agronomique de produire des innovations. Plus précisément, la diversification des modèles de production et de développement agricoles (Lemery, 2003) a concrètement contribué à questionner les choix réalisés autour des objets ou des thématiques privilégiés jusqu'alors par les organismes de recherche agronomique, et à complexifier leur tâche. Les attentes et les nouvelles exigences en matière d'environnement, de qualité des aliments, ou encore de bien-être animal, et donc les nouveaux mandats confiés par la société à l'agriculture (Hugues, 1996), sont venus bouleverser le contrat noué jusqu'alors entre le monde de la production agricole et l'action publique en matière technoscientifique. Reflétant cette évolution, les institutions de recherche agronomique se sont transformées, pour traiter non seulement d'agriculture, mais également d'alimentation ou d'environnement. À ces tendances propres au secteur agricole sont par ailleurs venues s'ajouter des tensions relevant plus généralement des relations entre science et société, avec notamment des critiques fortes vis-à-vis de certaines innovations technologiques, quant aux risques qu'elles peuvent occasionner (Beck, 2001). C'est le cas en particulier des organismes génétiquement modifiés, qui ont généré des protestations et des controverses particulièrement animées (Bonneuil *et al.*, 2008), y compris au sein du monde scientifique (Bonneuil, 2006), ou de technologies comme le clonage animal, posant des questions éthiques. Derrière l'évolution de ces relations entre agriculture et société, ou entre science et société, ce n'est plus tant la question de savoir comment la recherche agronomique peut ou doit générer des innovations au service de la production qui se pose. C'est plutôt celle des facteurs permettant d'identifier les innovations souhaitables ou légitimes d'un point de vue social, économique, moral ou éthique qui se pose, dans le cadre notamment d'un engagement croissant des non-scientifiques dans la définition des choix technoscientifiques. Plus que le choix de la « bonne » option technologique, et de la « bonne » innovation entre plusieurs possibles, c'est alors de plus en plus souvent le défi de la coexistence entre des innovations relevant de modèles de production et de développement contrastés qui est posé (Hubbard et Hassanein, 2013), ou du moins que posent aujourd'hui certains collectifs au sein des institutions de recherche agronomique.

## ▸▸ Un partage des tâches contesté

À la croisée de dynamiques liées aussi bien à des acteurs extérieurs qu'à des protagonistes du monde scientifique, c'est le rôle de la recherche agronomique dans la conception des innovations techniques qui est mis en débat, et ce, dès les années 1970. En effet, alors même que la modernisation agricole bat son plein, le modèle linéaire et fordiste de l'innovation agricole est déjà critiqué, du fait notamment qu'il relèverait principalement d'une approche descendante du développement et nierait ainsi la capacité des agriculteurs à générer des innovations. Alors que certains travaux mettent en doute l'existence réelle de ce modèle linéaire (Edgerton, 2004), la capacité des agriculteurs à être plus que des récepteurs d'innovations conçues dans les sphères technoscientifiques devient la pierre angulaire d'une littérature engagée (Chambers, 1983 ; Darré, 1999). Dans ces réflexions, les agriculteurs seraient, eux aussi, porteurs de savoirs et de créativité, que la remise en cause du modèle de développement industriel vient souligner et mettre en valeur. L'émergence des nombreux modèles techniques agricoles alternatifs est ainsi le plus souvent présentée comme le fruit de l'engagement et des explorations conduites par les producteurs : les agricultures biologiques (Barres *et al.,* 1985), biodynamiques (McMahon, 2005), ou de conservation (Coughenour, 2003) constitueraient ainsi des ensembles d'innovations techniques élaborées en marge des systèmes officiels de recherche et de développement agricoles. C'est, au passage, une vision assez romantique, voire populiste, de l'innovation qui tend à se consolider (Thompson et Scoones, 1994), alliée à une critique parfois radicale des sciences et techniques, alors même que dans bien des cas décrits les agriculteurs en question n'avancent pas seuls, mais accompagnés, notamment d'opérateurs privés fournissant des intrants ou des machines (Goulet, 2011 ; Goulet et Le Velly, 2013). Mais ce qui fait alors le lien entre ces travaux et ces dynamiques de terrain, ce n'est donc plus un questionnement sur la capacité de la recherche agronomique à générer des innovations ou sur la pertinence de ces innovations. C'est plutôt le fait que l'innovation vienne nécessairement des cercles technoscientifiques qui est mis en cause, puisque sont valorisés, comme c'est le cas dans d'autres domaines, la connaissance et l'expérience de l'usager (von Hippel, 1986).

Une dimension importante de cette critique formulée à l'encontre d'une approche linéaire de l'innovation relève du fait qu'elle ne provient pas seulement des acteurs extérieurs aux cercles de la recherche agronomique. De nombreux collectifs au sein même des institutions de recherche se font en effet les porte-parole d'autres façons de penser l'innovation, contestant par exemple les démarcations opérées habituellement entre science et non-science, entre recherche et développement, ou entre disciplines. C'est le cas par exemple en France, au sein de l'Inra, du département Sciences pour l'action et le développement, évoqué plus haut, qui à partir des années 1970 fait la promotion d'approches systémiques et interdisciplinaires de l'innovation et du changement, ou encourage une pratique de la recherche étroitement articulée avec l'action et le développement (Cornu, 2012). Toujours en France, des organismes de recherche comme le Cirad défendent également cette articulation étroite entre recherche et développement, entendu ici au sens de la coopération internationale et de l'aide aux pays en développement. C'est le cas aussi dans des pays latino-américains comme l'Argentine, où des collectifs scientifiques ont été construits au tournant des années 1990-2000 autour de l'agriculture familiale, revendiquant dans une perspective normative la pratique d'une science différente, attentive aux innovations générées par les petits producteurs et à même d'accompagner l'évolution vers une société plus juste (Goulet, 2016). Une facette plus récente de ces autres conceptions de l'innovation, contestant les partages établis entre acteurs scientifiques et praticiens ou la primauté de la recherche agronomique dans la production des innovations, prend la forme de l'intérêt récemment exprimé de la part d'instituts comme l'Inra pour des sciences ouvertes et participatives (Houllier, 2016). Cette fois, l'expérience du profane et de l'usage n'est plus opposée à celle du scientifique, mais sollicitée précisément pour participer à la conduite des activités de production des connaissances et des innovations. La recherche agronomique reste ainsi au cœur des dynamiques de conception des innovations, mais dans le cadre d'une hybridation dans laquelle les usagers et les amateurs jouent un rôle actif, au même titre d'ailleurs que dans d'autres domaines scientifiques ou technologiques (Charvolin *et al.,* 2007 ; Demazière *et al.,* 2009 ; Meyer, 2012).

## ▸▸ La science et la recherche agronomique à l'heure de la primauté de l'impact

Si la création des grands instituts de recherche agronomique nationaux s'ancrait, il y a plus de cinquante ans, dans le cadre de l'affirmation des États-nations, et relevait d'un projet modernisateur dans lequel les sciences et les technologies occupaient un rôle central, la donne a donc changé. L'État-nation n'est plus la figure centrale de gouvernement de nos sociétés, ou du moins a subi une érosion forte. Le projet modernisateur fondé sur l'usage des intrants de synthèse et la mécanisation n'est plus le seul légitime au sein du secteur agricole, dans les pays industrialisés comme dans les pays émergents ou en développement ; la question environnementale a été centrale pour l'émergence d'alternatives dans les premiers ; la question sociale, avec notamment la consolidation institutionnelle de la catégorie d'agriculture familiale, a été essentielle pour les seconds (Gisclard et Allaire, 2012). Enfin, les formes de gouvernement des technosciences ont considérablement évolué (Pestre, 2014), notamment autour de la façon dont est pensée leur articulation aux enjeux sociétaux et économiques, et en particulier leur contribution à l'innovation. Si les activités technoscientifiques, au sens large, n'ont probablement jamais été indépendantes des enjeux politiques ou marchands (Pestre, 2003), les dernières décennies ont marqué un tournant dans la façon dont leur contribution à l'enjeu grandissant de l'innovation et du changement a été pensée et encouragée. Il est pertinent ici de réaliser un détour par cette histoire récente pour comprendre où se situe justement aujourd'hui la recherche agronomique dans ses formes d'existence contemporaines.

Les années 1970 et 1980 ont marqué l'entrée des sciences et des technologies dans un régime économique néolibéral globalisé, dans lequel ces dernières servaient moins au développement des États-nations qu'à la compétitivité des pays, dans le cadre de la compétition économique et scientifique internationale (Bonneuil et Joly, 2013). La montée en puissance des firmes internationalisées dans la course à l'innovation, l'importance croissante de la propriété intellectuelle, et la baisse du financement public des activités de recherche et de développement, ont constitué des éléments clés de cette approche, marquée par un désengagement de l'État. Les institutions publiques scientifiques et techniques sont devenues des acteurs parmi d'autres des systèmes nationaux d'innovation que l'Organisation de coopération et de développement économiques (OCDE) a cherché à appuyer dans les années 1990 (Godin, 2009). L'attribution par l'État de moyens au secteur scientifique a alors visé à engager ou à maintenir les pays dans la compétition internationale aux classements et aux découvertes scientifiques, mais aussi, et surtout, à renforcer la compétitivité industrielle et économique au travers d'une recherche appropriable et d'une protection juridique et marchande de la connaissance scientifique (Popp Berman, 2012). En matière de gestion du secteur scientifique proprement dit, les formes d'administration empruntant aux méthodes de la nouvelle gestion publique (*new public management*) ont accentué un tournant vers la mesure de la performance individuelle (Bezes *et al.*, 2011), en particulier sur le terrain académique évoqué plus haut, ou encore vers la flexibilité et la mise en concurrence pour l'obtention de financements sur projet (Braun, 1998). Au sein des institutions technoscientifiques, de nouveaux services ou filiales ont été créés pour promouvoir et organiser l'articulation avec les acteurs de terrain, en particulier avec le monde de l'entreprise. Dans des institutions de recherche agronomique françaises, comme l'Inra (avec Inra-Transfert) ou le Cirad (avec la Délégation à la valorisation), ont été créés au début des années 2000 des programmes ou des filiales visant à transférer des résultats de recherche, à accompagner les chercheurs dans leur collaboration avec le secteur privé, ou même à promouvoir la création d'entreprises innovantes.

Plus récemment, ce tournant néolibéral pris par les sciences s'exprime spécifiquement à travers l'orientation et le pilotage par le haut des activités scientifiques, pour qu'elles contribuent à la transformation des mondes agricoles dans le sens d'une adéquation renforcée avec les nouveaux enjeux sociétaux. La recherche agronomique s'inscrit en effet aujourd'hui dans un régime de science stratégique (Rip, 2004), dans le cadre duquel le gouvernement des technosciences repose à la fois sur la poursuite d'un objectif d'excellence académique et sur la contribution à la résolution de problèmes concrets auxquels sont confrontées les sociétés. Cette volonté de rendre les recherches scientifiques plus opérationnelles ou appliquées, notamment pour justifier leur financement dans des contextes budgétaires serrés, passe entre autres par la définition de grands défis (Foray *et al.*, 2012 ; Kuhlmann et Rip, 2014), autour desquels les chercheurs sont appelés à se mobiliser et à démontrer leurs capacités à générer des solutions d'avenir. C'est ainsi que le programme Horizon 2020 de l'Union européenne, ou celui de l'Agence nationale de la recherche en France, identifient des grands défis sur lesquels les chercheurs sont invités à se positionner, dans les domaines de l'énergie, de la santé, de l'alimentation et de l'agriculture, des transports, ou encore du climat. Dans le domaine agricole, Wright (2012) a ainsi souligné comment, dans les centres internationaux de recherche agronomique du CGIAR

(*Consultative Group on International Agricultural Research*), les financements ont été orientés en fonction de grands défis, comme la faim dans le monde ou l'augmentation des rendements. Le choix de ces défis, et plus précisément des termes qui les identifient, consiste alors à mettre en avant des notions «parapluies» (Rip et Voß, 2013), s'adressant à la fois à des enjeux sociaux d'actualité et aux mondes scientifiques. Dans le champ plus délimité des instituts agronomiques, c'est ainsi que des termes comme «agro-écologie», «agriculture climato-intelligente», «agriculture durable», «sécurité alimentaire» ou «inclusion sociale» sont devenus de véritables points de passage obligés pour les chercheurs en quête de financements et de légitimité. Dès l'amont, l'attribution des fonds vise à orienter les activités des chercheurs pour que celles-ci contribuent à résoudre des problèmes publics, définis comme tels par la sphère politique. Le terme «innovation» n'est en tant que tel pas toujours présent, mais l'idée de produire un changement transformatif dans la société est en soi centrale, dans cette façon de gouverner les sciences (Weber et Rohracher, 2012). Les travaux qui se sont penchés plus spécifiquement sur la façon dont ces formes de gouvernement des sciences ont induit ou non des transformations dans les pratiques de recherche restent pourtant mesurés sur la question. Ils témoignent le plus souvent d'une résistance des chercheurs à voir leurs agendas définis par autrui (Hubert *et al.*, 2012) et de stratégies opportunistes visant à s'adapter à un contexte de financement de plus en plus éclaté (Charlier et Delvenne, 2015). L'encadrement plus poussé des recherches et l'orientation croissante des financements en fonction de sujets prédéfinis sont même parfois dénoncés comme étant contre-productifs, décrits par certains chercheurs comme des freins à l'innovation et à la créativité. Mais, dans une large mesure, c'est ainsi l'ambiguïté classique caractérisant les rhétoriques de justification par les chercheurs de leurs activités (Gieryn, 1983), entre revendication d'une recherche fondamentale et défense de son potentiel d'application (Calvert, 2006; Di Bello, 2013), qui s'exprime bien souvent face à ces injonctions à rendre opérationnelles les sciences.

Si, le plus souvent, la recherche agronomique n'a pas été le périmètre empirique abordé par les travaux évoqués ci-dessus, elle s'inscrit néanmoins pleinement dans ces dynamiques visant à rapprocher les sciences de la société, et en l'occurrence des mondes agricoles. Joly (2015) a ainsi souligné en quoi l'activité des chercheurs des instituts de recherche agronomique, et même au-delà, s'inscrit dans un régime des promesses technoscientifiques, dans le cadre duquel la définition et la justification de nouvelles lignes de recherche se font en fonction des retombées technologiques ou économiques potentielles qu'elles seraient amenées à générer. C'est ainsi la volonté d'accroître l'impact des recherches conduites avec l'argent public (Gozlan, 2015) qui s'est progressivement développée, et qui a connu dans les institutions de recherche agronomique françaises un engouement important. L'Inra (Joly *et al.*, 2015), mais aussi le Cirad, ont dans cet esprit investi des réflexions et des travaux d'ordre méthodologique permettant de qualifier et de mesurer l'impact des recherches conduites au sein des instituts. En intégrant la devise «Science et impact» dans son logo, l'Inra a même fait de ce souci du résultat opérationnel des recherches conduites l'un de ses piliers identitaires, ou du moins communicationnel. En ce sens, la trajectoire de cet institut, créé en 1946, constitue en soi un témoin de cette relation ancienne, parfois malmenée, et aujourd'hui réinventée, entre recherche agronomique et innovation.

## ▶▶ Pour conclure

Si donc la recherche agronomique a depuis son essor, dans le cadre des États-nations, toujours été pensée et gouvernée comme une recherche appliquée, visant à générer des connaissances et des innovations au service de la production agricole, les termes, les pratiques et les acteurs de ce lien ont considérablement évolué et se sont diversifiés avec le temps. Ces instituts se sont en effet transformés, dans leur composition et dans la programmation de leurs activités, en suivant des tendances transversales à l'ensemble des mondes scientifiques. L'un des résultats de ces évolutions aura été un affaiblissement, ou du moins une transformation, des liens étroits qui avaient été originellement créés avec les mondes agricoles ou les acteurs de la vulgarisation. La recherche agronomique, ses institutions et ses chercheurs, ont progressivement été amenés à faire face à des injonctions diversifiées, que les individus et les organisations ont accommodées selon des modalités variables. Les attentes des mondes agricoles ont pour leur part évolué dans le même temps, en développant au passage, dans certains cas, une critique forte vis-à-vis de ces institutions financées par l'argent public. De plus, les grands domaines autour desquels étaient définies les missions de la recherche agronomique ont évolué, intégrant progressivement, aux côtés de la production agricole – qui a connu elle-même une diversification majeure, avec par exemple l'essor de l'agriculture biologique –, de nouveaux domaines comme l'alimentation, la nutrition ou l'environnement. La nature des relations qui lient la recherche agronomique à ses partenaires a aussi considérablement évolué. La culture du transfert vers le secteur privé, comme celle des grands défis et de l'impact, ont largement conquis les politiques scientifiques des instituts, les instituts et les chercheurs. Bien entendu, l'innovation ne constitue pas toujours le mot-clé mis en avant systématiquement pour appréhender ces dynamiques, que ce soit par les analystes ou par leurs protagonistes. Les termes «impact», «utilité sociale», ou «opérationnalisation des sciences», sont ainsi souvent convoqués, et l'on pourra alors s'interroger sur ce qui relève ou non de l'innovation. Mais nous avons ici pris le parti d'appréhender ces différents termes comme relevant d'une même dynamique, renvoyant à la capacité des activités scientifiques à transformer la société ou certains secteurs productifs. C'est en effet autour de ce dernier enjeu que nous avons souhaité attirer l'attention du lecteur dans ce chapitre, en soulignant l'importance de réfléchir non seulement au rôle de la recherche agronomique dans la production d'innovation, mais également aux façons dont est pensée précisément l'innovation au sein de ces institutions.

## ▶▶ Références bibliographiques

Barres D., Bonny S., Le Pape Y., Rémy J., 1985. *Une éthique de la pratique agricole. Agriculteurs biologiques du Nord-Drôme*, Inra, Économie et sociologie rurales, Paris.

Beck U., 2001. *La société du risque : sur la voie d'une autre modernité*, Éditions Aubier, Paris.

Bezes P., Demazière D., Le Bianic T., Paradeise C., Normand R., Benamouzig D., Pierru F., Evetts J., 2011. New Public Management et professions dans l'État : au-delà des oppositions, quelles recompositions ?, *Sociologie du travail*, 53(3), 293-348.

Bonneuil C., 2006. Cultures épistémiques et engagement public des chercheurs dans la controverse OGM. *Natures Sciences Sociétés*, 14, 257-268.

Bonneuil C., Joly P. B., 2013. *Sciences, techniques et société*, La Découverte, Paris.

Bonneuil C., Joly P.B., Marris C., 2008. Disentrenching experiment? The construction of GM-crop field trials as a social problem in France. *Science, Technology and Human Values*, 33(2), 201-229.

Bonneuil C., Thomas F., 2009. *Gènes, pouvoirs et profits. Recherche publique et régimes de production des savoirs de Mendel aux OGM*, FPH, Éditions Quæ, Versailles.

Braun, D., 1998. The Role of Funding Agencies in the Cognitive Development of Science. *Research Policy*, 27(8), 807-821.

Brunier S., 2015. Le travail des conseillers agricoles entre prescription technique et mobilisation politique (1950-1990). *Sociologie du travail*, 57, 104-125.

Calvert J., 2006. What's Special about Basic Research? *Science, Technology & Human Values,* 31(2), 199-220.

Chambers R., 1983. *Rural Developement. Putting the last first*, Longman, New-York.

Charlier N., Delvenne P., 2015. Actors valuing science in neoliberal science regimes. Paper presented at Changing Political Economy of Research and Innovation, San Diego, CA, March 2015.

Charvolin F., Micoud A., Nyhart L.K. (eds), 2007. *Des sciences citoyennes ? La question de l'amateur dans les sciences naturalistes,* Éditions de l'Aube, La Tour d'Aigues.

Cornilleau L., Joly P.-B., 2014. La révolution verte, un instrument de gouvernance de la «faim dans le monde». Une histoire de la recherche agronomique internationale. *In : Le gouvernement des technosciences. Gouverner le progrès et ses dégâts depuis 1945,* (D. Pestre dir.), La Découverte, Paris.

Cornu P., 2012. La passion naturaliste. Trois études d'anthropologie historique de la question agraire à l'époque contemporaine, HDR, Université Lumière, Lyon 2.

Coughenour C.M., 2003. Innovating Conservation Agriculture: The Case of No-Till Cropping. *Rural Sociology*, 68(2), 278-304.

Coulomb P, Delorme H, Hervieu B, Jollivet M, Lacombe P. (dir.), 1990. *Les agriculteurs et la politique*, Presse Sciences Po, Paris.

Darré J.-P., 1999. *La production de connaissances pour l'action. Arguments contre le racisme de l'intelligence,* Éditions de la Maison des sciences de l'homme, Paris.

Demazière D., Horn F., Zune F., 2009. Les développeurs de logiciels libres : militants, bénévoles ou professionnels? *In : Sociologie des groupes professionnels. Acquis récents et nouveaux défis* (D. Demazière et C. Gadéa, eds), La Découverte, Paris, 285-295.

Di Bello M.E., 2013. Investigadores academicos, conocimientos cientificos y utilidad social. *REDES*, 19(36), 51-78.

Edgerton D., 2004. 'The linear model' did not exist: Reflections on the history and historiography of science and research in industry in the Twentieth Century. *In: The Science-Industry Nexus: History, Policy, Implications* (K. Grandin, N. Wormbs, S. Widmalm, eds), Science History Publications, Sagamore Beach, MA, 31-57.

Foray D., Mowery D.C., Nelson R.R., 2012. Public R&D and social challenges: What lessons from mission R&D programs? *Research Policy*, 41, 1697-1702.

Gieryn T.F., 1983. Boundary-Work and the Demarcation of Science from Non-Science: Strains and Interests in Professional Ideologies of Scientists. *American Sociological Review*, 48(6), 781-795.

Gingras Y., 2014. *Les dérives de l'*évaluation de la recherche. Du bon usage de la *bibliométrie,* Éditions Raisons d'agir, Paris.

Gisclard M., Allaire G., 2012. L'institutionnalisation de l'agriculture familiale en Argentine : vers la reformulation d'un référentiel de développement rural. *Autrepart,* 62, 201-216.

Godin B., 2009. National Innovation System. The System Approach in Historical Perspective. *Science, Technology & Human Values*, 34(4), 476-501.

Goulet F., 2011. Firmes de l'agrofourniture et innovations en grandes cultures : pluralité des registres d'action. *Pour*, 212, 101-106.

Goulet F., 2016. Faire science à part. Politiques d'inclusion sociale et recherche agronomique en Argentine, HDR, Université Paris-Est.

Goulet F., Le Velly R., 2013. Comment vendre un bien incertain ? Activités de détachement d'attachement d'une firme d'agrofourniture. *Sociologie du travail*, 55(3), 369-386.

Gozlan C., 2015. L'autonomie de la recherche scientifique en débats : évaluer l' «impact» social de la science ? *Sociologie du travail*, 57(2), 151-274.

Houllier F., Merilhou-Goudard, J.-B (eds), 2016. *Les sciences participatives en France. États des lieux, bonnes pratiques et recommandations*, 63 p., DOI : 10.15454/1.4606201248693647E12, <https://inra-dam-front-resources-cdn.brainsonic.com/ressources/afile/320323-7bb62-resource-rapport-de-la-mission-sciences-participatives-fevrier-2016.html> (consulté le 5 février 2018).

Hubbard K., Hassanein N., 2013. Confronting coexistence in the United States: organic agriculture, genetic engineering, and the case of Roundup Ready alfalfa. *Agriculture and Human Values*, 30, 325-335.

Hubert M., Chateauraynaud F., Fourniau J.M., 2012. Les chercheurs et la programmation de la recherche : du discours stratégique à la construction de sens. *Quaderni*, 77, 85-96.

Hugues E.-C., 1996. *Le regard sociologique*. Essais choisis. EHESS, Paris.

Joly P.-B., 2015. Le régime des promesses technoscientifiques. *In : Sciences et technologies émergentes : pourquoi tant de promesses ?* (M. Audétat, ed), Hermann, Paris.

Joly P.-B., Colinet L., Gaunan A., Lemarié S., Larédo P., Matt M., 2015. Évaluer l'impact sociétal de la recherche pour apprendre à le gérer : l'approche ASIRPA et l'exemple de la recherche agronomique. *Gérer & Comprendre*, 122, 31-42.

Kloppenburg J.R., 2004. *First the seed*, The University of Wisconsin Press, Madison, WI.

Kuhlmann S., Rip A., 2014. *The challenge of addressing Grand Challenges. A think piece on how innovation can be driven towards the "Grand Challenges" as defined under the prospective European Union Framework Programme Horizon 2020*, European Research and Innovation Area Board (ERIAB), 11 p.

Lemery B., 2003. Les agriculteurs dans la fabrique d'une nouvelle agriculture. *Sociologie du travail*, 45(1), 9-25.

McMahon N., 2005. Biodynamic Farmers in Ireland. Transforming Society Through Purity, Solitude and Bearing Witness? *Sociologia Ruralis*, 45(1-2), 98-114.

Meyer M., 2012. Bricoler, domestiquer et contourner la science : l'essor de la biologie de garage. *Réseaux*, 173-174, 303-328.

Payre R., Pollet G., 2013. *Socio-histoire de l'action publique*, La Découverte, Paris.

Pestre D. (ed.), 2014. *Le gouvernement des technosciences*, La Découverte, Paris.

Pestre D., 2003. *Science, argent et politique. Un essai d'interprétation*, Inra Éditions, Paris.

Popp Berman E., 2012. *Creating the Market University: How Academic Science Became an Economic Engine*, Princeton University Press, Princeton, NJ.

Rémy J., 1987. La crise de la professionnalisation en agriculture : les enjeux de la lutte pour le contrôle du titre d'agriculteur. *Sociologie du travail*, 29(4), 415-441.

Rip A., 2004. Strategic Research, Post-modern Universities and Research Training. *Higher Education Policy*, 17, 153-166.

Rip A., Voß J.P., 2013. Umbrella Terms as Mediators in the Governance of emerging Science and Technology. *Science, Technology & Innovation Studies*, 9(2), 39-59.

Thompson J., Scoones I., 1994. Challenging The Populist Perspective: Rural People's Knowledge, Agricultural Research, and Extension Practice. *Agriculture and Human Values*, 11, 58-76.

Von Hippel E., 1986. Lead users: a source of novel product concepts. *Management Science*, 32(7), 791-805.

Weber K.M., Rohracher H., 2012. Legitimizing research, technology and innovation policies for transformative change. Combining insights from innovation systems and multi-level perspective in a comprehensive 'failures' framework. *Research Policy*, 41, 1037-1047.

Wright B.D., 2012. Grand missions of agricultural innovation. *Research Policy*, 41, 1716-1728.

Partie 2

# Les figures de l'innovation dans l'agriculture et l'alimentation

# Chapitre 4

# Innovation agro-écologique : comment mobiliser des processus écologiques dans les agrosystèmes ?

STÉPHANE DE TOURDONNET ET HÉLÈNE BRIVES

**Résumé.** Pour répondre aux enjeux de l'agriculture, l'agro-écologie propose de concevoir des systèmes agricoles fondés sur la valorisation des processus écologiques. Il faut pour cela mobiliser des objets de nature, souvent peu dociles et capables de construire une multitude de liens avec d'autres éléments de l'agrosystème. Ce sont ces caractéristiques propres qui font de l'agro-écologie un processus d'innovation spécifique, conduisant à un renouvellement des approches et des dispositifs d'appui et de conseil aux agriculteurs.

À l'échelle mondiale, la coexistence d'une sous-nutrition et d'une surnutrition, les exigences de qualité sanitaire des produits et de protection de l'environnement, les objectifs de réduction des émissions des gaz à effet de serre, ou la volatilité des prix, génèrent de nouvelles préoccupations sociétales, environnementales et économiques qui remettent en cause les modèles de développement agricole hérités de l'époque de la modernisation agricole. Face à ces interrogations, l'agriculture doit s'adapter et innover. L'agro-écologie, fondée sur la conception de systèmes agricoles et agroalimentaires valorisant les processus écologiques (le recyclage des éléments, la fixation d'azote par les légumineuses, la création de porosité par les lombrics, ou la prédation des ravageurs des cultures par exemple), apparaît comme une solution alternative pour répondre à différents enjeux :
– nourrir une population croissante, à travers la conception de systèmes de production durables et résilients, la mise en œuvre de techniques permettant d'entretenir la fertilité dans des situations de faible usage d'intrants (pour des raisons de pauvreté,

de choix ou d'impact environnemental), et la conception de nouveaux systèmes alimentaires, plus durables et équitables (combinaison de cultures et d'élevages, circuits courts…) ;
– réduire les impacts environnementaux, fournir des services écosystémiques (comme le stockage du carbone dans les sols, la pollinisation ou la régulation des flux hydriques) et faire face au changement climatique grâce à des systèmes techniques fondés sur l'accroissement de la biodiversité, la valorisation de la matière organique et le bouclage des cycles de nutriments ;
– faire face à l'épuisement de certaines ressources (énergie, engrais…) et aux risques pour la santé (causés par les produits phytosanitaires, par exemple), en remplaçant l'apport d'intrants chimiques par la mobilisation de fonctionnalités écologiques de l'agrosystème.

De nombreux auteurs ont montré que fonder la conception des systèmes techniques sur les fonctionnalités écologiques nécessite de nouvelles connaissances, une approche holistique à différentes échelles spatiales, et des dispositifs de conception innovante permettant d'articuler des connaissances scientifiques, techniques et opérationnelles (Altieri, 1995 ; Francis *et al.*, 2003 ; Gliessman, 2006 ; Warner, 2007). La transition agro-écologique apparaît donc comme un processus d'innovation complexe, où les changements techniques dans lesquels s'incarne l'agro-écologie sont indissociables des évolutions des systèmes alimentaires, sociaux, économiques, institutionnels et politiques. Cette complexité se retrouve dans toutes les transitions agricoles mais l'agro-écologie est-elle porteuse de processus d'innovation spécifiques ? L'objectif de ce chapitre est de répondre à cette question, en partant de ce qui fait le cœur des approches agro-écologiques, c'est-à-dire la mobilisation de processus écologiques dans l'agrosystème, pour en tirer des leçons sur la manière d'accompagner l'innovation agro-écologique.

## ▸▸ Les approches de l'agro-écologie

L'émergence de l'agro-écologie est une histoire complexe, qui conduit à de nombreux débats entre disciplines scientifiques, entre mouvements sociaux, et entre porteurs de systèmes techniques alternatifs. C'est cette combinaison des dimensions scientifiques, sociales et techniques qui fait la richesse de l'agro-écologie (Wezel *et al.*, 2009 ; Tomich *et al.*, 2011 ; Stassart *et al.*, 2013). L'objectif de ce chapitre n'est pas de décrire les processus d'innovation à l'œuvre, au regard de la diversité des approches de l'agro-écologie, mais de nous centrer sur ce qui fait son originalité, sa spécificité par rapport à d'autres formes d'innovation. Selon nous, le principe même de l'agro-écologie, de par les caractéristiques des organismes vivants et des processus biologiques qui la sous-tendent, confère une certaine spécificité à l'innovation agro-écologique. La sociologie des sciences et techniques nous encourage à prendre au sérieux ces objets biologiques, pour saisir en particulier les cadrages de l'action qu'ils opèrent, ainsi que les relations (ou attachements) qu'ils proposent (Latour, 2000 ; Hennion, 2013).

L'agro-écologie peut être mise en œuvre selon deux approches différentes, ce que certains auteurs distinguent sous les formes de *strong agroecology* et de *weak agroecology* (Duru *et al.*, 2015a).

La première approche (*strong agroecology*) correspond à l'agro-écologie originelle, fondée sur la réintroduction de différentes formes de diversité (biodiversité, diversité des pratiques ou diversité des connaissances et des acteurs) dans les agrosystèmes, pour disposer des leviers nécessaires à la gestion et à l'amplification des processus écologiques. Cela peut se faire en diminuant les perturbations (ne plus travailler le sol, par exemple) ou en augmentant la biodiversité cultivée (introduire des plantes de service, sur la parcelle ou autour, par exemple). Cela conduit souvent à des systèmes techniques en rupture, impliquant un fonctionnement différent de l'agrosystème, une gestion qui requiert des apprentissages spécifiques, un changement de régime de production des connaissances, et une conduite adaptative (Girard, 2014).

La seconde approche (*weak agroecology*) consiste à créer des biotechnologies inspirées par les processus écologiques, de manière à les amplifier. Cela peut se faire en modifiant les organismes vivants porteurs de ces processus (pour obtenir des champignons plus efficaces pour la mycorhization, par exemple) ou en agissant directement sur le processus (pour produire des biostimulants des défenses naturelles des plantes, par exemple). Cette approche ne conduit généralement pas à des ruptures dans la manière de gérer l'agrosystème puisque l'agriculteur active les processus écologiques par des techniques classiques. Elle est controversée, dans la mesure où elle est considérée par les tenants de la première approche comme un simple «verdissement» de l'agriculture conventionnelle grâce à certaines biotechnologies, sans référence aux principes fondateurs de l'agro-écologie.

Ces deux formes ne sont pas forcément incompatibles (Duru *et al.*, 2015b), bien qu'elles renvoient à deux images paradigmatiques contradictoires : la première s'appuie sur la re-naturalisation des systèmes agricoles et alimentaires alors que la seconde s'appuie sur des capacités biotechnologiques pour répondre aux besoins des sociétés. Leur mise en œuvre peut conduire à des postures radicalement différentes quant à la façon de penser l'innovation (biotechnologie *versus* innovation paysanne), le rapport à la nature (contrôler *versus* laisser faire), ou le rapport à la connaissance (capitaliser *versus* co-construire) (Girard, 2014 ; Javelle, 2016 ; Javelle *et al.*, 2016).

## ▶▶ L'agro-écologie conduit-elle à des processus d'innovation spécifiques, originaux ?

Dans cette diversité d'approches de l'agro-écologie, la mise en œuvre opérationnelle passe par une question clé : comment mobiliser les organismes porteurs des processus écologiques que l'on cherche à activer ? Selon une vision d'agronome – ou d'agriculteur – ces organismes vivants ont quelques défauts lorsque l'on cherche à les mobiliser et à les piloter dans des systèmes techniques. On peut en distinguer cinq.

Ces organismes sont souvent peu connus dans le contexte du champ cultivé. Cela provient du fait que l'agronomie s'est longtemps détournée de l'étude de la composante biologique et que l'écologie s'est longtemps détournée de l'étude des agrosystèmes (Chevassus-au-Louis, 2006). Construire des connaissances scientifiques sur ces objets biologiques est donc un enjeu clé pour la recherche, mais l'enjeu est également de valoriser les connaissances profanes qui existent sur ces objets, notamment dans les formes d'agriculture où il existe encore une forte biodiversité dans les systèmes cultivés, que l'on trouve surtout au Sud (Altieri et Toledo, 2011). Il est pour cela nécessaire d'hybrider les connaissances scientifiques avec des savoirs opérationnels et des savoirs experts, pour qu'elles puissent conduire à des transformations des pratiques et des systèmes techniques (Girard, 2014). La construction des connaissances nécessaires doit donc s'appuyer sur des travaux scientifiques, mais également sur des dispositifs de co-conception et de recherche participative (Warner, 2008 ; Meynard *et al.*, 2012 ; Berthet *et al.*, 2015).

Les organismes vivants sont sensibles au contexte du milieu et aux pratiques. Un artefact technique, au contraire, doit en partie son succès à grande échelle au fait que son utilisation soit décontextualisée, c'est-à-dire peu sensible au contexte, ce qui permet de l'inclure dans un package technique standard, plus facile à mettre en œuvre, et donc à diffuser. La mobilisation d'organismes vivants résiste souvent à cette inclusion dans un package technique, car ces organismes entretiennent de nombreuses relations avec le milieu qui les entoure, les rendant ainsi très sensibles au contexte. Les processus étant singuliers, on ne peut pas simplement appliquer des recettes universelles. Il faut, bien sûr, disposer de connaissances génériques mais les acteurs doivent également construire des connaissances situées, mettre en place des modes d'apprentissage spécifiques, fondés en particulier sur la capacité à décontextualiser puis à re-contextualiser (Brives et de Tourdonnet, 2010 ; Brives *et al.*, 2015).

Les organismes vivants sont parfois difficiles à contrôler (figure 4.1), car leur nombre et leur activité répondent à des processus écologiques difficiles à maîtriser (la dynamique des populations, entre autres). Par exemple, une plante de couverture peut ne pas bien pousser ou, au contraire, prendre trop d'ampleur, et une sécheresse peut stopper l'activité des lombrics. Ce contrôle peut passer par une gestion directe de l'organisme (en agissant sur la date et la densité de semis d'une plante de couverture, par exemple) mais, la plupart du temps, il passe par la gestion des habitats (en semant des plantes de couverture qui favorisent l'activité des lombrics, par exemple). Ces modes de gestion indirecte, qui peuvent s'inspirer de la protection intégrée et de la lutte biologique par gestion des habitats, sont fondés sur une connaissance fine des dynamiques spatiales et temporelles des processus écologiques et conduisent souvent à dépasser l'échelle de la parcelle, pour s'intéresser aux bords de champ et à l'ensemble du paysage (Baudry, 1993 ; Francis, 2003).

Les organismes mobilisés pour l'agro-écologie ont parfois des effets non voulus, car leurs interactions avec l'écosystème ne se limitent pas aux fonctions pour lesquelles on les mobilise. Une plante de couverture semée dans le but d'étouffer des adventices pourra ainsi devenir elle-même une adventice si on la laisse jusqu'à la grenaison, ou s'avérer être l'hôte de pathogènes (Carof *et al.*, 2007). Il faut pouvoir repérer et parfois contrer ces effets, pour que le service attendu ne se transforme pas en dommage. La gestion du risque devient alors un élément clé de l'innovation agro-écologique.

Enfin, les effets des organismes mobilisés sont souvent peu visibles (ou ne le sont que trop tardivement). Comment évaluer la fixation symbiotique d'une légumineuse de couverture ou la porosité créée par des lombrics, par exemple ? La mobilisation

**Figure 4.1.** Illustration humoristique d'un organisme mobilisé dans un système d'agro-écologie et ayant échappé à tout contrôle (Goulet, 2012) ©Erik Tartrais

d'organismes passe donc par la mise au point de méthodes d'observation, d'évaluation de leurs effets par rapport au fonctionnement de l'agrosystème et aux performances attendues. Ce type de méthodes, développées par exemple dans le cadre de la protection intégrée, est souvent peu disponible quand il s'agit des organismes du sol (Blanchart *et al.,* 2005 ; Scopel *et al.,* 2013 ; Hellec *et al.,* 2015). L'enjeu est de trouver des indicateurs et des modes de perception des fonctions essentielles assurées par les organismes d'intérêt au sein de l'agrosystème.

Ainsi, les caractéristiques des organismes biologiques mobilisés dans un processus de transition vers l'agro-écologie s'opposent à celles des artefacts modernes de l'agriculture que sont les matériels agricoles, les pesticides et les fertilisants issus de synthèses. Leurs comportements sont avant tout incertains. Leur activité est difficile à cadrer (Callon, 1999) ; ils exigent une surveillance continue et la capacité de réagir à leurs débordements, toujours possibles.

Ce sont ce que Latour (1997) appelle des *objets chevelus,* parce qu'ils ont la capacité de s'associer à une multiplicité d'autres objets et à sortir ainsi des cadres qu'on avait pensés pour leur action. Ce caractère «chevelu» et cette multiplicité des associations vont générer de nouvelles sources de questionnements, d'apprentissages et d'actions. Ainsi, l'agriculteur utilisant pendant quelques années un couvert végétal comme piège à nitrates peut découvrir aussi les effets du couvert sur la structure du sol et être amené à s'intéresser à l'activité des lombrics dans ses parcelles, puis potentiellement à réduire le travail du sol ou à implanter d'autres couverts végétaux pour accroître leur activité (de Tourdonnet *et al.,* 2013). Nombre d'agriculteurs qui font l'expérience d'un changement de posture, en s'engageant dans un processus d'innovation agro-écologique, expriment le fait qu'ils sont *devenus des chercheurs*, qu'ils *retrouvent l'agronomie*.

Cette posture de recherche impliquant divers acteurs marque la spécificité de l'innovation agro-écologique. Au contraire de la mise en œuvre des objets modernes, supposant une rupture entre leurs concepteurs et leurs usagers (Hennion, 2013), celle des objets de l'agro-écologie est un moment privilégié de production de connaissances sur ces objets. La répartition des rôles, entre les agriculteurs et les scientifiques ou techniciens les accompagnant, en est ainsi reconfigurée.

## ▸▸ Comment accompagner l'innovation agro-écologique ?

Le changement de posture, de vision ou de paradigme, porté par l'agro-écologie nécessite d'adapter les méthodes et les dispositifs de conseil. La posture d'accompagnement joue un rôle déterminant dans le processus d'innovation agro-écologique et dans les systèmes sociotechniques qu'elle génère. Partons d'un exemple pour illustrer cela (de Tourdonnet *et al.*, 2013 ; Brives *et al.*, 2015), en comparant deux dispositifs de conseil très différents destinés à mettre en œuvre l'agriculture de conservation[1], pouvant s'inscrire dans une démarche agro-écologique, au sein d'une même coopérative :

– le premier dispositif consiste en un conseil dirigé et prescriptif pour accompagner les adhérents dans la mise en œuvre du semis direct, en supprimant totalement le travail du sol ; le conseiller, en position d'expert, donne des procédures à suivre pour une transition rapide vers le semis direct et demande au producteur de les appliquer à la lettre pour garantir la réussite de cette transition ; c'est donc le conseiller qui endosse une grande partie du risque, ce qui le conduit à préconiser une solution standardisée, où la lutte contre les adventices se fait systématiquement avec du glyphosate, l'usage de plantes de couverture, alternative agro-écologique au traitement par un herbicide, n'étant pas envisagé, car les connaissances sur leur gestion ne sont pas suffisamment stabilisées et sont trop sensibles au contexte pour qu'elles soient mises en œuvre dans une prescription sans risque ;

– le second dispositif est un accompagnement des apprentissages, non prescriptif, à partir d'un conseil collectif où chaque membre du groupe avance à sa manière ; le conseiller est en position de pair, engagé dans les apprentissages, et en position d'animateur d'une approche agro-écologique, où la gestion des adventices passe par une réflexion sur la rotation et l'introduction de plantes de couverture ; cette réflexion collective conduit chaque agriculteur à concevoir et à tester par lui-même ces solutions techniques et à discuter les résultats obtenus au sein du groupe.

Le premier dispositif peut apparaître plus efficient car, *via* une innovation radicale, il permet un passage rapide au semis direct, alors que le second conduit à une transition

---

1. En agriculture de conservation, c'est la conservation de la fertilité des sols qui est visée. Selon la définition de ce type d'agriculture donnée par l'Organisation des Nations Unies pour l'alimentation et l'agriculture, cela passe à la fois par une couverture maximale des sols (par des résidus de cultures ou par des plantes de couverture), par l'absence de labour, une forte diminution voire une suppression du travail du sol, et par des successions et des associations culturales diversifiées.

plus lente, pas-à-pas, vers une diversité de systèmes (non-labour occasionnel, techniques culturales simplifiées, semis direct sous couvert…). Cependant, le premier dispositif crée deux attachements forts, au conseiller et au glyphosate, alors que le second crée un attachement à la capacité du groupe (ou d'autres groupes) à construire chemin faisant les connaissances adaptées à la résolution des problèmes. Cet exemple montre que pour accompagner l'innovation agro-écologique, il est très important de repérer les attachements (voire les dépendances) que l'on crée, certains étant plus désirables que d'autres lorsque l'on s'inscrit dans une transition agro-écologique.

L'approche prescriptive (dans laquelle à un problème correspond une solution) apparaît souvent peu adaptée pour conseiller sur l'agro-écologie, pour deux raisons principales :
— il existe souvent non pas une, mais des solutions à un problème, en fonction du contexte biophysique et écologique, des connaissances disponibles localement, des compétences et des apprentissages de l'agriculteur ;
— le problème doit être resitué dans une approche holistique, pour s'appuyer sur les processus écologiques, repérer les leviers d'actions et anticiper les conséquences.

Ceci dit, tout dépend de ce que l'on prescrit, selon que ce soient des solutions techniques prêtes à l'emploi ou bien des connaissances et des méthodes pour construire des solutions techniques adaptées à chacun. Si l'approche du premier dispositif est trop normative pour la transition agro-écologique, mais permet certainement de travailler plus rapidement avec un plus grand nombre d'agriculteurs, l'approche du second dispositif peut permettre la construction et le transfert d'instruments très utiles pour la transition agro-écologique (guides, expériences, fiches, etc.) mais requiert plus de temps et risque donc de concerner moins d'agriculteurs. Ces instruments permettent de formaliser des connaissances, de les rendre accessibles et actionnables, ce qui est un enjeu clé de l'agro-écologie. Ces instruments sont beaucoup plus efficaces s'ils sont conçus et utilisés dans des formes d'intervention ou d'accompagnement participatives, associant les producteurs agricoles, comme l'ont montré beaucoup d'auteurs (Uphoff, 2001 ; Warner, 2008 ; Brives *et al.*, 2015).

L'exemple montre également l'importance de gérer les incertitudes, dans l'accompagnement de l'innovation agro-écologique, qu'il s'agisse de l'incertitude des solutions non stabilisées, de l'incomplétude des connaissances, de la difficulté des apprentissages, ou des risques agronomiques et économiques. Pour faire face à ces risques, on observe souvent un changement de type de pilotage dans la transition agro-écologique (Girard, 2014) ; on quitte alors le contrôle optimal pour s'orienter vers la conduite adaptative, définie comme un processus itératif visant à réduire l'incertitude au fil du temps grâce à un suivi constant du système. Accompagner ce processus nécessite de prendre en compte les connaissances produites par les praticiens en situation, pour concevoir des outils et construire des apprentissages dans l'action. Ces apprentissages renforcent les capacités de ces praticiens : capacités à observer les évolutions du milieu, à les interpréter, à repérer et à mettre en action les leviers permettant d'orienter ces évolutions, à évaluer leurs impacts. Conseiller vers une conduite adaptative implique de placer l'agriculteur en position de co-concepteur et de co-évaluateur, de proposer une bibliothèque d'innovations plutôt qu'un système clés en main (Meynard *et al.*, 2012), d'apprendre à laisser faire la nature et à gérer son inquiétude (Javelle, 2016).

Au final, l'enjeu central pour l'accompagnement de l'innovation agro-écologique réside dans la capacité à accompagner le cheminement des agriculteurs dans une posture de recherche. Pour cela, il s'agit :

– de gérer les incertitudes liées aux processus écologiques, en respectant la capacité de chacun à accepter un niveau de risque qui lui est propre ;

– de faciliter les processus de production de connaissances, en organisant des partages d'expériences et des confrontations d'expertises diverses ;

– d'introduire, de manière systématique, des questionnements sur les processus de fonctionnement à l'origine des comportements des objets observés et une approche holistique des interactions entre les objets ;

– d'encourager l'exploration de nouveaux objets et de leurs interactions qui surgissent au long du processus d'innovation.

## ▸▸ Conclusion : l'agro-écologie renouvelle l'agronomie et l'accompagnement

L'originalité fondamentale de l'innovation agro-écologique provient des caractéristiques des objets sur lesquels elle s'appuie ; mobiliser des organismes vivants dans les agrosystèmes conduit à focaliser l'attention sur des objets de nature. Les fondements de l'agro-écologie – l'approche holistique, participative et située, l'hybridation des connaissances et la gestion du risque – découlent des caractéristiques propres de ces objets de nature que l'on cherche à utiliser comme leviers techniques.

Cela conduit à des déplacements dans le champ de l'agronomie et dans la relation entre l'homme, la technique et la nature. La mobilisation d'objets de nature ne signifie pas l'abandon de tous les objets techniques et la déconnexion avec le monde industriel ou artisanal d'amont. Dans certains cas, cette connexion est au contraire renforcée, quand de nouveaux artefacts sont nécessaires pour cette mobilisation (un semoir de semis direct, par exemple, pour ne plus perturber le sol) ou quand les objets de nature sont «fabriqués» (des plantes de couverture sélectionnées pour fournir certains services, par exemple). Les conceptions de la nature, mais aussi les visions des rapports entre l'homme et la nature et entre l'homme et la machine sont ici essentielles pour comprendre et accompagner le processus d'innovation.

Cela joue également sur les manières d'accompagner l'innovation agro-écologique, notamment pour renforcer la capacité des acteurs de cette innovation à concevoir par eux-mêmes. Il est pour cela essentiel de tenir compte des ruptures induites par cette forme d'innovation. Ces ruptures peuvent concerner le régime de production des connaissances (manière de donner du sens aux singularités et d'hybrider les connaissances), les cadres de pensée et d'action qui structurent les apprentissages, individuels et collectifs, le fonctionnement et la gestion de l'agrosystème (perception des processus et prise en compte des risques), ou les rapports sociaux construits sur la production de connaissances (entre les scientifiques, les techniciens et les agriculteurs). Accroître les capacités collectives pour concevoir des systèmes alternatifs et des dispositifs d'accompagnement adaptés est sans doute un des plus grands défis de l'innovation agro-écologique. Cela pose la question du renouvellement des dispositifs d'appui et de conseil aux agriculteurs.

# ▶▶ Références bibliographiques

Altieri M.A., 1995. *Agroecology: the science of sustainable agriculture*, Westview Press, Boulder, Colorado. 433 p.

Altieri M.A., Toledo V.M., 2011. The agroecological revolution in Latin America: rescuing nature, ensuring food sovereignty and empowering peasants. *Journal of Peasant Studies,* 38(3), 587-612.

Baudry J., 1993. Landscape dynamics and farming systems: problems of relating patterns and predicting ecological changes. *In: Landscape ecology and agroecosystems* (R.G.H. Bunce, L. Ryzkowski, M.G. Paoletti, eds), Lewis publishers.

Berthet E.T.A., Barnaud C., Girard N., Labatut J., Martin G., 2015. How to foster agroecological innovations? A comparison of participatory design methods. *Journal of Environmental Planning and Management*, 1-22, DOI: 10.1080/09640568.2015.1009627.

Blanchart E., Brown G.G., Chernyanskii S.S., Deleporte P., Feller C., Goulet F., 2005. Perception et popularité des vers de terre avant et après Darwin. Étude et gestion des sols, 12(2), 145-152.

Brives H., de Tourdonnet S., 2010. How can community-based knowledge be exported? The example of an intervention study carried out within a group employing no-tillage techniques, *In: Proceedings of the symposium Innovation and Sustainable Development in Agriculture and Food*, 28 juin-2 juillet 2010, Montpellier, France.

Brives H., Riousset P., de Tourdonnet S., 2015. Quelles modalités de conseil pour l'accompagnement vers des pratiques agricoles plus écologiques ? Le cas de l'agriculture de conservation, *In : Opérateurs du conseil privé en agriculture* (C. Compagnone, F. Goulet, P. Labarthe, eds), Educagri, Dijon.

Callon M., 1999. La sociologie peut-elle enrichir l'analyse économique des externalités ? Essai sur la notion de cadrage-débordement, *In : Innovations et performances* (D. Foray, J. Mairesse, dir.), Éditions de l'EHESS, Paris, 399-431.

Carof M., de Tourdonnet S., Saulas P., Le Floch D., Roger-Estrade J., 2007. Undersowing wheat with different living mulches in a no-till system (I): yield analysis. *Agronomy for Sustainable Development*, 27, 347-356.

Chevassus-au-Louis B., 2006. Refonder la recherche agronomique : leçons du passé, enjeux du siècle. *In : Leçon inaugurale du groupe ESA*, 27 septembre 2006, Angers.

de Tourdonnet S., Brives H., Denis M., Omon B., Thomas F., 2013. Accompagner le changement en agriculture : du non-labour à l'agriculture de conservation. *Agriculture, Environnement et Sociétés*, 3(2), 19-28.

Duru M., Therond O., Fares M.H., 2015a. Designing agroecological transitions. A review. *Agronomy for Sustainable Development*, 35(4), 1237-1257.

Duru M., Therond O., Martin G., Martin-Clouaire R., Magne M.-A., Justes E., Journet E.-P., Aubertot J.-N., Savary S., Bergez J.-E., Sarthou J.-P., 2015b. How to implement biodiversity-based agriculture to enhance ecosystem services: a review. *Agronomy for Sustainable Development*, 35(4), 1259-1281.

Francis C., Lieblein G., Gliessman S., Breland T. A., Creamer N., Harwood R., Salomonsson L., Helenius J., Rickerl D., Salvador R., Wiedenhoeft M., Simmons S., Allen P., Altieri M.A. Flora C., Poincelot R., 2003. Agroecology: The Ecology of Food Systems. *Journal of Sustainable Agriculture*, 22(3), 99-118.

Francis C.A., 2003. Advances in the design of resource-efficient cropping systems. *Journal of Crop Production*, 8(1/2), 15-32.

Girard N., 2014. Quels sont les nouveaux enjeux de gestion des connaissances ? L'exemple de la transition écologique des systèmes agricoles. *Revue internationale de psychosociologie et de gestion des comportements organisationnels*, XIX(1), 51-78.

Gliessman S., 2006. *Agroecology: the ecology of sustainable food systems*, Second Edition, CRC Press. 408 p.

Goulet F., 2012. La notion d'intensification écologique et son succès auprès d'un certain monde agricole français : une radiographie critique. *Courrier de l'environnement de l'Inra*, 62, 19-29.

Hellec F., Brives H., Blanchart E., Deverre C., Garnier P., Payet V., Peigné J., Recou S., de Tourdonnet S., Vian J.-F., 2015. L'évolution des sciences du sol face à l'émergence de la notion de service écosystémique. Résultats d'une étude lexicométrique. Étude et Gestion des Sols, 22, 101-115.

Hennion A., 2013. Vous avez dit attachements ? *In : Débordements : Mélanges offerts à Michel Callon* (M. Akrich, Y. Barthe, F. Muniesa et P. Mustar, eds), Paris, Presses des Mines, Paris, 179-190.

Javelle A., 2016. *Les relations homme-nature dans la transition agroécologique*, L'Harmattan, 234 p.

Javelle A., Jouven M., de Tourdonnet S., 2016. L'agroécologie interroge les pratiques agricoles. Enjeux autour de la construction et de la transmission des savoirs. *In : L'agroécologie : du nouveau pour le pastoralisme ?* Association française de pastoralisme, Montpellier, 27-35.

Latour B., 1997. *Nous n'avons jamais été modernes. Essai d'anthropologie symétrique*, La Découverte, Paris, 206 p.

Latour B., 2000. Factures / fractures. De la notion de réseau à celle d'attachement. *In : Ce qui nous relie* (A. Micoud, M. Peroni, eds), Éditions de l'Aube, La Tour d'Aigues, 189-208.

Meynard J.M., Dedieu B., Bos A.P., 2012. Re-design and co-design of farming systems. An overview of methods and practices. *In: Farming Systems Research into the 21st century: The new dynamic* (I. Darnhofer, D. Gibbon, B. Dedieu, eds), Springer, 407-432.

Scopel E., Triomphe B., Affholder F., Macena da Silva F. A., Corbeels M., Valadares Xavier J.H., Lahmar R., Recous S., Bernoux M., Blanchart E., Mendes I., de Tourdonnet S., 2013. Conservation agriculture cropping systems in temperate and tropical conditions, performances and impacts. A review. *Agronomy for Sustainable Development*, 33(1), 113-130.

Stassart P.M., Baret P., Grégoire J.-C., Hance T., Mormont M., Reheul D., Stilmant D., Vanloqueren G., Visser M., 2013. L'agroécologie : trajectoire et potentiel pour une transition vers des systèmes alimentaires durables. *In : Agroécologie entre pratiques et sciences sociales* (Van Dam D., Nizet J., Streith M., Stassart P.M., eds), Educagri édition, Dijon, 309 p.

Tomich T.P., Brodt S., Ferris H., Galt R., Horwath W.R., Kebreab E., Leveau J.H.J., Liptzin D., Lubell M., Merel P., Michelmore R., Rosenstock T., Scow K., Six J., Williams N., Yang L., 2011. Agroecology: A Review from a Global-Change Perspective. *Annual Review of Environment and Resources,* 36(1), 193-222.

Uphoff N., 2001. *Agroecological innovations: increasing food production with participatory development*, Routledge, 328 p.

Warner K.D., 2007. *Agroecology in action. Extending alternative agriculture through social networks*, The MIT Press, Cambridge, 273 p.

Warner K.D., 2008. Agroecology as participatory science. Emerging alternatives to technology transfer extension practice. *Science Technology Human Values*, 33, 754-777.

Wezel A., Bellon S., Doré T., Francis C., Vallod D., David C., 2009. Agroecology as a science, a movement and a practice. A review. *Agronomy for Sustainable Development*, 29(4), 503-515.

# Chapitre 5

# L'innovation sociale par les circuits courts alimentaires : entre réseaux et individualités[1]

Yuna Chiffoleau et Dominique Paturel

**Résumé.** Encore peu présent dans la littérature sur l'innovation sociale, le secteur de l'alimentation illustre un foisonnement de démarches innovantes visant à répondre, d'une nouvelle façon, aux différents problèmes qui y sont liés. Dans ce chapitre, nous combinons les apports de la nouvelle sociologie économique avec une approche par le *care*, pour analyser deux exemples d'innovations sociales visant, à travers des circuits courts, à faciliter l'accès des personnes en situation précaire à une alimentation de qualité. L'innovation sociale se comprend alors comme un processus relationnel et contextualisé, construit dans la durée par des individus singuliers, et appuyé sur des ressources de médiation. Rejoignant les travaux inscrits dans la théorie des transitions, notre approche permet à la fois de rendre compte des conditions d'émergence de niches innovantes et d'explorer différents mécanismes contribuant au changement d'échelle de l'innovation.

*Ce n'est pas une crise, c'est un changement de monde* : pour le philosophe Michel Serres, en 2012, les mouvements qui bousculent les sociétés contemporaines vont bien au-delà de la seule crise économique. Changement climatique, disparition des ressources, accroissement des inégalités, crise identitaire, révolution du numérique... : cette accumulation de crises, couplée à de profondes mutations, génère de l'inquiétude (Serres, 2012). Celle-ci formerait-elle une opportunité pour renouveler les façons de concevoir et d'appréhender l'innovation ? Pour certains, ce contexte renforce l'intérêt de l'innovation technologique, vue comme une recette miracle,

---

1. Ce chapitre est une version assez largement remaniée d'un article que nous avons publié dans la revue *Innovations* (Chiffoleau et Paturel, 2016).

une promesse de croissance. Pour d'autres, critiques à l'égard du progrès technique, l'innovation suscite un intérêt inédit, en lien avec la reconnaissance de nouvelles formes et finalités, saisies à travers le concept d'innovation sociale. Telle qu'inscrite dans la politique économique européenne, l'innovation sociale est définie comme une nouvelle réponse à des problèmes socio-économiques, à des besoins sociaux peu ou pas satisfaits par les marchés et les politiques publiques (BEPA, 2011). La construction des solutions est en ce cas participative, et débouche parfois, de façon attendue ou non, sur une transformation sociale (Klein *et al.,* 2017).

Encore peu présent dans la littérature scientifique sur l'innovation sociale, le secteur de l'alimentation illustre pourtant un foisonnement de démarches innovantes visant à répondre, d'une nouvelle façon, aux différents problèmes qui y sont liés. L'alimentation reste en effet un marqueur fort des inégalités sociales. De fait, nombreux sont les travaux montrant une corrélation forte entre un faible niveau de ressources économiques et des problèmes de santé liés à l'alimentation (Caillavet *et al.,* 2006). Pour beaucoup d'institutions et de chercheurs, il s'agit alors de trouver les moyens de favoriser des comportements alimentaires plus sains chez les personnes à petit budget ou en situation de précarité. Pour un nombre croissant d'acteurs, au contraire, le problème relève de la difficulté à accéder à une alimentation de qualité et non de comportements de consommation inadaptés (Celavar et Inra, 2010). De nombreuses initiatives innovantes ont ainsi émergé ces dernières années dans les territoires pour permettre à ces personnes, à travers des circuits courts et une approche participative, d'obtenir des produits de qualité dans des conditions adaptées à leurs ressources.

Ce chapitre s'appuie sur deux initiatives allant dans ce sens et que nous analysons en tant qu'innovations sociales. Il vise plus largement à contribuer à la production de connaissances sur ces nouvelles formes et logiques d'innovation. Nous mobilisons la nouvelle sociologie économique, enrichie par l'approche par le *care*[2] (Tronto, 2009), pour appréhender l'innovation sociale comme un processus relationnel et contextualisé, construit dans la durée par des individus singuliers et appuyés sur des ressources de médiation.

Dans la première partie de ce chapitre, nous revenons sur la notion d'innovation sociale, en soulignant les trois grandes façons dont elle est conçue aujourd'hui, lesquelles s'illustrent dans le secteur de l'alimentation. Nous présentons ensuite les principaux défis théoriques et méthodologiques suscités par l'émergence de l'innovation sociale et nous exposons de quelle façon la nouvelle sociologie économique, couplée à l'approche par le *care*, peut aider à relever ces défis. En seconde partie, nous mettons à l'épreuve notre cadre d'analyse, entre réseaux et *care*, sur deux initiatives innovantes en matière d'accès pour tous à une alimentation de qualité. Nous revenons en troisième partie sur l'intérêt d'une approche dynamique et contextualisée de l'innovation, combinant le suivi des relations et la prise en compte des personnes, en appelant à approfondir les conditions du changement d'échelle de l'innovation sociale.

---

2. Même si le terme « care » fait l'objet de traductions diverses dans la langue française, nous faisons bien référence ici à un courant de pensée international, formé d'influences multiples, et non à une analyse de la société sous l'angle des activités de soin ou bien encore des manifestations de sollicitude (voir une définition plus précise de cette approche plus loin, dans la partie intitulée *La construction d'un nouveau cadre d'interprétation*). À ce titre, nous ne traduisons pas en français le terme de « care », ici, car cela risquerait de le réduire à l'une des interprétations possibles.

# ⇥ Des questions ouvertes par l'innovation sociale à la proposition d'un cadre d'interprétation

## Trois conceptions de l'innovation sociale, illustrées dans le secteur de l'alimentation

L'innovation couvre un large champ de pratiques et, pourtant, elle reste souvent considérée sous l'angle de l'innovation technologique. On entend par là de nouveaux produits ou procédés de production ou de transformation, censés être plus performants que l'existant. Dans le même temps, l'innovation reste souvent pensée comme le produit d'entreprises ou d'entrepreneurs dotés de capitaux, économiques en particulier. Apparue dans les années 1970, la notion d'innovation sociale (voir le chapitre 1) se comprenait alors déjà comme une ouverture pour considérer d'autres processus, acteurs et résultats : dans une posture initialement très critique au regard du progrès technique et de ses effets, à travers des approches plus diverses ensuite, intégrant la construction participative de compromis entre différentes dimensions du développement durable (Laville, 2014). La multiplication des crises et leur inscription dans la durée, en ce début de XXIe siècle, suscitent un regain d'intérêt pour cette notion et les processus qu'elle désigne (Klein et Harrisson, 2007).

Dans une revue récente, et couvrant une large gamme de travaux, Richez-Battesti *et al.* (2012) proposent trois façons de concevoir l'innovation sociale aujourd'hui. La première l'entend comme un outil de modernisation des politiques publiques en vue de mieux répondre à des problèmes sociaux; elle désigne alors des nouvelles modalités d'intervention valorisant notamment le partenariat entre le public et le privé. Dans le secteur de l'alimentation, la mise en œuvre des projets alimentaires territoriaux (PAT)[3], basés sur une élaboration concertée à l'échelle des territoires, peut se comprendre dans cette perspective. La seconde façon de concevoir l'innovation sociale se réfère au déploiement d'entreprises sociales et d'entrepreneurs sociaux, qui mettent en œuvre des activités marchandes à finalité à la fois économique et sociale. Dans l'alimentation, la Ruche-qui-dit-oui[4], plateforme d'achat sur Internet mettant en lien consommateurs et producteurs locaux, s'inscrit dans cette lignée, même si cette entreprise, reconnue d'utilité sociale au départ, est controversée, notamment du fait de sa dépendance à des actionnaires privés. La troisième façon de concevoir l'innovation sociale regroupe des processus collectifs ascendants, multi-acteurs, qui émergent dans les territoires pour répondre à des besoins sociaux non satisfaits par les politiques publiques et les marchés ou pour traduire une aspiration au changement. Les Amap (Associations pour le maintien d'une agriculture paysanne)[5], systèmes

---

3. Prévus dans la loi d'avenir pour l'agriculture, l'alimentation et la forêt, du 13 octobre 2014 (art 39), les projets alimentaires territoriaux (PAT) sont élaborés de manière concertée à l'initiative de l'ensemble des acteurs d'un territoire. Ils s'appuient sur un diagnostic partagé, faisant un état des lieux de la production agricole locale et du besoin alimentaire exprimé à l'échelle d'un bassin de vie ou de consommation, aussi bien en matière de consommation individuelle que de restauration collective.

4. Circuit court présenté par ses fondateurs comme un *réseau de communautés d'achat direct aux producteurs locaux* (https://laruchequiditoui.fr/fr).

5. Système d'échange entre un producteur et un groupe de consommateurs qui s'engagent par contrat à acheter sa production pendant une saison, souvent en payant à l'avance, et reçoivent un colis de produits de la ferme de manière périodique (http://www.reseau-amap.org/).

d'échange solidaires entre producteurs et consommateurs, sont un exemple souvent retenu dans la littérature pour illustrer cette troisième acception. Elles constituent d'ailleurs plus largement, avec les jardins communautaires ou partagés, les seuls exemples concernant l'alimentation qui sont cités dans la littérature sur l'innovation sociale en général.

## De l'analyse institutionnelle de l'innovation sociale à la mise en évidence des enjeux à approfondir

Appliquées aux processus collectifs ascendants et multi-acteurs, les analyses, pour la plupart inscrites dans le champ de l'économie institutionnelle, mettent alors l'accent sur l'importance du contexte institutionnel et local ainsi que sur les processus d'apprentissage et de coordination qui sous-tendent les changements de pratiques et la coproduction de nouvelles règles et normes (Klein et Harrisson, 2007). Dans ces situations également, les inventions sont le plus souvent issues du quotidien des organisations, de la vie ordinaire des citoyens, ce qui contribue à marquer le décalage avec les politiques d'investissement encourageant l'innovation technologique. À plus long terme, enfin, ce type d'innovation locale peut aboutir à des résultats qui dépassent le seul cadre du projet porté par les acteurs locaux et questionnent les modèles de développement : l'innovation sociale devient alors un vecteur de transformation sociale.

La revue proposée par Richez-Battesti *et al.* (2012) fait toutefois émerger plusieurs types d'enjeux, théoriques et méthodologiques, pour analyser et accompagner l'innovation sociale, quelle que soit l'acception considérée. Un des premiers enjeux est de comprendre les conditions d'émergence et de diffusion de ces innovations, dans la troisième situation en particulier (processus ascendant et multi-acteurs). Quels sont les acteurs, individuels ou collectifs, inscrits dans la vie ordinaire, qui sont à l'initiative de nouvelles règles et pratiques visant à résoudre des problèmes socio-économiques, à répondre à des besoins sociaux non satisfaits ou à des aspirations de changement ? Quels sont les vecteurs de diffusion de ces nouveautés à l'échelle locale et, dans une perspective de transformation sociale, dans les niveaux d'organisation supérieurs ? Un autre enjeu majeur est de trouver les méthodes pour évaluer les processus d'innovation sociale, d'une façon pouvant aider à éviter la récupération du concept par des opérateurs instrumentant les finalités sociales au service de leur stratégie économique ou politique. Avant d'exposer par quel cadre d'analyse nous proposons d'avancer sur ces questions, nous présentons en quoi des travaux se référant à la théorie de l'acteur-réseau fournissent déjà certains éléments de réponse, mais qui sont à compléter.

### Une première grille d'analyse, imparfaite

Pour comprendre l'émergence d'une innovation locale et sa capacité à transformer les échelles d'organisation supérieures, la théorie de l'acteur-réseau (*Actor-Network Theory*, ANT) constitue en effet une première grille d'analyse : l'innovation se construit à travers un réseau d'acteurs et d'objets mobilisés autour d'une idée nouvelle. Le réseau sociotechnique ainsi constitué peut contribuer à une évolution de la société et des marchés. Callon (2007) utilise d'ailleurs la notion d'innovation sociale pour montrer le rôle joué par des habitants du Nord du Japon, touchés dans les années 1970 par une maladie au départ d'origine inconnue ; leur participation a permis non seulement d'identifier la source de la maladie, à savoir les rejets polluants d'une mine dans une rivière en aval, mais aussi de mettre en œuvre des solutions. Plus largement, Callon montre en quoi les marchés et les technologies associées fabriquent des sujets de préoccupation qui suscitent l'émergence de groupes concernés, qui interviennent dans les dynamiques d'innovation (Callon, 2007).

Puisant dans les apports de la théorie de l'acteur-réseau et des *Sciences and Technology Studies* et les croisant avec ceux de l'économie évolutionniste (voir le chapitre 1), des travaux développés depuis une dizaine d'années et regroupés sous le terme de « théories de la transition » cherchent aussi à comprendre comment s'opèrent des transformations majeures dans la façon dont sont assurés les besoins sociétaux, tel que le logement, l'éducation, la santé, l'alimentation… L'approche est celle d'une analyse à plusieurs niveaux rendant compte de transformations liées à des interactions entre différentes natures de systèmes sociotechniques (Geels et Schott, 2007). Les niveaux d'analyse sont les niches sources d'innovations radicales (niveau micro) – lesquelles peuvent être sociales, même si la notion n'est pas utilisée dans ces travaux –, le régime (niveau méso) composé des normes, des règles, des connaissances et des acteurs publics et privés qui assurent la stabilité des pratiques et des technologies dominantes, et le paysage (niveau macro) représentant le contexte formé par les institutions, les flux, et les valeurs sociales sur lesquels les acteurs ont peu de prise. Les travaux référant à cette approche sont en plein foisonnement mais se heurtent à plusieurs critiques, notamment celle de prendre peu en compte la diversité des acteurs, de leurs relations et de leurs stratégies (Lamine, 2012). Les cas analysés présentent de fait, le plus souvent, des niches formées d'acteurs qualifiés d'« alternatifs », en ce sens qu'ils sont opposés au système dominant et porteurs d'innovations radicales. Ils tendent alors à occulter les dynamiques de changement portées au départ par des acteurs inscrits dans la vie ordinaire, ce que laissent davantage entrevoir les travaux de Callon. De plus, les transformations du système dominant sont analysées comme étant liées à l'ouverture d'une fenêtre d'opportunité dans le régime, sous pression du paysage et/ou de niches, sans que l'on ne visualise précisément les mécanismes sociaux sous-jacents (Smith, 2007). Nous proposons alors de mobiliser un autre cadre d'interprétation, pour compléter l'analyse de l'émergence d'innovations locales et de leur capacité transformatrice, dans le cas d'innovations sociales en particulier.

## La construction d'un nouveau cadre d'interprétation

Nous proposons alors de croiser deux types d'apports pour analyser l'innovation sociale : ceux de la sociologie économique et ceux du *care*. À partir de la sociologie économique et des réseaux, ou nouvelle sociologie économique, nous analysons l'innovation sociale à travers les relations sociales qui la construisent. Notre approche s'inscrit ainsi dans la conception d'une activité économique et technologique «encastrée» dans les structures sociales, en particulier dans les relations interpersonnelles, au fondement de la nouvelle sociologie économique (Granovetter, 1985). Dans la lignée des travaux de Grossetti (2008) sur la création d'entreprises innovantes, nous prenons également en compte les autres formes de médiation (organisations, médias…) sur lesquelles s'appuient les acteurs pour acquérir les ressources nécessaires à la mise en œuvre de changements (information, aide juridique…). De plus, il s'agit non seulement d'analyser finement les relations sociales et les ressources de médiation intervenant dans les dynamiques de changement, mais aussi de tenir compte de la diversité des stratégies des acteurs, et en particulier d'intégrer la quête de statut social à travers la participation à l'innovation (Lazega, 2002). L'évaluation des effets de l'innovation sociale devient alors inséparable de la prise en compte de ce qui la motive.

La nouvelle sociologie économique donne aussi les moyens de penser la diffusion et la capacité transformatrice de l'innovation sociale au-delà de la situation locale. Le changement d'échelle peut en effet se comprendre en tant que processus de découplage, processus réciproque de l'encastrement, par lequel l'invention s'extrait des relations sociales qui l'ont créée (White, 1992), à travers de nouveaux dispositifs d'intervention par exemple. Toutefois, ce courant de la sociologie économique s'intéresse finalement assez peu aux individualités et à la façon dont celles-ci évoluent au sein des réseaux, au-delà d'apporter des ressources pour l'innovation. La prise en compte de ces individualités est pourtant essentielle si l'on veut analyser des innovations visant à répondre à un besoin social non satisfait, à traduire une aspiration au changement.

L'approche par le *care*, telle que la propose Tronto (2009) en particulier, reconnaît la vulnérabilité comme constitutive de la vie humaine, en partant du principe d'une interdépendance entre les vies de chacun et d'une responsabilité de chacun dans, et par rapport à, la vie des autres. Cette approche consiste à s'intéresser au travail réalisé, dans la vie ordinaire, par des acteurs sensibles et singuliers, pour *maintenir, perpétuer, réparer notre monde* (ibid.), pour faciliter l'accès des populations en situation précaire à une alimentation de qualité, par exemple. L'approche par le *care* montre aussi comment ce travail amène des acteurs variés à s'en prendre aux institutions qui rendent vulnérables ou invisibles, et notamment à celles qui encadrent l'aide alimentaire (Paturel, 2010). Elle conduit alors à analyser les solutions mises en œuvre par les acteurs pour construire de la reconnaissance, ouvrir de nouvelles possibilités aux personnes exclues ou fragilisées. Ces solutions consistent en de nouvelles pratiques, de nouveaux dispositifs, qui, en modifiant certains rapports de domination, sont sources de transformation sociale (Molinier et al., 2009).

Le croisement entre la nouvelle sociologie économique et l'approche par le *care* permet alors de proposer un cadre de lecture original de l'innovation sociale : celle-ci peut être conçue en tant que processus fondé sur des relations personnelles, mobilisant des acteurs singuliers qui sont, ou deviennent, sensibles au besoin de reconnaissance, pour eux et pour les autres. Ce processus est ancré dans une situation locale, construit au départ ou chemin faisant en rapport avec un contexte global, s'appuie sur des ressources, et est à même de faire évoluer les niveaux englobants par la création de dispositifs découplés des interactions locales, porteurs de reconnaissance sociale et de nouvelles possibilités.

# ▸▸ Deux récits d'innovation sociale autour de l'accès à l'alimentation pour tous

Sur la base de ce nouveau cadre d'interprétation, nous nous intéressons ici à deux exemples localisés dans le Sud de la France, représentatifs de dynamiques ascendantes en cours autour de l'alimentation, ciblées sur les problèmes d'accès à l'alimentation et expérimentant la solution des circuits courts mais aussi celle de la participation des acteurs fragilisés :
– un groupement d'achats formé de personnes bénéficiaires des minima sociaux ;
– une boutique solidaire, ouverte aux populations en situation de précarité mais aussi aux personnes à plus haut revenu.

Ces deux initiatives ont été analysées depuis leur origine. L'analyse a combiné une observation participante lors des réunions et des entretiens individuels suscitant une mise en récit, notamment celle des relations construites ou rompues à travers l'initiative. Cette méthode s'apparente à celle des narrations quantifiées, conceptualisée par Grossetti à la suite de ses travaux sur la création d'entreprises innovantes. Il s'agit, à travers des récits de pratiques en particulier, de rendre compte des chaînes relationnelles qui construisent l'innovation, comme dans la méthode des narrations quantifiées, mais en prenant davantage en compte les individus qui s'y engagent et les effets que l'innovation a générés à leur niveau. Lors des entretiens, la prise en compte attentive des individualités est par ailleurs essentielle pour entrer en contact et nouer des relations de confiance avec des personnes fragilisées, même si elle ne suffit pas à effacer les dissymétries entre enquêteur et enquêté.

## L'histoire en demi-teinte d'un groupement d'achat visant la mixité sociale

Dans une grande ville du Sud de la France, un groupement d'achat se forme en 2009 à la suite d'un atelier cuisine intitulé «Cuisiner malin et gourmand pour trois fois rien», destiné à des bénéficiaires des minima sociaux habitant en ville, et animé par un restaurateur convaincu qu'il est possible de cuisiner des produits frais à faible coût. Le lien entre le restaurateur et les participants à l'atelier est noué par deux travailleurs sociaux. Les participants, qui ne se connaissaient pas auparavant et n'avaient, pour certains d'entre eux, jamais eu de rapport direct avec le monde agricole jusque-là, veulent poursuivre l'action dans leur vie quotidienne, en trouvant les moyens d'accéder à des produits de qualité, à des prix adaptés à leur niveau de ressources. Les travailleurs sociaux organisent une réunion pour en discuter. Un premier lien entre le groupe et un producteur en Amap, puis la visite d'une épicerie sociale[6], les amènent à préciser leur projet : leur souhait est de trouver une formule qui évite la stigmatisation associée

---

6. Épicerie réservée aux bénéficiaires des minima sociaux et subventionnée par l'État.

à l'approvisionnement en épicerie sociale et soit, pour les producteurs, moins contraignante que l'Amap. Des liens avec d'autres producteurs, notamment avec un jeune en phase d'installation, et avec des animateurs de développement rural sont activés par la suite et confortent l'idée de former plutôt un groupement d'achat, permettant une mixité sociale et un fonctionnement plus souple que l'Amap.

L'action concrète du groupe part de la réalité quotidienne de ses membres : ils commencent par lister les fruits, les légumes et les produits de base (riz, farine…) qu'ils consomment tous, puis ils s'organisent pour comparer les prix des produits dans différents points de vente. Ces informations sur les prix forment une ressource de médiation importante dans la trajectoire du groupe et de sa démarche innovante (Grossetti, 2008), non pas en tant que telles, mais parce qu'elles prennent du sens à travers le lien noué avec des producteurs. La discussion permet en effet de comprendre les variations de prix entre les points de vente, en fonction des différences de qualité des produits (notamment de par le délai entre la récolte et la consommation) et en fonction du prix finalement payé au producteur. Elle donne aussi les moyens de dépasser l'idée reçue qu'en vente directe les produits sont forcément plus chers qu'en filière longue.

Toutefois, si le groupe affirme son projet d'acheter à des producteurs, il tarde à mettre en œuvre la démarche, tout d'abord parce que la mixité des revenus est difficile à atteindre. Le groupe, très limité en ressources financières, ne représente donc pas une demande suffisante pour un agriculteur ; comme leur explique l'un d'eux, le temps passé à préparer et à livrer les produits ne serait pas rentabilisé. Toutefois, c'est tout autant le lien social qui est recherché à travers l'initiative que la solution à un problème concret du quotidien, si bien que beaucoup de réunions servent surtout à discuter, à partager les problèmes du quotidien.

En matière de réseaux, justement, l'initiative crée de nouveaux types de liens, avec des institutions intéressées par l'innovation sociale. Celles-ci offrent au groupe de nouvelles ressources (subvention, formalisation du projet…) mais surtout permettent une reconnaissance sur la scène publique, dont les personnes en situation de précarité se sentent souvent privées (Honneth, 2000). Ces liens s'épuisent toutefois face au temps nécessaire au groupe pour affirmer ses valeurs et construire les conditions de la mise en pratique de l'innovation. La rupture de ces liens conduit certains membres à quitter le collectif. Quelques-uns poursuivent néanmoins l'histoire et nouent finalement un partenariat avec un producteur de fruits et légumes. De plus, deux d'entre eux sont mobilisés et rémunérés par l'une des institutions ayant suivi le projet, pour faire part de leur expérience lors de séances d'appui à d'autres porteurs de projets d'innovations sociales, même si leur initiative n'a pas réussi à la hauteur des ambitions initiales. Cette institution s'appuie par ailleurs sur cet exemple pour modifier son programme de soutien à l'innovation sociale, auparavant ciblé sur les entreprises sociales, en l'ouvrant aux initiatives multi-acteurs ascendantes.

## La *success story* d'une boutique solidaire

Le deuxième exemple est celui d'une boutique solidaire, issue en 2009 de la rencontre entre des producteurs en difficulté et des bénéficiaires des minima sociaux. Cette rencontre est provoquée par une association agricole et une association de lutte contre la pauvreté, mises en relation par l'intermédiaire d'un travailleur social anciennement agriculteur. Là encore, le lien décisif est celui noué entre les consommateurs et un des producteurs ; celui-ci leur explique que lorsqu'il vend sa production de pommes à la grande surface à 0,35 €/kg, son travail n'est pas rémunéré. Pour qu'il le soit, il faut un prix de vente à 0,50 €/kg. Les personnes en situation de précarité sont sensibles à ce discours et se disent prêtes, malgré leur budget limité, à faire un effort pour permettre une juste rémunération du producteur. Comme dans le cas du groupement d'achat, là aussi, l'enjeu est de trouver une formule qui évite la stigmatisation des personnes en difficulté.

Le projet prend alors la forme d'une boutique solidaire, ouverte à tous mais proposant différents niveaux de prix selon les revenus des acheteurs. Les associations accompagnant le projet tissent le lien avec les institutions locales en charge de l'aide alimentaire, qui associent d'autres bénéficiaires des minima sociaux. Ceux-ci accèdent à prix coûtant aux produits, tandis que les charges de fonctionnement de la boutique sont imputées sur les consommateurs plus aisés. Cette boutique solidaire, basée sur une formule pratiquée à l'origine dans les pays anglo-saxons, est l'une des premières du genre à avoir été créée en France, Ses porteurs y ont introduit une autre innovation organisationnelle, consistant dans la gestion en trois collèges, à savoir celui des producteurs, celui des consommateurs et celui des associations, collectivités et institutions. Ce mode de gestion permet aux institutions en charge de l'aide alimentaire de mieux comprendre l'enjeu de la participation des personnes en situation de précarité aux décisions liées au fonctionnement de la boutique. De fait, la participation permet à ces personnes non seulement de se réapproprier leur alimentation, mais aussi de retrouver un statut d'acteurs, fragilisé par les difficultés financières et la stigmatisation associée. La création de plusieurs commissions thématiques (qualité des produits et fixation des prix, organisation de la production…) vient renforcer le fonctionnement participatif et permet de ne pas oublier les contraintes, économiques en particulier, de chaque partie prenante. La boutique émerge comme un espace de rencontres, de débats et d'apprentissage (Klein et Harrisson, 2007), donnant notamment l'opportunité aux consommateurs et aux institutions de comprendre les difficultés du monde agricole.

Six mois après le lancement de l'initiative, la boutique compte 2 500 adhérents parmi lesquels 256 bénéficient du prix coûtant et achètent au total 15 % de l'offre proposée dans la boutique. Le prix d'achat est différent pour chaque consommateur et il est fixé, comme dans d'autres expériences d'intervention sociale, sur le « reste-à-vivre », c'est-à-dire sur les ressources réelles des consommateurs une fois les charges essentielles déduites de leur revenu, et non sur le quotient familial. L'originalité de la boutique repose aussi sur le fait que chaque adhérent reçoit une carte de paiement qui permet le passage à la caisse sans rendre visible le prix d'achat. Il n'y a pas de justificatif à fournir, la procédure est faite en amont. Cette innovation combine praticité et respect des personnes. Elle résulte d'un dialogue inédit entre les bénéficiaires et les institutions en charge de l'aide alimentaire, que le contexte de la boutique a d'abord permis d'instaurer puis de transformer en dispositif innovant. Ce dispositif s'est détaché de l'initiative locale et a été diffusé dans d'autres territoires, à travers des liens interpersonnels.

## ➤➤ Encastrement et découplage de l'innovation sociale, vers un changement d'échelle

### L'innovation sociale, une dynamique relationnelle entre des acteurs singuliers

Dans les deux cas présentés ci-dessus, l'innovation naît de la rencontre, ou plus précisément d'une histoire de relations, entre des acteurs de statut différent, évoluant souvent dans des sphères peu ou pas connectées auparavant, sans que l'on puisse attribuer le résultat final à certains acteurs en particulier. Toutefois, si des liens ont pu s'établir et apporter un début de réponse au problème générique d'accès à l'alimentation des personnes en situation de précarité, c'est du fait d'individus singuliers, sensibles aux situations vécues par les autres, mais aussi motivés par des préoccupations pragmatiques et, pour partie, personnelles. Les deux cas illustrent ainsi, plus largement, les nouveaux rapports entre intérêts individuels et solidarité (Laville, 2005).

Les acteurs impliqués disposent aussi d'une expérience spécifique. C'est le cas du « cuisinier malin », dans la première initiative, s'exerçant déjà, dans son restaurant, à proposer des menus à des prix abordables à partir de produits frais. C'est le cas, dans la deuxième initiative, du travailleur social qui, parce qu'il était auparavant agriculteur, connaît les difficultés que rencontrent certains agriculteurs et pense que le partage de celles-ci avec des consommateurs en situation de précarité peut former le moteur d'une action collective. Dans le même temps, ce second cas montre que les liens qui sont créés et qui construisent l'innovation sont aussi, pour partie, permis par l'histoire relationnelle de certains des acteurs impliqués ; le travailleur social a en effet gardé des liens avec le monde agricole, ce qui a facilité la relation entre producteurs et bénéficiaires mais aussi l'a motivée. De plus, comme le montre Grossetti (2008) dans son analyse longitudinale de la création d'entreprises innovantes, l'innovation se nourrit aussi des relations personnelles nouées dans d'autres contextes. Dans le cas du groupement d'achat, par exemple, le premier producteur en Amap contacté par le groupe est un ancien ami de collège de la fille de l'une des participantes.

### Un processus nourri par l'évolution des statuts

Comme indiqué plus haut, les travaux de Grossetti, toutefois, présentent uniquement les histoires de relations au regard des ressources qu'elles offrent pour l'innovation. Les histoires relatées ci-dessus montrent en quoi l'innovation se nourrit d'un autre type de contenu, lié à la reconnaissance individuelle et intervenant dans la construction d'un nouveau statut social pour les personnes impliquées dans les processus. D'ailleurs, des liens sont rompus par certains quand ils ne leur permettent pas, ou plus, de se sentir reconnus, comme le montre le cas du groupement d'achat. Cette quête de statut est certainement exacerbée par la position des personnes considérées ici, fragilisées, voire exclues, et pour lesquelles l'intégration passe par la (re) construction de liens, notamment avec les institutions. Elle se confirme en tout cas ici comme un des moteurs de l'innovation, comme le montrent des travaux réalisés dans des contextes très différents, où l'exclusion sociale de certains n'est pourtant pas en question. Dans son analyse d'un cabinet d'avocats d'affaires, Lazega (2002) montre par exemple que les avocats participent à la recherche de solutions nouvelles à des problèmes inédits en échange d'un renforcement de leur statut. Ce renforcement passe notamment par le fait de donner des conseils aux autres, cette relation donnant les moyens de dépasser les hiérarchies formelles. Cette dynamique se retrouve dans les initiatives étudiées ici, dans la mesure où, dans le cas du groupement d'achat par exemple, les bénéficiaires ont pu conseiller les travailleurs sociaux sur l'intérêt et les façons d'impliquer les enfants des quartiers défavorisés dans des ateliers de cuisine.

À la différence de ce qui survient dans le cabinet d'avocats, toutefois, le capital symbolique associé à l'innovation sociale, de par sa finalité relevant de l'intérêt général mais aussi de par sa construction participative, offre aux participants des deux projets innovants étudiés une identité collective valorisante, dont chacun se sent à la fois producteur et bénéficiaire, aux dires des enquêtés eux-mêmes. Dans le cas du groupement d'achat, cette identité a su, au départ, compenser certaines frustrations individuelles dans la quête de statut et attacher les participants à l'innovation (Callon, 1986). Elle n'a toutefois pas été assez forte pour les attacher dans la durée. Dans le cas de la boutique, par contre, l'identité collective s'est très vite affirmée, à travers un fonctionnement innovant repris comme exemple par ailleurs et valorisé par les médias. Ainsi découplée des relations qui l'ont créée, l'identité collective a de plus bénéficié aux nouveaux entrants dans la boutique, ce qui a contribué à son maintien.

## Une première approche des mécanismes du changement d'échelle

L'analyse proposée ici permet d'explorer certains des mécanismes du changement d'échelle de l'innovation sociale, lesquels restent peu explicités dans les théories de la transition, et encore peu théorisés dans la littérature sur l'innovation sociale (Bucolo *et al.*, 2015). En effet, l'approche des deux initiatives par les réseaux appelle à approfondir les chaînes relationnelles à travers lesquelles sont véhiculées des valeurs ou des façons de faire qui vont influencer d'autres territoires ainsi que les institutions englobantes. L'analyse proposée ici invite aussi à explorer davantage les conditions dans lesquelles les contenus échangés dans ces nouvelles relations peuvent se découpler en nouvelles règles, parfois même en nouveaux dispositifs; dans le cas de la boutique, le fonctionnement collégial a joué un rôle fondamental en ce sens. Ces nouvelles règles, ces nouveaux dispositifs, qui concrétisent la dimension innovante de l'initiative localisée, forment autant de ressources de médiation servant à d'autres pour modifier des fonctionnements existants, dans d'autres territoires ou dans des institutions englobantes, comme le montre par exemple l'appropriation, au-delà de la boutique solidaire, de l'invention d'une carte de paiement adaptée. Toutefois, notre analyse montre que ce découplage, qui permet le changement d'échelle, ne signifie pas pour autant un désencastrement du local, il contribue au contraire à faire évoluer les liens entre les acteurs de l'innovation sociale, autour d'une identité collective affirmée par le partage de valeurs et de règles valorisées au-delà du local.

De plus, dans la perspective du *care*, le changement d'échelle de l'innovation sociale ne se mesure pas seulement en fonction de la diffusion des nouvelles (bonnes) pratiques, règles ou dispositifs associés au sein d'autres espaces. Dans la perspective du changement social, il se comprend aussi, à travers les effets de l'innovation sociale, relativement à l'évolution des statuts des personnes, dans un contexte social marqué par des rapports de domination. Dans les deux cas présentés ici, d'individu passif et potentiellement contrôlé (par le dispositif d'aide alimentaire, notamment), la personne en situation de précarité devient compétente et reconnue pour ses conseils sur la mise en œuvre de l'innovation sociale. Elle devient aussi solidaire, en mesure, malgré ses ressources limitées, de soutenir les agriculteurs locaux et plus seulement d'être bénéficiaire de la solidarité des autres ou de l'État. La perspective du *care* amène ainsi à déplacer l'analyse vers la capacité des initiatives non seulement à respecter des individualités singulières, mais aussi à construire des dispositifs porteurs de nouveaux droits pour les personnes habituellement exclues, ce qui modifie ainsi certains rapports de domination.

## ►► Conclusion : une nouvelle lecture de l'innovation sociale à travers l'alimentation

Les recherches sur l'innovation prennent une dimension nouvelle avec l'émergence d'innovations sociales qui ne relèvent plus d'une logique de progrès technique ou technologique et que le contexte de crises actuel contribue à légitimer. Basée sur les apports de la nouvelle sociologie économique, enrichie par l'approche par le *care*, la recherche présentée ici cherche à rendre compte des processus en jeu dans ce type d'innovation, à travers deux initiatives visant à faciliter l'accès des familles en situation précaire à une alimentation de qualité. L'approche proposée est celle d'une analyse par la dynamique des relations interpersonnelles, attentive à ce que celles-ci véhiculent et construisent pour l'innovation, tout en tenant compte des individualités qui activent ces relations et de la façon dont elles s'y engagent. Les résultats soulignent l'importance de l'expérience acquise dans la vie ordinaire, qui permet de créer des liens qui dépassent les hiérarchies tout en nourrissant la quête de statut des acteurs. Ils illustrent ainsi pour partie les ressorts d'une dynamique d'encastrement et de découplage, itérative et incarnée, qui donne corps et sens à de nouvelles pratiques, localement et dans des niveaux englobants. Ces résultats s'inscrivent dans la même perspective que les travaux regroupés sous le terme de « théories de la transition », qui remettent en question le modèle diffusionniste de l'innovation et explorent les nouveaux processus portés par des niches, mais réservent toutefois souvent la capacité de changement à certains acteurs en particulier. Notre approche propose une lecture à la fois plus ouverte et plus précise des conditions d'émergence de ces innovations ascendantes et invite à poursuivre l'exploration des mécanismes spécifiques de leur changement d'échelle. Peu présent dans la littérature sur l'innovation sociale, le secteur de l'alimentation se confirme ainsi comme un terrain particulièrement intéressant pour produire de nouvelles connaissances sur ce type d'innovations.

# ▸▸ Références bibliographiques

BEPA, 2011. *Empowering people, driving change: social innovation in the European Union*, European Commission, Bruxelles.

Bucolo E., Fraisse L., Moisset P., 2015. Innovation sociale, les enjeux de la diffusion. *Sociologies Pratiques*, 31,1-6.

Caillavet F., Andrieu E., Momic M., Lhuissier A., Régnier F., 2006. L'alimentation comme dimension spécifique de la pauvreté. Approches croisées de la consommation alimentaire des populations défavorisées. *In : Les Travaux de l'ONPES 2005 2006.* (ONPES, ed.), La Documentation française, Paris, 247 278.

Callon M., 1986. Éléments pour une sociologie de la traduction. La domestication des coquilles Saint-Jacques dans la baie de Saint-Brieuc. *L'Année sociologique,* 36, 169-208.

Callon M., 2007. L'innovation sociale. Quand l'économie redevient politique. *In : L'innovation sociale : émergence et effets sur la transformation des sociétés* (Klein J., Harrisson D., eds), Presses universitaires du Québec, Québec.

Celavar, Inra (eds), 2010. *Circuits courts et cohésion sociale*, Celavar, Paris.

Chiffoleau Y., Paturel D., 2016. Les circuits alimentaires « pour tous », outils d'analyse de l'innovation sociale. *Innovations*, 50, 191-210.

Geels F.W., Schott J., 2007. Typology of sociotechnical transition pathways. *Research Policy,* 36(3), 399-417.

Granovetter M.S., 1985. Economic action and social structure: the problem of embeddedness. *American Journal of Sociology,* 91(3), 481-510.

Grossetti M., 2008. Réseaux sociaux et ressources de médiation dans l'activité économique. *Sciences de la société*, 73, 83-103.

Honneth A., 2000. *La lutte pour la reconnaissance*, Éditions du Cerf, Paris.

Klein J.-L, Harrisson D. (dir.), 2007. *L'innovation sociale : émergence et effets sur la transformation des sociétés*, Presses universitaires du Québec, Québec.

Klein J.-L., Camus A., Jetté C., Champagne C., Roy M., 2017. *La transformation sociale par l'innovation sociale*, Presses Universitaires du Québec, Québec.

Lamine C., 2012. Changer de système : une analyse des transitions vers l'agriculture biologique à l'échelle des systèmes agri-alimentaires territoriaux. *Terrains & travaux* 20, 139-156.

Laville J.L, 2005. *Sociologie des services : entre marché et solidarité*, Eres, Paris.

Laville J.-L., 2014. Innovation sociale, économie sociale et solidaire, entreprenariat social. Une perspective historique. *In : L'innovation sociale* (Klein J.-L., Laville J.-L., Moulaert F., eds), Eres, Paris.

Lazega E., 2002. Réseaux et capacité collective d'innovation : l'exemple du brainstorming et de sa discipline sociale. *In : Recherches sur l'innovation* (Alter N. ed.,), La Découverte, Paris, 183-210.

Molinier P., Laugier S., Paperman P., 2009. *Qu'est-ce que le* care ? Souci des autres, sensibilité, responsabilité, Payot, Paris.

Paturel D., 2010. Alimentation et lien social : les circuits courts comme alternative ? *Revue économique et sociale*, 68(4), 61-70.

Richez-Battesti N., Petrella F., Vallade D., 2012. L'innovation sociale : une notion aux usages pluriels ? Quels enjeux et défis pour l'analyse ? *Innovations*, 38, 15-36.

Serres M., 2012. *Petite poucette*, Les Éditions du Pommier, Paris.

Smith A., 2007. Translating sustainabilities between green niches and socio-technical regimes. *Technology Analysis & Strategic Management*, 19(4), 427-450.

Tronto J., 2009. *Un monde vulnérable : pour une politique du* care, La Découverte, Paris.

White H.C., 1992. *Identity and control*, Harvard University Press, Harvard.

# Chapitre 6

# L'innovation, condition de la pérennité des systèmes agroalimentaires localisés

STÉPHANE FOURNIER, FRANÇOIS BOUCHER, CLAIRE CERDAN,
THIERRY FERRÉ, DENIS SAUTIER, DIDIER CHABROL,
BERNARD BRIDIER, JEAN-PAUL DANFLOUS,
DELPHINE MARIE-VIVIEN ET OPHÉLIE ROBINEAU

**Résumé.** La production agroalimentaire artisanale et les produits de terroir ont bien souvent une image traditionnelle, celle de pratiques figées dans le temps, transmises de génération en génération. L'analyse montre au contraire des systèmes agroalimentaires localisés (Syal) confrontés à des besoins permanents d'innovation, pour faire face à des évolutions internes (réduction de la capacité de coordination et d'action collective) et/ou externes (nouvelles contraintes ou opportunités techniques ou commerciales). Face à ces besoins, certains systèmes sont à même d'instaurer des interactions accrues entre acteurs locaux et acteurs extra-locaux, débouchant sur des innovations techniques ou organisationnelles. Le concept de Syal permet alors d'éclairer bien mieux ces processus d'innovation collectifs et localisés que ne le font les schémas diffusionnistes, et de mettre aussi en évidence les voies d'appui.

La production agroalimentaire artisanale a bien souvent une image traditionnelle. Les produits désignés comme produits locaux ou produits de terroir auraient ainsi des caractéristiques immuables, transmises de génération en génération. Pourtant, l'étude de ces produits révèle des processus d'innovation, survenant sur des pas de temps plus ou moins courts : des filières apparaissent et disparaissent, les systèmes de production s'adaptent à des environnements techniques, règlementaires et de marché en évolution. Quels sont alors les déterminants de ces processus d'innovation ? Quels en sont les leviers et les freins ? Quels cadres analytiques sont à même de les éclairer ?

Ce chapitre aborde la question des processus d'innovation dans les productions agroalimentaires liées à des territoires. Nous montrons les forces et les faiblesses induites par leur dimension collective et leur ancrage territorial. La première partie détaille le modèle du « système agroalimentaire localisé » (Syal), le replace dans les travaux sur les districts industriels et les clusters et éclaire la nature des processus d'innovation à l'œuvre. La seconde partie s'interroge sur la capacité de ce modèle du Syal à fonder des programmes de développement et analyse quelques-uns des leviers possibles pour renforcer des dynamiques locales d'innovation et de qualification des produits alimentaires.

## ▸▸ La notion de système agroalimentaire localisé, pour expliquer les dynamiques d'innovation dans la production artisanale

L'étude des dynamiques d'innovation survenant dans les productions agroalimentaires artisanales ou semi-industrielles révèle deux faits saillants : ces dynamiques sont collectives et localisées. Collectives, car observables chez différents artisans, sans qu'il soit possible d'identifier le premier innovateur, supposé par Schumpeter (1935) avoir un rôle essentiel dans l'innovation. Localisées, car elles ne se produisent que dans certains espaces, d'autres restant plus fidèles aux pratiques routinières.

Le caractère collectif de ces dynamiques d'innovation s'explique bien à la lumière des théories évolutionnistes (voir le chapitre 1) et de l'économie industrielle. Ces théories permettent de comprendre la complexité du changement technique, les phénomènes de verrouillage technologique[1] et les routines techniques et organisationnelles qui en découlent (Nelson et Winter, 1982). Un artisan ne peut individuellement rompre avec ces routines, i.e. assumer tous les coûts et les risques liés au processus de mise au point d'une nouvelle technologie et produire une quantité suffisante du nouveau produit pour que s'établissent des circuits commerciaux. Au contraire, un changement technologique requiert une forte coordination au sein d'un groupe. Le processus itératif d'essais, suivis de la correction des erreurs, le tâtonnement qui permet peu à peu de construire la technique innovante, sont alors mutualisés.

La seconde caractéristique, le caractère localisé de ces dynamiques d'innovation, paraît plus complexe. Pourquoi toutes les régions de production confrontées au même environnement en matière d'opportunités techniques et de marché n'ont-elles pas la même capacité à innover ? Pourquoi certaines régions parviennent-elles à mieux saisir ces opportunités ou à faire face aux nouvelles contraintes ? Quelle est la nature des ressources qui induisent un processus de développement dans certains espaces ? Le caractère localisé du changement technique constaté au sein des filières agroalimentaires demande d'expliciter la nature des collectifs d'acteurs et leurs relations.

---

1. Le phénomène de verrouillage technologique désigne le fait que lorsqu'une technologie est devenue dominante, il est difficile d'en changer, même si de plus performantes apparaissent.

## Des relations de coopération endogènes favorisées dans certains espaces

Pour appréhender ces changements techniques, un cadre analytique a été construit autour du modèle du système agroalimentaire localisé, ou Syal, (Muchnik et Sautier, 1998 ; Muchnik *et al.*, 2007). Ce modèle du Syal s'est inspiré de celui de système productif localisé (SPL), mis au point par différents auteurs français (voir Courlet (2002) pour une revue de la littérature) suite à la réaffirmation de l'importance du « local » qu'ont permise les travaux d'auteurs italiens sur les districts industriels marshalliens (Becattini, 1992). Cependant, de par la nature des productions en question (productions agroalimentaires artisanales ou semi-industrielles), les Syal diffèrent, dans leur fonctionnement, de systèmes productifs localisés plus industriels. En effet, l'ancrage territorial spécifie davantage le produit, du fait de possibles effets liés au terroir (quant à la production agricole et/ou à la transformation agroalimentaire) et du fait de la potentielle inscription de ce produit dans un processus de patrimonialisation (Fournier et Muchnik, 2012). Le cadre analytique des Syal est nécessairement pluridisciplinaire, se nourrissant notamment d'approches économiques, géographiques, socio-anthropologiques et technologiques ; il doit intégrer une analyse des acteurs, de leurs pratiques et des usages du territoire, ainsi que différentes échelles spatio-temporelles (Chevassus-au-Louis *et al.*, 2008).

Le modèle du Syal s'est donc distingué de celui du système productif localisé, mais ces différents travaux ont en commun d'aborder les processus d'innovation directement à l'échelle de systèmes d'acteurs. L'innovation dans la production agroalimentaire artisanale est ainsi attribuée aux interactions naissant au sein de systèmes […] *constitués par des organisations de production et de services (unités de production agricole, entreprises agroalimentaires, entreprises commerciales, de service, restaurants, etc.) associées, par leurs caractéristiques et leur fonctionnement, à un territoire spécifique* […] (Muchnik et Sautier, 1998).

Au sein d'un système agroalimentaire localisé ou d'un système productif industriel localisé, les acteurs entretiennent des relations de sous-traitance, échangent des informations dans le cadre de réseaux de dialogue, créent des projets d'intérêt commun… Ce type d'interactions s'ajoutent aux simples relations de concurrence qui relient naturellement entre eux les producteurs agroalimentaires d'une région. Ces relations de « coopétition » (coopération et compétition) dans des zones de concentration géographique d'activités de nature similaire induisent alors un renforcement des dynamiques d'innovation, phénomène que Porter (1998) illustre avec la notion de cluster. Dans le modèle du Syal, la perception de l'intérêt collectif peut permettre à la coopération de largement dominer les relations de concurrence.

Un système agroalimentaire localisé, à l'instar d'un système productif localisé ou d'un district industriel, peut ainsi être vu comme le couplage d'un système de production et d'un système d'innovation, ce dernier étant à la fois sectoriel (Geels, 2004) et régional (Asheim *et al.*, 2011). Les récentes analyses de ces systèmes d'innovation permettent alors de réinterroger les processus d'innovation à l'œuvre dans un Syal.

Il reste en effet à comprendre d'où vient cette capacité de coopération au sein de relations horizontales qui, naturellement, devraient être purement concurrentielles, et pourquoi elle s'exprime plus fortement dans certains espaces que dans d'autres. La nature de la proximité qui unit les acteurs apparaît comme un point central. S'il existe au sein de toutes les zones de production une proximité géographique entre acteurs, les interactions peuvent également être facilitées par une proximité organisée (Pecqueur et Zimmermann, 2004). Cette dernière est induite par des normes et des valeurs communes, par l'appartenance à de mêmes réseaux, organisations ou communautés. Cette proximité organisée est vue comme préexistante dans les districts industriels ; les approches concernant les systèmes de production localisés et les Syal envisagent sa construction, progressivement au cours des interactions.

Le rôle potentiel de la proximité géographique et organisée dans les systèmes d'innovation est reconnu. Celle-ci permet tout d'abord une minimisation des coûts de transaction, l'interconnaissance et le partage de valeurs communes rendant les échanges moins risqués. Une telle proximité favorise également l'innovation en permettant le partage et la combinaison de savoirs tacites et de savoirs codifiés. Enfin, cette proximité permet de construire ou de renforcer le capital social, qui accélère ensuite la diffusion des innovations (Van Rijn *et al.*, 2012).

Du fait de cette proximité géographique et organisée, les acteurs locaux peuvent construire dans le temps long des institutions au sens de North (1994), qui vont régir leurs interactions, *via* des organisations, formelles et informelles. Ces règles du jeu établies progressivement garantissent la réciprocité des engagements dans des processus d'action collective (notamment en établissant des dispositifs de sanction) et instaurent peu à peu des relations de confiance (Ostrom, 2010). Cette confiance entre les acteurs permet un apprentissage social (*social learning*), qui est un élément central de la performance des systèmes d'innovation (Sol *et al.*, 2013 ; Stuck *et al.*, 2016).

Enfin, une proximité géographique et organisée renforce la solidarité territoriale. Sur le temps long également, les acteurs qui vivent dans ces espaces peuvent montrer un sentiment d'appartenance à une communauté, réduisant dans certains cas les comportements individualistes ou opportunistes. L'intérêt de l'individu peut être perçu comme ne primant pas, ou en tout cas comme étant fortement dépendant de celui de la communauté. Ce phénomène, mis à jour par les travaux de Becattini (1992), lève bon nombre des barrières qui freinent la coopération, l'action collective et finalement les processus (collectifs) d'innovation dans certains espaces. L'individu n'estime pas devoir nécessairement protéger ses savoir-faire, ses inventions, ses informations, si la diffusion de ceux-ci renforce sa communauté[2]. Face à une vision de long terme qui s'installe, il est davantage incité à construire collectivement des actifs spécifiques (Gallaud *et al.*, 2012).

Eclairé par les avancées théoriques sur les systèmes d'innovation, le modèle du Syal permet ainsi de mieux comprendre l'apparition, dans certains espaces, de relations de coopération plus poussées, débouchant sur des processus d'innovation. Un dispositif institutionnel et organisationnel y est élaboré et transforme

---

2. Marshall décrivait déjà ce phénomène dans ses travaux à la fin du XIXe siècle, en parlant de l'*atmosphère industrielle* des districts industriels ; au sein de ceux-ci, [...] *les secrets de l'industrie cessent d'être des secrets. Ils sont dans l'air qu'on respire.* [...], écrivait-il.

ces espaces en des territoires. Ce dispositif apparaît comme le principal actif spécifique des Syal (Cerdan et Fournier, 2007).

## Les apports de l'extérieur

Pour autant, ces dynamiques endogènes ne peuvent expliquer entièrement les processus d'innovation, ni au sein des Syal (systèmes agroalimentaires localisés), ni plus généralement au sein des systèmes d'innovation. La force d'un Syal vient également de sa capacité à capter des idées, des innovations ou de nouvelles pratiques de l'extérieur, et à les combiner avec ses propres pratiques pour renforcer ou renouveler les processus d'innovation. Les relations des acteurs économiques locaux avec d'autres entreprises, des centres de recherche, des organismes d'appui sont bien souvent essentielles pour stimuler les processus d'innovation. L'importance de la construction de plateformes d'innovation dépassant les systèmes locaux est soulignée par différents auteurs (Schut *et al.,* 2016 ; Hounkonnou *et al.,* 2012).

De plus, la capacité d'innovation d'un Syal est fortement influencée par la nature des interactions entre les producteurs (paysans, artisans ou petites et moyennes entreprises) et les consommateurs. Les marchés locaux, dont bénéficient, au moins initialement, les Syal, permettent des rencontres physiques entre ces différents acteurs et des retours rapides des consommateurs vers les producteurs ; une co-construction des innovations du Syal est ainsi permise. Ces interactions encadrent les processus d'innovation pour les produits à forte valeur symbolique qui font partie d'un patrimoine local et que des innovations ne doivent pas dénaturer (Chabrol et Muchnik, 2011). Par la suite, les marchés pour les produits des Syal peuvent s'élargir, mais la composante locale des consommateurs, les diasporas et les communautés de connaisseurs sont à même de continuer à jouer un rôle de contrôle des innovations. Les consommateurs interviennent ainsi dans les processus d'innovation débouchant sur la construction des produits de terroir (Prévost *et al.,* 2014). Plus généralement, l'importance des interactions entre les producteurs et les utilisateurs du produit, dans les systèmes d'innovation, est soulignée par Geels (2004). Torre et Tanguy (2014) avancent que c'est bien l'existence de passeurs (*gatekeepers*), assurant la connexion entre les districts industriels et le marché mondial (car connaissant très bien l'un et l'autre), qui fait la force de ces systèmes.

Les interactions entre le système d'innovation associé au Syal et son environnement sont ainsi déterminantes. Dans une contribution plus récente, Geels (2014) estime nécessaire de considérer un triple encastrement des entreprises, dans un environnement externe, d'une part économique et d'autre part socio-culturel, ainsi que dans leur régime industriel, correspondant à des dynamiques sectorielles.

En résumé, ainsi caractérisé, le modèle du Syal permet de construire un cadre analytique des trajectoires d'évolution des systèmes de production agroalimentaire (Muchnik *et al.,* 2007). L'idéal-type d'un Syal innovant est caractérisable par ces relations de coopération et de concurrence permises par un dispositif institutionnel local fort, ces multiples proximités et cet ancrage territorial, mais également par les relations que les acteurs du système sont à même d'établir avec l'extérieur (Boucher, 2004 ; Fournier, 2002).

## Un processus d'innovation par à-coups

Le processus d'innovation dans les Syal (systèmes agroalimentaires localisés) n'est cependant pas linéaire ; il fonctionne par à-coups, comme on le voit par exemple dans le cas des huileries de coton de Bobo-Dioulasso (encadré 6.1).

L'analyse des processus d'innovation montre différentes phases dans le cycle de vie des Syal. Les différents types de systèmes locaux d'innovation et de production – Syal, systèmes de production localisés et clusters – font face à la même menace, puisque dans tous les cas le succès de leurs innovations peut attirer un nombre croissant d'entreprises concurrentes. Si les systèmes de production localisés et les clusters se trouvent plus facilement préservés de risques d'expansion trop rapide par de fortes barrières à l'entrée (difficultés de l'acquisition des technologies, lourdeur des investissements de départ…), ce n'est que rarement le cas pour les Syal. Les fortes possibilités d'expansion de ces systèmes créent alors un cycle de vie comprenant différentes phases, bien caractérisables :
– à l'origine, l'innovation est produite par un nombre restreint de producteurs, étroitement liés par une proximité géographique et organisée, engagés dans des relations de confiance, voire de coopération ; cette innovation est à même de différencier la production locale ;
– si cette activité locale génère des marges intéressantes pour les producteurs, l'extension du Syal est souvent rapide, les barrières à l'entrée n'étant la plupart du temps constituées que d'un savoir-faire facile à acquérir localement et d'un investissement de départ peu conséquent ; cette extension amène le Syal à inclure des acteurs de moins en moins proches, pouvant ne partager avec la communauté d'origine que la pratique de la même activité ;
– tant que l'activité continue de permettre de fortes marges, l'augmentation du nombre de producteurs et l'expansion spatiale se poursuivent ; passé un certain stade, cette croissance peut finir par induire une banalisation du produit, une baisse des prix, voire une crise de surproduction ; de nouvelles innovations sont alors nécessaires, mais celles-ci se produisent plus difficilement à l'échelle du Syal, du fait du grand nombre d'acteurs, de leur faible proximité et de relations de concurrence de plus en plus fortes ; sans processus collectifs d'innovation, cette phase se caractérise par un déclin du Syal ; la baisse, voire la disparition, des marges suscite une réorientation des acteurs vers d'autres activités et/ou la concentration des entreprises ;
– ensuite, les acteurs à l'origine du Syal doivent innover, pour reconstruire une spécificité pour leur produit ou leur mode de production, ou doivent attendre que la baisse de la production fasse remonter les prix (Fournier, 2002).

Si ce cycle de vie (émergence, croissance, déclin, reprise éventuelle) n'est pas spécifique aux Syal, il montre toutefois la difficulté à maintenir un processus d'innovation sur la durée, et le caractère parfois éphémère des dynamiques territoriales (Fournier et al., 2005).

Suite à la réduction ou à la disparition de la rente d'innovation initiale, de nouveaux processus d'innovation sont cependant à même d'émerger, grâce à la proximité existant entre les acteurs, la confiance établie, les coopérations construites, les institutions en place… (Courlet, 2002). Grâce au(x) premier(s) processus d'innovation, le territoire possède un patrimoine, [...] *constitué par la mémoire de situations de*

**Encadré 6.1. Les huileries de coton au Burkina Faso :
des innovations organisationnelles au service des innovations techniques**

Bobo-Dioulasso, deuxième plus grande ville du Burkina Faso, a connu au cours de la dernière décennie un essor remarquable de petites ou moyennes entreprises spécialisées dans la production d'huile alimentaire et de tourteaux pour l'alimentation animale, à base de coton. Cette grappe d'entreprises est adossée à un substrat industriel plus ancien, constitué d'une unité industrielle d'égrenage du coton (SOFITEX) datant des années 1980 et de deux unités industrielles de trituration de la graine de coton (SN-CITEC et SOFIB) qui pendant longtemps sont restées sans concurrence.

À la fin des années 1990, de premières petites huileries sont créées par des techniciens issus de l'industrie ou d'entreprises de fabrication de pièces détachées pour les huileries industrielles. La fabrication locale de copies des presses importées (chinoises ou indiennes) permet l'émergence de très petites entreprises (TPE), sur des opportunités de marchés de tourteaux pour l'alimentation animale. L'huile est alors revendue aux actrices de l'alimentation de rue et aux savonneries artisanales.

Au début des années 2000, ces très petites entreprises se multiplient. Elles acquièrent des presses importées et accroissent considérablement leurs capacités de production et le nombre de salariés, devenant des petites ou moyennes entreprises. Elles s'orientent alors vers la production d'une huile raffinée de meilleure qualité, conditionnée sous leurs propres marques, et concurrencent les unités industrielles.

Au fur et à mesure du déploiement de ces petites ou moyennes entreprises, une tension de plus en plus forte sur l'approvisionnement en graines de coton auprès de la SOFITEX apparaît. Ces entreprises se constituent alors en groupement professionnel (GTPOB) pour revendiquer un approvisionnement approprié en graines. L'État reconnaît officiellement ce groupement et fixe des quotas de graines pour chaque partie. Cette innovation organisationnelle permet ainsi de sécuriser l'approvisionnement pendant un temps.

La création de ce groupement professionnel, en rapprochant les acteurs du secteur, a en retour des impacts positifs : émergence de nouvelles compétences et capacités en matière de trituration des oléagineux, création d'activités connexes de maintenance d'équipements et de fabrication de pièces de rechange, émergence de capacités locales en matière de fabrication d'équipements et de maintenance…

En 2011, le GTPOB réalise un chiffre d'affaire de plus de 4 milliards de francs CFA (environ 6 millions d'euros) et compte 44 membres. Il fait partie des expériences qui ont amené le Burkina Faso à faire évoluer sa politique industrielle, afin de la faire davantage reposer sur des pôles de compétitivité et des systèmes de production localisés. Depuis ces dernières années, le système de production d'huile de Bobo est cependant confronté à l'arrivée de très nombreux nouveaux acteurs, l'organisation professionnelle n'ayant pas réussi à réguler l'effectif. En 2017, sur la seule ville de Bobo-Dioulasso, on compte ainsi près d'une centaine de petites ou moyennes entreprises. Des tensions réapparaissent sur l'approvisionnement en graines, mais également sur les marchés de l'huile de coton, où la concurrence est de plus en plus dure. Déjà, de nouvelles stratégies se dessinent et certaines huileries se tournent vers une diversification sur le sésame ou le soja.

*coordination antérieures réussies, par la confiance entre les acteurs qui en est le résultat, ainsi que par des ressources cognitives spécifiques virtuellement complémentaires (susceptibles d'être combinées pour résoudre des problèmes productifs à venir)* [...] (Colletis et Pecqueur, 2005). Cela peut alors déboucher sur une nouvelle forme de qualification du produit, voire sur de nouveaux produits et/ou de nouveaux savoir-faire, induisant potentiellement une nouvelle configuration du Syal (nouveaux réseaux, voire nouveaux acteurs, avec le possible retrait de certains acteurs initiaux).

Il existe ainsi des Syal, des systèmes de production localisés ou des clusters *qui gagnent*[3], qui pérennisent une capacité d'innovation et qui sont à même d'innover en permanence pour faire face à de nouvelles concurrences (Courlet, 2002 ; Porter, 1998), tandis que d'autres systèmes disparaissent. Dans ce contexte, des interventions de la part d'organismes d'appui sont-elles possibles pour renforcer la coordination entre les acteurs et leur capacité d'action collective et d'innovation ?

## ▸▸ Quels appuis possibles aux acteurs des systèmes agroalimentaires localisés ?

Il y a potentiellement deux postures possibles par rapport à cette question de l'appui aux dynamiques d'innovation au sein des systèmes agroalimentaires localisés (Syal) :
– on peut tout d'abord considérer que les systèmes d'innovation ne peuvent provenir que de dynamiques endogènes ; en effet, les processus d'innovation reposent essentiellement sur des coordinations entre des acteurs unis par différentes formes de proximité, qui sont le fruit de l'histoire ; il peut alors sembler difficile, voire vain, de tenter de (re)construire cette proximité et ces interactions par une intervention exogène (Martin et Sunley, 2003) ;
– une autre posture, celle de nombreux organismes d'appui, consiste à tenter de (re)construire ou de renforcer les dispositifs permettant l'action collective à un niveau local ; on peut pour cela utilement mobiliser les cadres théoriques d'analyse de l'action collective (Ostrom, 2010) pour appuyer la (re)construction des institutions qui vont renouveler les coordinations entre acteurs et leur permettre d'activer de nouvelles ressources communes (Boucher, 2004).

L'efficacité d'un appui extérieur a été démontrée dans de nombreux cas de districts industriels européens, cet appui ayant permis une relative pérennisation des dynamiques territoriales et de la coopération entre acteurs (Schmitz et Musyck, 1994). Il reste cependant que la possibilité de définir des outils pour le développement sur la base d'outils analytiques comme les clusters a pu faire l'objet de certaines critiques. Comment définir les acteurs faisant partie ou non du système ; quel périmètre spatial, quelles activités retenir ; quels types d'appui mettre en place (Martin et Sunley, 2003) ?

Conscients de ces difficultés, mais également des enjeux, des chercheurs et des praticiens[4] se sont saisis du modèle du Syal pour construire un cadre d'intervention.

---

3. Référence à l'ouvrage *Les régions qui gagnent* (Benko et Lipietz, 1992).
4. Cette communauté s'est structurée à l'échelle de la France (création d'un groupement d'intérêt scientifique, ou GIS, Syal), puis à l'échelle européenne (*European research group*, ou ERG, Syal) et internationale (avec la constitution d'un réseau Sial en Amérique latine).

Ce modèle représente une alternative aux modèles diffusionnistes donnant trop peu de poids aux acteurs économiques dans la production d'innovation. Il met l'accent sur l'existence de stratégies collectives à une échelle territoriale, sur la capacité des acteurs à se fédérer autour de ces stratégies, sur l'intérêt de la coopération entre eux et avec des organismes d'appui et, au final, sur la capacité du Syal à produire des innovations permettant la différenciation de la production locale et la compétitivité de cette dernière sur les marchés nationaux ou internationaux. Ce modèle permet alors d'identifier des leviers d'action permettant de dépasser les situations de blocage de l'action collective et de réorienter les trajectoires de systèmes locaux de production agroalimentaire, en renforçant les dynamiques collectives d'innovation et la qualification locale du produit (Muchnik *et al.,* 2007).

Plusieurs types d'actions sont possibles pour renforcer les Syal ; elles incluent des appuis techniques, organisationnels ou institutionnels visant le renforcement des capacités des acteurs et des coordinations entre acteurs.

Les opérations de transfert de technologies, qui sont souvent tentées par des organismes d'appui pour renforcer l'innovation, ne produisent pas toujours les effets escomptés (i.e. l'adoption de la technique proposée aux acteurs locaux), mais la confrontation des savoirs locaux à d'autres types de connaissances peut susciter des innovations sur la base d'adaptations locales de ces techniques exogènes. Une telle adaptation a pu être mise en évidence dans le bassin laitier de Gloria au Brésil. Les opérations de formation aux bonnes pratiques des producteurs artisanaux de fromage, qui constituaient l'essentiel du dispositif extérieur d'intervention, n'ont pas directement été suivies d'effets, mais les échanges informels ultérieurs entre ces fromagers se sont nourris des acquis de ces formations, qui ont ainsi permis de renforcer la dynamique d'innovation concernant les procédés de transformation (Cerdan et Sautier, 2002). Cette confrontation entre savoirs locaux et savoirs extérieurs peut alors être suscitée tout aussi efficacement par d'autres moyens que des formations classiques, tels que des voyages d'étude, des échanges de savoir-faire…

Les appuis centrés sur les technologies ne sont cependant pas suffisants. Il faut aussi (ré)instaurer une coordination et une capacité d'action collective entre les acteurs, favoriser le (re)déploiement du dispositif organisationnel et institutionnel local. Différentes voies sont alors possibles.

Un premier type d'action est la construction d'organisations de producteurs, qui peut naturellement permettre de renforcer cette coordination et de faire face à de nouvelles contraintes, comme on le voit dans l'exemple de la production d'huile de coton à Bobo-Dioulasso (encadré 6.1). Cet exemple souligne également le fait que la légitimation de ces organisations par des acteurs extérieurs est un facteur important de leur renforcement (Ostrom, 2010). Cependant, les organisations de producteurs ne permettent pas toujours de résoudre les problèmes qui se posent quant à l'action collective, notamment quand leur construction est trop induite par des organismes de développement, ou encore, comme on le voit dans ce même exemple de Bobo-Dioulasso, quand la croissance des effectifs remet en question leur capacité de coordination.

Un second type d'action consiste à renforcer la coordination entre acteurs par un ancrage territorial plus marqué, des organismes publics et privés pouvant alors intervenir en appui à ces dynamiques territoriales plus englobantes que le Syal. Dans de nombreux exemples, cette inscription du Syal dans une stratégie plus large de développement du territoire a été un élément important pour sa (re)dynamisation. Dans le cas des fromageries rurales de Cajamarca au Pérou (Boucher, 2004), l'ancrage territorial du Syal a été renforcé par la création d'une organisation réunissant les producteurs de fromages et d'autres acteurs du territoire (autres entreprises agroalimentaires et de service, organisations non gouvernementales, collectivités locales et représentants des institutions publiques…). D'un point de vue économique, cet ancrage a offert aux producteurs de nouvelles possibilités de valorisation de leurs produits, en les intégrant dans un panier de biens et de services (fromage, miel, biscuits, jambon, chocolat artisanal, agro-tourisme…) promu collectivement (communication sur ces richesses du territoire, route gastronomique…).

Cette coordination territoriale des différentes filières d'un territoire (par la constitution d'un panier de biens et de services territorialisés) ne passe pas nécessairement par la formalisation d'une nouvelle organisation, mais requiert bien l'implication d'acteurs publics et privés (Hirczak *et al.*, 2008) et une inscription dans la durée, pour produire des résultats.

Enfin, un troisième type d'action est le recours aux indications géographiques (IG), qui sont fréquemment présentées par leurs promoteurs comme un outil de développement territorial. Il apparaît clairement, d'un point de vue théorique, qu'elles sont à même de renforcer les Syal et d'influer fortement sur leur cycle de vie. Les indications géographiques limitent l'expansion spatiale des Syal et renforcent la capacité d'action collective de leurs acteurs, à la fois grâce à la création d'organisations formelles (de gestion de l'indication géographique), au renforcement de la convergence des stratégies individuelles qu'induit le cahier des charges des indications géographiques, et à la diminution de la concurrence entre les acteurs, du fait de l'ouverture de nouveaux marchés que l'indication géographique doit susciter (Fournier, 2008). L'exemple de la production de café à Kintamani (encadré 6.2) illustre ce renforcement d'un Syal et la pérennisation d'un processus d'innovation grâce à une indication géographique.

L'ambivalence du rôle des indications géographiques dans les processus d'innovation doit cependant également être soulignée : si elles peuvent, sous certaines conditions, renforcer la coordination entre acteurs, elles peuvent aussi réduire les possibilités d'innovation en elles-mêmes. La codification des pratiques techniques au sein du cahier des charges contraint leur évolution. Certaines indications géographiques pourraient ainsi créer des *museums of production* au sein desquels l'innovation est problématique (Bowen et De Master, 2011). De plus, il n'est pas toujours acquis que les indications géographiques soient à même de renforcer le processus de développement territorial, car leur finalité peut être autre. Certaines indications géographiques, dans des pays où la possibilité de leur l'enregistrement n'a été que récemment instaurée, ont en effet pu être mises à l'unique service de la croissance de la filière, éventuellement sur la base d'un cahier des charges modernisateur ne prenant pas en compte les spécificités territoriales, et ont pu rester indépendantes de la trajectoire du territoire (Durand et Fournier, 2017).

---

**Encadré 6.2. La production de café de Kintamani à Bali : quand une indication géographique maintient une dynamique d'innovation**

La production de café de l'île de Bali (Indonésie), pratiquée depuis le XIXe siècle, était, jusqu'aux années 1990, transformée par chaque producteur par un simple séchage, débouchant sur un café de qualité ordinaire. La transformation par voie humide (incluant une fermentation et permettant d'obtenir un café au profil aromatique plus complexe) est alors introduite dans la région de Kintamani, zone montagneuse du Nord-Est de l'île. Cette étape se fait d'abord au sein d'une société privée s'approvisionnant en cerises de café auprès des petits planteurs ; à partir des années 2000, elle est réalisée directement par les petits planteurs, grâce à un programme d'appui du gouvernement balinais qui offre le matériel de transformation et une formation aux organisations de producteurs.

La construction de cette nouvelle filière de qualité, qui va petit à petit représenter 20 % de la production locale d'arabica, est une innovation « de rupture », pour la zone. Outre l'appropriation de la technique, la filière demande la mise en place de nouvelles organisations et vise nécessairement de nouveaux marchés. Son essor s'est fait grâce à la mise en place d'un système local d'innovation réunissant les planteurs et leurs organisations, des chercheurs, des agents de développement et des acheteurs (certains d'entre eux ayant fourni du matériel et de l'expertise aux organisations de producteurs).

Le maintien de ces interactions, notamment entre les organisations de planteurs, s'avère nécessaire, à la fois pour la maîtrise de la technique de transformation et pour l'identification de marchés pertinents. Les coopérations existantes sont nettement renforcées par la construction de l'indication géographique qui est entamée à partir de 2001, à l'initiative de centres de recherche et du gouvernement provincial. Le dispositif *ad hoc* renforce la cohésion entre les producteurs.

Cependant, la coordination des planteurs est mise à l'épreuve à plusieurs reprises. En 2006 et 2007, une crise de surproduction survient et d'importants stocks d'invendus se créent. Dans un tel contexte, les coopérations entre acteurs régressent fréquemment, mais les planteurs de Kintamani maintiennent leurs réseaux d'échange d'informations (sur les techniques et les marchés) et leurs stratégies collaboratives. L'indication géographique est enregistrée en 2008. Quelques années plus tard, à partir de 2012, dans un nouveau contexte de baisse des prix, cette coopération s'accroit même, puisque les différentes organisations de producteurs créent une coopérative centralisant les ventes de café.

Si la proximité entre les planteurs de café de Kintamani est historiquement forte, notamment du fait des nombreuses occasions de rencontres et d'échanges que suscitent les cérémonies religieuses, l'indication géographique a ainsi joué un rôle important dans le renforcement de cette proximité et de la résilience du Syal, en créant un dispositif organisationnel qui a maintenu les interactions entre acteurs.

---

## ▸▸ Conclusion : un modèle pour penser et agir

Le modèle du Syal (système agroalimentaire localisé) permet de comprendre les processus d'innovation survenant dans la production agroalimentaire artisanale ou semi-industrielle. L'importance fondamentale de la dimension collective et des dispositifs organisationnels ou institutionnels localisés a été éclairée, ainsi que celle des relations avec l'extérieur du système. Un « cycle de vie » a été mis en évidence, montrant que la pérennisation des Syal et des systèmes d'innovation associés n'est aucunement garantie. Les Syal apparaissent fragiles et complexes ; ils ont besoin, pour se maintenir, d'une forte cohésion entre les acteurs, mais celle-ci peut être menacée par le succès et l'attractivité des dynamiques d'innovation et par l'expansion des systèmes de production.

Le modèle du Syal peut ainsi inspirer des programmes de développement. Ceux-ci peuvent viser à un renforcement des dynamiques d'innovation par un appui technique (notamment des échanges de savoirs et de savoir-faire) et/ou un appui organisationnel (mise en place, renforcement ou légitimation des organisations de producteurs ; construction de paniers de biens et de services ; enregistrement d'indications géographiques...). La capacité des organismes de développement à réellement influer sur des dynamiques territoriales par essence endogènes reste limitée, mais il leur est possible, à travers ces différentes actions, de (re)construire un cadre favorable à des actions collectives.

## ▸▸ Références bibliographiques

Asheim B.T., Smith H.L., Oughton C., 2011. Regional innovation systems: theory, empirics and policy. *Regional studies*, 45(7), 875-891.

Becattini G., 1992. Le District Marshallien : une notion socio-économique. *In : Les régions qui gagnent* (Benko G. et Lipietz A., dir.). PUF, Paris, 35-55.

Benko G., Lipietz A. (dir.), 1992. *Les régions qui gagnent*, PUF, Paris.

Boucher F., 2004. Enjeux et difficultés d'une stratégie collective d'activation des concentrations d'agro-industries rurales, le cas des fromageries rurales de Cajamarca au Pérou. Thèse de doctorat, université de Versailles-Saint-Quentin-en-Yvelines, 436 p. + annexes.

Bowen S., De Master K., 2011. New rural livelihoods or museums of production? Quality food initiatives in practice. *Journal of Rural Studies*, 27(1), 73–82.

Cerdan C., Fournier S., 2007. Le système agroalimentaire localisé comme produit de l'activation des ressources territoriales. Enjeux et contraintes du développement local des productions agro-alimentaires artisanales. *In : La ressource territoriale* (Gumuchian H., Pecqueur B., dir.), Economica, Anthropos, Paris, 103-125.

Cerdan C., Sautier D., 2002. Réseau localisé d'entreprises et dynamique territoriale. Le bassin laitier de Gloria (Nordeste Brésil). *In : Systèmes agroalimentaires localisés. Terroirs, savoir-faire, innovations (*Moity Maizi P., De Sainte Marie C., Geslin P., Muchnik J., Sautier D., eds), Études et recherches sur les systèmes agraires et le développement, 32, Inra, Paris, 131-144.

Chabrol D., Muchnik J., 2011. Consumer skills contribute to maintaining and diffusing heritage food products. *Anthropology of food* (on line), 8, <http://journals.openedition.org/aof/6847> (consulté le 13 février 2018).

Chevassus-au-Louis B., Génard M., Glaszmann J.-C., Habib R., Houllier R., Lancelot R., Malézieux É., Muchnik J., 2008. L'intégration, art ou science ? *In : Partenariats, Innovation, Agriculture*, 3 juin 2008, Paris, colloque international Inra-Cirad.

Colletis G., Pecqueur B., 2005. Révélation de ressources spécifiques et coordination située. *Revue économie et institution*, 6-7, 51-74.

Courlet C., 2002. Les systèmes productifs localisés. Un bilan de la littérature. *In : Le local à l'épreuve de l'économie spatiale. Agricultures, environnement, espaces ruraux* (Torre A., dir.), Études et recherches sur les systèmes agraires et le développement, 33, Inra, Paris, 27-40.

Durand C., Fournier S., 2017. Can Geographical Indications Modernize Indonesian and Vietnamese Agriculture? Analyzing the Role of National and Local Governments and Producers' Strategies. *World Development*, 98, 93-104.

Fournier S., 2002. Dynamiques de réseaux, processus d'innovation et construction de territoires dans la production agroalimentaire artisanale. Études de cas autour de la transformation du gari de manioc et de l'huile de palme au Bénin. Thèse de doctorat, université de Versailles / St-Quentin-en-Yvelines, 325 p. + annexes.

Fournier S., 2008. Les indications géographiques : une voie de pérennisation des processus d'action collective au sein des Systèmes agroalimentaires localisés ?, *Cahiers Agricultures,* 17(6), 547-551.

Fournier S., Muchnik J., 2012. El enfoque «SIAL» (Sistemas Agroalimentarios Localizados) y la activación de recursos territoriales. *Agroalimentaria*, 18(34), 133-144.

Fournier S., Muchnik J., Requier-Desjardins D., 2005. Proximités et efficacité collective. Le cas des filières gari et huile de palme au Bénin. *In : Proximités et changements socio-économiques dans les mondes ruraux* (Torre A., Filippi M., dir.), Éditions Inra, Paris, 163-180.

Gallaud D., Martin M., Reboud S., Tanguy C., 2012. Proximités organisationnelle et géographique dans les relations de coopération : une application aux secteurs agroalimentaires. *Géographie, économie, société*, 14(3), 261-285.

Geels F. W., 2014. Reconceptualising the co-evolution of firms-in-industries and their environments: Developing an inter-disciplinary Triple Embeddedness Framework. *Research Policy*, 43(2), 261-277.

Geels F.W., 2004. From sectoral systems of innovation to socio-technical systems: Insights about dynamics and change from sociology and institutional theory. *Research policy*, 33(6), 897-920.

Hirczak M., Moalla M., Mollard A., Pecqueur B., Rambonilaza M., Vollet D., 2008. Le modèle du panier de biens. *Économie rurale*, 6, 55-70.

Hounkonnou D., Kossou D., Kuyper T.W., Leeuwis C., Nederlof E.S., Röling N., Sakyi-Dawson O., Traoré M., van Huis A., 2012. An innovation systems approach to institutional change: smallholder development in West Africa. *Agricultural systems*, 108, 74-83.

Martin R., Sunley P., 2003. Deconstructing clusters: chaotic concept or policy panacea. *Journal of Economic Geography,* 3, 5-35

Muchnik J., Requier-Desjardins D., Sautier D., Touzard J.-M. (dir.), 2007. Dossier Systèmes agro-alimentaires localisés. Économie et Sociétés, Série Systèmes alimentaires, AG, 29(9), 1465-1565.

Muchnik J., Sautier D., 1998. Systèmes agroalimentaires localisés et construction des territoires, document de travail, ATP SYAL, Cirad-Tera, Montpellier, 46 p.

Nelson R., Winter S.G., 1982. *An Evolutionary Theory of Economic Change.* Belknap Press, Harvard University Press, Cambridge (Mass.), 454 p.

North D.C., 1994. Economic Performance Through Time. *American Economic Review*, 84(3), 359-368.

Ostrom E., 2010. Beyond markets and States: polycentric governance of complex economic systems. *American Economic Review*, 100(3), 641-72.

Pecqueur B., Zimmermann J.B. (eds), 2004. Économie de proximités. Hermès, Lavoisier, Paris, 264 p.

Porter M., 1998. Clusters and the new Economics of Competition. *Harvard Business Review,* Nov-Dec, 77-90.

Prévost P., Capitaine M., Gautier-Pelissier F., Michelin Y., Jeanneaux P., Fort F., Javelle A., Moity-Maïzi P., Leriche F., Brunschwig G., Fournier S., Lapeyronie P., Josien E., 2014. Le terroir, un concept pour l'action dans le développement des territoires, *VertigO, la revue électronique en sciences de l'environnement* [en ligne], 14(1), <http://journals.openedition.org/vertigo/14807> (consulté le 13 février 2018).

Schmitz H., Musyck B., 1994. Industrial Districts in Europe: Policy Lessons for Developping Countries ? *World Development*, 22(6), 889-910.

Schumpeter J.A., 1935. *La théorie de l'évolution économique. Recherches sur le profit, le crédit, l'inté-rêt et le cycle de la conjoncture*, Dalloz, Paris.

Schut M., Klerkx L., Sartas M., Lamers D., Mc Campbell M., Ogbonna I., Kaushik P., Atta-Krah K., Leeuwis C., 2016. Innovation platforms: experiences with their institutional embedding in agricultural research for development. *Experimental Agriculture*, 52(4), 537-561.

Sol J., Beers P.J., Wals A.E., 2013. Social learning in regional innovation networks: trust, commitment and reframing as emergent properties of interaction. *Journal of Cleaner Production*, 49, 35-43.

Stuck J., Broekel T., Revilla Diez J., 2016. Network Structures in Regional Innovation Systems. *European Planning Studies*, 24(3), 423-442.

Torre A., Tanguy C., 2014. Les systèmes territoriaux d'innovation : fondements et prolongements actuels. *In : Principes d'économie de l'innovation* (Boutillier S., Forest J., Gallaud D., Laperche B., Tanguy C., Temri L., dir.), Peter Lang, collection Business and Innovation, Bruxelles.

Van Rijn F., Bulte E., Adekunle A., 2012. Social capital and agricultural innovation in Sub-Saharan Africa. *Agricultural Systems*, 108, 112-122.

# Chapitre 7

# Les relations entre ville et agriculture au prisme de l'innovation territoriale

CHRISTOPHE-TOUSSAINT SOULARD, COLINE PERRIN,
FRANÇOISE JARRIGE, LUCETTE LAURENS, BRIGITTE NOUGARÈDES,
PASCALE SCHEROMM, EDUARDO CHIA, CAMILLE CLÉMENT,
LAURA MICHEL, NABIL HASNAOUI AMRI,
MARIE-LAURE DUFFAUD-PRÉVOST ET GERARDO UBILLA-BRAVO

**Résumé.** Le concept d'innovation territoriale est mobilisé dans la littérature pour analyser les rapports entre centre et périphérie, la qualité des milieux et la gouvernance territoriale. Nos recherches reprennent ce concept pour saisir les multiples dimensions des relations entre ville et agriculture et pour comprendre ainsi les transformations de l'agriculture dans le contexte de la société urbaine. Nous analysons pour cela les agencements sociaux, spatiaux et organisationnels qui s'opèrent dans les initiatives agri-urbaines locales. À partir d'une chronique de la place prise par l'agriculture dans l'aménagement urbain et dans les politiques locales, l'exemple de Montpellier permet d'illustrer comment ces agencements agri-urbains sont sources d'innovation territoriale. En effet, l'innovation devient territoriale par accumulation de micro-changements, qui finissent par infléchir des fonctionnements établis dans les usages et les normes qui régulent les relations entre ville et agriculture. Ce processus de passage à une plus grande échelle (*scaling up*) ouvre un champ de recherche sur les relations entre innovations territoriales et transitions globales.

L'analyse des relations entre ville et agriculture, ou relations agri-urbaines[1], permet d'accéder aux transformations de l'agriculture dans le contexte de la société urbaine. Après plusieurs décennies de montée en puissance du modèle de développement

---

1. Dans ce texte, nous employons l'adjectif « agri-urbain » pour nommer les relations de proximité entre agriculture et milieu urbain. Il désigne à la fois les agricultures intra-urbaines (que nous qualifions aussi parfois, plus simplement, d'urbaines) et les agricultures périurbaines.

agro-industriel, ces relations se sont distendues. Les villes se sont étalées spatialement en ignorant la question agricole et alimentaire (Steel, 2013). Cette disjonction entre l'urbain et l'agricole est à l'origine d'une série de dysfonctionnements dont la société prend progressivement conscience. À l'échelle mondiale, des prospectives récentes insistent sur les anticipations et les adaptations nécessaires pour rendre le système agroalimentaire plus durable, montrant que ni les scénarios du «tout local» ni ceux du «tout global» ne sont durables. À l'échelle des régions et des États, les principes du développement durable induisent la prise en compte des enjeux d'environnement et de sécurité alimentaire dans les politiques publiques. À l'échelle locale, une multiplicité d'initiatives et de mouvements militent pour une relocalisation de l'agriculture et de l'alimentation, notamment dans et autour des villes. Dans ce contexte d'une *nouvelle équation alimentaire* (Morgan et Sonnino, 2010), comment identifier les modes d'organisation de l'agriculture et de l'alimentation dans les territoires urbanisés?

Les relations entre la ville et l'agriculture comprennent plusieurs dimensions : les questions agricole et alimentaire, la planification urbaine, la santé publique, ou encore la protection de l'environnement. Ces relations concernent des acteurs qui opèrent suivant différentes temporalités, logiques ou valeurs, et à différentes échelles. L'approche par l'innovation territoriale vise à appréhender cette complexité. En effet, le concept d'innovation porte sur les dynamiques nouvelles qui affectent les relations entre ville et agriculture. Ces nouveaux agencements agri-urbains peuvent être à l'origine d'innovations qui, par accumulation, finissent par infléchir des fonctionnements établis dans les usages et les normes qui régulent les relations entre ville et agriculture au sein d'un territoire. C'est ce processus d'inflexion des fonctionnements établis que nous qualifions d'innovation territoriale.

En quoi le concept d'innovation territoriale aide-t-il à comprendre les relations entre ville et agriculture ? Que nous apprend-il sur les acteurs, les territoires et les dynamiques à l'œuvre ? Moyennant quelle méthode peut-on identifier et décrire ces processus d'innovation ? Ce chapitre éclaire ces questions. La première partie justifie l'intérêt d'étudier les relations entre ville et agriculture sous l'angle des innovations qui relient l'urbain et l'agricole. Notre point de vue sur le concept d'innovation territoriale est défini au regard de la littérature existante. La seconde partie illustre comment ville et agriculture s'articulent, à partir d'une étude de cas, celui de Montpellier. La conclusion dresse une perspective de recherche pour des travaux futurs.


## ▸▸ L'innovation territoriale : cadre conceptuel et méthodologique

Le concept d'innovation territoriale permet de questionner la relation entre innovation et territoire. Il existe deux écoles de pensée. La première se focalise sur les territoires innovants et la seconde sur la territorialisation des innovations. C'est plutôt dans le deuxième courant que nous nous inscrivons, considérant le territoire comme un espace socialement approprié, objet d'enjeux politiques et sociaux.

## Les recherches sur les relations entre ville et agriculture au regard de l'innovation territoriale

La littérature sur les relations entre ville et agriculture couvre quatre principaux champs d'étude : les agricultures urbaine et périurbaine, le foncier agricole et la planification urbaine, l'alimentation des villes, et les politiques urbaines.

Les travaux sur les agricultures urbaine et périurbaine décrivent les formes d'agriculture présentes dans les villes et dans leurs périphéries. S'ils soulignent tous les difficultés de définition de ces deux termes (Nahmias et Le Caro, 2012), la majorité d'entre eux portent sur l'agriculture intra-urbaine (principalement sur les jardins et le maraîchage urbains), souvent vue comme une composante positive de la durabilité urbaine. Ils recensent ces agricultures intra-urbaines ainsi que les acteurs qui les portent et ils évaluent les modèles technico-économiques dont elles relèvent. La dimension innovante de ces agricultures intra-urbaines repose sur leur nouveauté, ou leur redécouverte, aux plans technique, organisationnel et social. Elles diffèrent des agricultures périurbaines. Les dynamiques de ces dernières sont principalement liées au secteur agroalimentaire, mais elles sont également influencées par l'expansion urbaine, ses dynamiques foncières, et par les opportunités commerciales qu'elles créent en matière de circuits courts alimentaires et de services de proximité. Si la question de l'innovation est une constante des travaux sur l'intra-urbain, elle est plus discrète en périurbain, car les transformations qui y sont à l'œuvre, dans les pratiques, les profils des acteurs et les métiers de l'agriculture (Poulot, 2010), sont moins radicales. Souvent, il s'agit plus d'adaptations incrémentales que de ruptures dans les modes de production.

Les travaux sur le foncier agricole et la planification urbaine portent sur la préservation des espaces agricoles périurbains dans le contexte de la valorisation de leur multifonctionnalité. Des chercheurs évaluent et comparent les outils d'aménagement, et analysent les conflits d'usages dans les espaces agricoles périurbains (Chia, 2013). Ils analysent les expérimentations d'insertion du bâti agricole dans la planification urbaine (Nougarèdes *et al.*, 2017). Le statut de ces espaces est flou, entre espace public et espace privé, entre usages individuels et biens communs (Clément et Soulard, 2016). L'innovation territoriale relève alors d'une confrontation entre de nouveaux partis d'aménagement et les dynamiques sociales locales.

La thématique de l'alimentation des villes est également en plein essor (Viljoen et Wiskerke, 2012). Des recherches élaborent des schémas d'aménagement urbains qui intègrent agriculture, nature et alimentation. L'innovation est aussi bien architecturale et paysagère, qu'économique et sociale (voir le chapitre 5). D'autres recherches soulignent le rôle des mouvements citoyens dans l'émergence des préoccupations alimentaires locales, en particulier dans l'objectif de faire progresser la justice sociale (Reynolds et Cohen, 2016). Elles repèrent les pratiques et les chemins d'innovation qui peuvent enclencher une transition vers des stratégies alimentaires durables.

Les travaux sur l'agriculture et l'alimentation dans les politiques urbaines mobilisent des concepts intégrateurs comme celui de système agri-urbain ou celui de système alimentaire urbain ou de *urban food planning* (Steel 2013 ; Morgan 2009 ; Viljoen et Wiskerke 2012). La transversalité et la territorialité sont en effet des caractéristiques intrinsèques de la gouvernance de l'agriculture et de l'alimentation vues comme objets de l'action publique. L'innovation territoriale réside dans la construction de nouveaux agencements politiques locaux, de nouveaux modes de gouvernance territoriale (Rey-Valette *et al.*, 2014).

Ainsi, les relations entre ville et agriculture renouvellent l'interface entre l'urbain et le rural, l'agriculture et l'alimentation, la mise en œuvre de la planification urbaine et les stratégies de développement territorial.

## L'innovation territoriale : une combinaison d'agencements sociaux, spatiaux et organisationnels

Trois principaux courants analysent les relations entre innovations, espaces et territoires.

Le premier se focalise sur les rapports entre le centre et la périphérie dans l'innovation. Par exemple, le courant de la nouvelle économie géographique (Krugman et Obstfeld, 2006), issu de l'économie spatiale, s'appuie sur les économies d'agglomération pour expliquer la polarisation des lieux d'innovation. Selon cette théorie, la densité et la diversité des agents économiques à l'échelle locale procurent des bénéfices externes aux entreprises. C'est pourquoi les villes mettent en place des politiques locales destinées à créer des «écosystèmes» d'innovations. En contrepoint à ces travaux, Giraut (2009) a mené une réflexion sur les dynamiques propres aux espaces ruraux, situés donc en marge de ces pôles d'agglomération. Selon lui, les marges offriraient des espaces de liberté par rapport aux normes dominantes. Certains agencements entre acteurs et ressources y seraient propices à une inventivité organisationnelle et institutionnelle. Par exemple, pour s'adapter à la concurrence foncière périurbaine, des agriculteurs innovent en instaurant des systèmes agricoles adaptés à la précarité foncière (Soulard, 2014). Cette lecture est très intéressante pour l'étude du périurbain, lieu intermédiaire entre ville et campagne, tiers-espace où se construisent des territorialités nouvelles, ni urbaines ni rurales (Vanier, 2002). L'innovation territoriale naît ici de la rencontre entre des mondes différents, le monde agricole et le monde urbain notamment. Elle repose sur des agencements socio-spatiaux qui créent des territorialités nouvelles (Giraut, 2009).

Le second courant, issu de travaux en sciences régionales et en géographie économique, insiste davantage sur les ressources d'un territoire, naturelles et humaines, et sur les effets de la proximité entre acteurs. Les recherches portent sur différents modèles d'innovation territoriale (Moulaert et Sekia, 2003), tels que les districts industriels, les systèmes productifs locaux, les milieux innovateurs, les systèmes agro-alimentaires localisés... (voir le chapitre 6). Ces travaux ont en commun de considérer le territoire comme un lieu-ressource, qui offre une proximité géographique et des capacités d'organisation propres à renforcer l'ancrage territorial des entreprises ou des produits. L'innovation est territoriale par les liens tissés entre les acteurs pour activer, mobiliser, valoriser des ressources multiples, et produire ainsi des *systèmes territoriaux d'innovations* (Torre et Tanguy, 2014). Elle est vue comme le moteur du développement territorial, dans lequel les conflits peuvent déboucher sur de nouvelles formes de coopération (Torre, 2015). Transposée aux relations entre ville et agriculture, l'innovation combine des ressources et des acteurs qui hybrident l'agricole et l'urbain.

Enfin, le troisième courant s'intéresse aux innovations institutionnelles et politiques engendrées par l'administration du territoire. Par exemple, la décentralisation produit de nouveaux territoires administratifs. Ces découpages modifient les modes de gouvernance, les acteurs devant coordonner des niveaux d'intervention de plus en plus imbriqués. Parallèlement, de nouvelles formes de participation du public à la décision politique sont promues (Douillet *et al.*, 2012). L'innovation territoriale réside alors dans la construction de nouveaux espaces politiques, notamment à des échelles territoriales émergentes (Communautés de communes, Agglomérations, Métropoles), et dans les modes de gouvernance et l'ingénierie de projets qu'impulsent les collectivités locales. L'administration de l'alimentation et de l'agriculture donne lieu à l'invention de nouveaux instruments d'action publique.

Ces approches nous montrent que l'innovation territoriale constitue un processus de changement qui repose sur trois moteurs principaux, à savoir les apports spatiaux et politiques, l'activation des ressources et les configurations d'acteurs.

## Lieux-moments des innovations et espaces-temps des territoires

Les relations entre ville et agriculture s'inscrivent dans une dynamique d'évolution continue. Les aborder à partir de l'innovation territoriale place le focus sur des lieux et des moments particuliers, stratégiques pour les acteurs. Ces situations sont nommées par Fontan (2008) des « lieux-moments ». Elles invitent à une lecture spatiale et temporelle du processus d'innovation.

Du point de vue spatial, il s'agit de repérer les lieux où surgissent des nouveautés et les échelles de leur déploiement. Les innovations naissent d'initiatives nouvelles qui peuvent poindre dans un lieu spécifique, tout comme elles peuvent être impulsées par un acteur intervenant à une échelle englobante et trouver des traductions locales multiples. La dimension territoriale de l'innovation peut être saisie par ces rapports entre niveaux locaux et niveaux englobants, entre logique ascendante et logique descendante. Nos analyses comparées entre pays soulignent la nécessité de considérer aussi bien les grandes échelles (nationales ou supranationales) que les petites (commune et quartier, exploitation agricole et finage) pour repérer et analyser ces innovations territoriales (Banzo *et al.*, 2016). Dans chaque cas, les territoires d'action sont différents : aires métropolitaines, communes, intercommunalités, zonages d'aménagement, bassins de production agricole, territoires de projets... Décrire le processus d'innovation supposera de qualifier les différents espaces d'actions qu'agencent les relations entre ville et agriculture, depuis les vastes aires métropolitaines jusqu'aux interstices agricoles maillés dans l'urbain (Laurens, 2015 ; Perrin et Soulard, 2014).

Du point de vue temporel, étudier l'innovation consiste à s'intéresser à des moments particuliers : à celui où une nouveauté émerge, souvent à l'initiative d'un acteur ou d'un petit groupe, mais aussi à ceux où le processus s'arrête, se transforme ou se déploie. Ces nouveautés peuvent s'éteindre ou se transformer, générer des conflits ou impulser des coopérations (Torre, 2015). Cependant, le temps de la nouveauté n'est pas le même que celui des territoires. La nouveauté surgit sur un temps court alors que les territoires se transforment sur un temps long. Ils conservent l'empreinte des héritages du passé. Caractériser l'innovation territoriale suppose ainsi d'être attentif aux héritages et aux inerties (notion de dépendance au sentier) ainsi qu'aux configurations actuelles et aux événements qui impulsent ou bloquent la mise en mouvement (notion de fenêtre d'opportunité). Décrire l'innovation territoriale consiste alors à articuler le temps court des nouveautés avec le temps long des territoires. Identifier les moments clés des nouveautés pour les resituer dans le temps des territoires est nécessaire pour analyser les situations d'innovation. Très concrètement, une situation d'innovation se caractérisera par une combinaison d'initiatives agri-urbaines qui interagissent dans un territoire. Étudier le processus d'innovation territoriale consistera à reconstituer cette situation depuis son origine jusqu'à ses différents déploiements dans l'espace et dans le temps. La méthode choisie pour effectuer ces suivis longitudinaux de situations d'innovation consiste à narrer l'histoire de chaque situation, ses recompositions et ses effets à différentes échelles, en s'aidant d'un outil de description nommé «chronique de dispositif» (Paoli et Soulard, 2003).

## ▸▸ Des initiatives agri-urbaines à l'innovation territoriale : le cas de Montpellier

Montpellier est une ville de 270 000 habitants qui connaît une forte croissance. Son aire urbaine s'étend sur plus de 100 communes accueillant 550 000 habitants. Les relations entre ville et agriculture se sont transformées au cours du temps. Perrin *et al.* (2013) distinguent trois périodes. Jusqu'aux années 1960, Montpellier fut une *ville viticole*, vivant de la rente du vignoble et du négoce des vins et spiritueux. Ce lien organique entre ville et agriculture s'est ensuite distendu. Des années 1960 à 1990, Montpellier a connu un essor de l'économie tertiaire et a *tourné le dos* à son agriculture. La viticulture a subi plusieurs crises du marché des vins, qui ont accéléré son recul au profit de l'urbanisation. Depuis les années 2000, plusieurs évolutions, locales ou globales, ont contribué à une reconnexion entre ville et agriculture.

Les recherches conduites à Montpellier permettent d'illustrer comment des initiatives agri-urbaines s'élaborent et se déploient au sein d'une aire métropolitaine Elles illustrent deux phases d'évolution des relations entre ville et agriculture : une première, où l'innovation territoriale naît d'une nouvelle conception d'aménagement, en rupture avec la précédente ; une seconde, où elle s'incarne dans une politique locale intégratrice et inédite.

### Innover en aménageant le territoire : l'agriculture dans la planification urbaine

Un premier fait marquant a pour origine l'intégration de l'agriculture dans la planification urbaine. À Montpellier, la création, en 2001, de la Communauté d'agglomération, regroupant à l'origine 38 communes de l'aire urbaine, donne lieu à la réalisation du premier schéma de cohérence territoriale (SCoT) français. Ce plan fixe les orientations d'aménagement pour les dix ans à venir. À Montpellier comme ailleurs en France, l'élaboration des SCoT est un fait nouveau. Il traduit à la fois la volonté décentralisatrice de l'État de transférer aux exécutifs locaux les prérogatives de l'aménagement du territoire, et une injonction à ces mêmes exécutifs de pratiquer la planification intercommunale, créant un contexte favorable à l'innovation locale.

L'expérience montpelliéraine est à l'origine d'un nouveau concept en matière d'urbanisme, à savoir l'inversion du regard. Les urbanistes en charge du SCoT ont construit le projet d'aménagement non plus à partir des infrastructures urbaines, mais en s'appuyant sur la trame des espaces naturels et des espaces agricoles élaborée à partir d'une cartographie réalisée par des chercheurs (Jarrige *et al.*, 2006). La valeur nouvelle donnée aux espaces ouverts, préalablement perçus comme des vides par les urbanistes, permet cette inversion du regard, qui met les espaces naturels et agricoles au cœur du projet de territoire urbain. Cette innovation s'est diffusée à de nombreux SCoT à l'échelle nationale. Toutefois, si cette nouvelle approche a permis à l'agglomération montpelliéraine de délimiter les extensions urbaines et de protéger des espaces agricoles, elle n'a pas permis d'enrayer le déclin de l'agriculture, ni de répondre aux attentes urbaines en matière de paysage et d'alimentation locale, adressées à l'agriculture périurbaine.

Parallèlement, la région de Montpellier, confrontée au mitage des espaces agricoles, est soumise à une application stricte de la nouvelle législation nationale renforçant la protection de ces espaces par la réduction des droits à construire dérogatoires accordés aux agriculteurs. Cela engendre des conflits entre la profession agricole et l'État, et conduit à créer une instance départementale de négociation, le groupe de travail Urbanisme et agriculture. Cette initiative inédite servira de modèle pour généraliser ces groupes de travail au plan national en 2008 (circulaire DGFAR/SDER/C2008-5006, dite «circulaire Barnier»). À l'échelle locale, le groupe de travail Urbanisme et agriculture crée un nouveau concept, celui du *hameau agricole*, qui consiste à regrouper les constructions agricoles au sein de lotissements en continuité du village et à réduire ainsi la constructibilité des zones agricoles des plans locaux d'urbanisme. Cette option fut inscrite dans le SCoT de Montpellier (approuvé en 2006) et une dizaine de hameaux agricoles virent le jour en dix ans dans l'Hérault. Le modèle du lotissement agricole peine cependant à se diffuser car sa mise en œuvre est complexe. D'autres formes de regroupement sont alors imaginées par les élus locaux en vue de gérer la coexistence entre activités résidentielles et actvités agricoles (Nougarèdes *et al.*, 2017).

Au-delà de la volonté de protéger les terres agricoles, le SCoT de Montpellier définissait un autre outil d'aménagement destiné à soutenir un développement agricole en phase avec la demande urbaine. Il s'agit de *l'agriparc*, associant plusieurs fonctions : production agricole, alimentation de la ville, préservation de paysages non bâtis, loisir et éducation à l'environnement pour les urbains. L'achat d'un domaine de 190 ha par la Communauté d'agglomération en 2010 a permis de créer un premier agriparc et d'attribuer des lots fonciers à une vingtaine d'agriculteurs. Cependant, la plupart des bénéficiaires pratiquent une agriculture conventionnelle, sans contributions nouvelles à la multifonctionnalité souhaitée pour cet espace. Seuls un maraîcher et les adhérents d'une pépinière coopérative en production biologique pratiquent la vente directe. Cette situation est le résultat de la négociation entre la collectivité et les acteurs agricoles. Elle révèle le pouvoir local des acteurs de la viticulture et des grandes cultures, tournés vers l'exportation, alors que l'agriculture tournée vers la ville et les circuits courts reste minoritaire (Jarrige et Perrin, 2017).

Ces expériences locales livrent plusieurs caractéristiques de l'innovation territoriale. L'inversion du regard proposée dans le SCoT fait figure de *mythe organisateur* (Vitry et Chia, 2016), qui réussit à faire croire qu'un territoire urbain est régi par sa trame verte. Si cela ne recouvre pas la réalité, cette nouveauté a sa force propre ; elle se diffuse à l'échelle nationale et impulse d'autres initiatives locales. On retrouve ici les rapports entre centre et périphérie dans le processus d'innovation, entre échelle locale et échelle nationale, et entre centre urbain et périphérie rurale. Au niveau local, les résultats obtenus avec les hameaux agricoles et l'agriparc illustrent les écarts qu'il peut y avoir entre les concepts initiaux et la réalité des actions, résultant des négociations entre parties prenantes. Les jeux d'acteurs entraînent des adaptations locales du concept qui révèlent le poids des acteurs dominants. Ces agencements locaux originaux produisent des résultats inégaux, les ressources publiques pouvant être captées par une minorité d'agriculteurs détenant un pouvoir foncier et appartenant à la filière viticole. L'innovation territoriale ne réussit pas toujours à redistribuer les ressources ou à susciter un développement agricole en phase avec les demandes urbaines. Ces exemples montrent que cette phase de l'innovation territoriale agri-urbaine se limite à une dimension institutionnelle des relations entre ville et agriculture, c'est-à-dire, ici, à l'aménagement du territoire.

## Innover par le développement territorial : la mise en politique de la question agricole et alimentaire

Une nouvelle équipe politique est élue en 2014 à la tête de la Communauté d'agglomération de Montpellier, structure intercommunale devenant Montpellier Méditerranée Métropole en 2015. Parmi les nouveaux axes stratégiques fixés par les élus, une politique agro-écologique et alimentaire conçue avec l'appui de la recherche. Cette politique mobilise les services de l'économie, de l'aménagement, du foncier, de l'eau, des transports, des déchets, de la cohésion sociale, de la politique de la ville et de la communication. Cette transversalité sera aussi un élément de sa fragilité puisque, sans service administratif attitré, la politique agro-écologique et alimentaire reste soumise au bon vouloir des élus. Cette mise en politique locale des questions agricoles et alimentaires fait-elle pour autant innovation territoriale ?

La mise en place de la politique agro-écologique et alimentaire peut être qualifiée d'innovation territoriale au plan organisationnel, car elle impulse des agencements nouveaux entre les différents services de l'établissement intercommunal et entre les différentes communes du territoire de la Métropole. Assiste-t-on pour autant à de nouvelles dynamiques de développement sur le terrain ? Deux actions nouvelles de la Métropole illustrent ce propos.

Une première action porte sur la mobilisation de foncier public afin d'installer des agriculteurs en circuit court. S'inscrivant dans le prolongement de l'expérience de l'agriparc, l'approche est cependant différente. Ici, le foncier est mobilisé en vue d'installer des *petites fermes nourricières*, définies par la Métropole comme des exploitations de petite taille conduites suivant les principes de l'agro-écologie. Les collectivités s'investissent dans le recrutement des porteurs de projets. En 2017, deux installations agricoles sont réalisées et la Métropole vient en appui à d'autres installations à l'initiative des communes ou d'organismes gestionnaires locaux. Le processus est lent, il ne concerne pas beaucoup de surfaces (moins de dix hectares), mais il impulse une recomposition de l'agriculture de la Métropole.

Une seconde action porte sur la participation citoyenne à la politique agro-écologique et alimentaire. Suite à un inventaire des initiatives agricoles et alimentaires dans la Métropole (plus de 400 identifiées, avec l'appui de la recherche), une plateforme collaborative fut envisagée pour échanger des informations et des expériences et pour mobiliser et fédérer les acteurs du secteur associatif autour de la politique agro-écologique et alimentaire. Les relations, parfois tendues, entre la Métropole, les communes et les milieux associatifs ont cependant conduit à retarder le projet de plateforme. Des groupes de travail multi-partenaires sont alors mis en place pour débattre d'une stratégie commune sur l'agro-écologie. Après une année d'échanges, l'agro-écologie a été retenue comme thème mobilisateur, avec, comme action phare, un mois de l'agro-écologie durant lequel des événements multiples sont organisés à l'initiative de la Métropole, de ses communes et d'associations (l'une d'entre elles est financée l'année suivante pour coordonner l'événement).

Les relations entre ville et agriculture à Montpellier connaissent ainsi une nouvelle étape. L'innovation territoriale est ici politique (élaboration d'une politique territoriale), mais aussi institutionnelle (nouvelles compétences internes et recours à de nouveaux experts externes), expérimentale (nouveaux réseaux de savoirs) et sociale (mobilisation citoyenne).

Ces nouveautés sont cependant récentes. Les recompositions à l'œuvre sont réversibles et leur ampleur, incertaine. Cette situation d'ouverture et d'incertitude suppose en effet de nouvelles coopérations et des partenariats entre acteurs publics et société civile, pour la mise en œuvre d'une politique participative et son institutionnalisation dans la durée. Dans ce but, les acteurs engagés dans ces situations devront mettre en place de nouveaux apprentissages de gouvernance territoriale, c'est-à-dire [...] *des processus qui permettent aux acteurs du territoire de produire une vision partagée, de développer une stratégie et de légitimer l'action collective* [...] (Vitry et Chia, 2016). À Montpellier, cette gouvernance est émergente. Par rapport à la phase précédente, l'innovation territoriale se complexifie, mobilisant un réseau d'acteurs élargi, au-delà du face-à-face traditionnel entre l'État et la profession viticole. De nouveaux élus, de nouveaux acteurs associatifs et de nouveaux opérateurs privés, porteurs d'un autre modèle de développement agricole, entrent en scène. L'innovation se territorialise par la formation d'une gouvernance qui tente de construire un système agricole et alimentaire propre à la Métropole. Toutefois, ces dynamiques agri-urbaines, bien que rendues très visibles par la communication politique locale, restent marginales (y compris en matière de moyens mobilisés) au sein des axes structurants du développement urbain et des principales filières agroalimentaires locales. Ce mouvement va-t-il rester marginal et s'épuiser ? Va-t-il au contraire impulser une transition vers un système agri-urbain durable ?

## ▸▸ Conclusion : les dynamiques de l'innovation territoriale

L'exemple de Montpellier montre que l'innovation territoriale procède de la rencontre entre une multiplicité d'initiatives agri-urbaines et d'un processus plus large de mise à l'agenda de l'agriculture et de l'alimentation dans les politiques urbaines (Michel et Soulard, 2017).

L'innovation territoriale s'inscrit dans une temporalité à la fois longue et saccadée. Les lenteurs et les difficultés observées illustrent des résistances, tant du côté de la ville que du système agraire, représentant le temps long des territoires et les effets de dépendance au sentier. Mais les initiatives et les changements de contexte témoignent d'une reconfiguration effective des relations entre des acteurs qui, il y a seulement quinze ans, ne se connaissaient que très peu. Les relations entre ville et agriculture, et les innovations qu'elles engendrent, révèlent aussi l'importance des effets de domination et d'exclusion des acteurs concernés et des enjeux d'équité sociale dans la gouvernance du foncier agricole. Le risque d'instrumentalisation de l'agriculture dans les projets urbains demeure patent, tandis que le risque d'exclusion des formes agricoles innovantes reste important face aux forces sectorielles agricoles qui sont bien établies. Si l'hypothèse d'un rééquilibrage des relations entre ville et agriculture est constitutive de l'innovation territoriale, un tel pari ne peut cependant être atteint sans que ne soient évalués ses enjeux de justice, sociale, environnementale et alimentaire (Tornaghi, 2017).

L'innovation territoriale se présente ainsi comme un cheminement semé d'aléas, d'avancées et de reculs. Une question reste ouverte : quelles innovations agri-urbaines réussissent, au sens d'être en mesure d'impacter la durabilité du système agri-urbain ? Ce processus de changement d'échelle de l'innovation, c'est-à-dire les mécanismes d'appropriation des nouveautés acquises par des acteurs aptes à les transposer et à les légitimer à des échelons supérieurs, ouvre un champ de recherche sur les relations entre l'innovation territoriale et la transition globale. Identifier, analyser et expérimenter des mécanismes de déploiement, de transposition et d'institutionnalisation des innovations, à différentes échelles, donne le cap d'un agenda de recherches sur les relations entre ville et agriculture.

## ▸▸ Références bibliographiques

Banzo M., Perrin C., Soulard C.-T., Valette E., Mousselin G., 2016. Rôle des acteurs publics dans l'émergence de stratégies agricoles des villes. Exemples en Méditerranée. *Economia e società regionale*, XXXIV(2), 8-30.

Chia E., 2013. Conclusion. Repenser la gestion foncière : la gouvernance foncière au prisme de ses instruments, *In : Terres agricoles périurbaines : une gouvernance foncière en construction* (Bertrand N., dir.), Éditions Quæ, Versailles.

Clément C., Soulard C.-T., 2016. La publicisation des espaces agricoles périurbains dans le Lunellois, Languedoc : un cadre d'analyse en géographie. *Annales de Géographie*, 6(712), 590-614.

Douillet A.-C., Faure A., Halpern C., Leresche J.P., 2012. *L'action publique locale dans tous ses états : différenciation et standardisation*. L'Harmattan, Paris, 353 p.

Fontan J.-M., 2008. Développement territorial et innovation sociale : l'apport polanyien. *Revue Interventions économiques* [En ligne], 38, 2008, mis en ligne le 16 février 2011, <http://interventionseconomiques.revues.org/369> (consulté le 19 février 2018).

Giraut F., 2009. Innovation et territoires. Les effets contradictoires de la marginalité. *Revue de géographie alpine*, 97(1), 6-10.

Jarrige F., Perrin C., 2017. L'agriparc : une innovation pour l'agriculture des territoires urbains ? *Revue d'économie régionale et urbaine*, 3, 537-559.

Jarrige F., Thinon P., Nougaredes B., 2006. La prise en compte de l'agriculture dans les nouveaux projets de territoires urbains. *Revue d'économie régionale et urbaine*, 3, 393-414.

Krugman P.R., Obstfeld M., 2006. *International economics: Trade and policy*, 7th edition, Addison Wesley.

Laurens L., 2015. Agri-interstice urbain ou quand l'agriculture change la réalité des marges urbaines. *Bulletin de la Société géographique de Liège*, 1(64), 5-22.

Michel L., Soulard C.-T., 2017. Comment s'élabore une gouvernance alimentaire urbaine ? Le cas de Montpellier Méditerranée Métropole, *In : Construire des politiques alimentaires urbaines. Concepts et démarches* (Brand C. *et al.*, coord.), Éditions Quæ, Versailles.

Morgan K., 2009. Feeding the City: The Challenge of Urban Food Planning. *International Planning Studies*, 14(4), 341-348.

Morgan K., Sonnino R., 2010. The urban foodscape: world cities and the new food equation. *Cambridge Journal of Regions, Economy and Society*, 3, 209-224.

Moulaert F., Sekia F., 2003. Territorial Innovation Models: A Critical Survey. *Regional Studies,* 37(3), 289-302.

Nahmias P., Le Caro Y., 2012. Pour une définition de l'agriculture urbaine : réciprocité fonctionnelle et diversité des formes spatiales. *Environnement urbain/Urban Environment*, 6, 1-17.

Nougarèdes B., 2011. Quelles solutions spatiales pour intégrer l'agriculture dans la ville durable? Le cas des hameaux agricoles dans l'Hérault. *Norois*, 4, 53-66.

Nougarèdes B., Candau J., Soulard C.-T., 2017. Le rapport au lieu de vie : une lecture de la cohabitation entre agriculteurs et résidents périurbains (Hérault, France), *In : L'espace en partage : approche interdisciplinaire de la dimension spatiale des rapports sociaux* (Bonny Y. *et al.*, dir.). Presses universitaires de Rennes, 75-96.

Paoli J.-C., Soulard C.-T., 2003. Comment écrire la chronique d'un dispositif territorial ? Note méthodologique. Séminaire RIDT, 25 juin 2003, Dijon, Inra-Sad, 12 p.

Perrin C., Jarrige F., Soulard C.-T., 2013. L'espace et le temps des liens ville-agriculture : une présentation systémique du cas de Montpellier et sa région. *Cahiers Agricultures,* 22(6), 552-558.

Perrin C., Soulard C.-T., 2014. Vers une gouvernance alimentaire locale reliant ville et agriculture. Le cas de Perpignan. *Géocarrefour,* 89(1-2), 125-134.

Poulot M., 2010. L'agriculture comme composante de l'identité périurbaine francilienne : entre (re)connaissance et innovation. *Pour,* 2, 73-81.

Reynolds K., Cohen N., 2016. *Beyond the Kale*, University of Georgia Press.

Rey-Valette H., Chia E., Mathé S., Michel L., Nougarèdes B., Soulard C.-T., Maurel P., Jarrige F., Barbe E., Guiheneuf P.-Y., 2014. Comment analyser la gouvernance territoriale ? Mise à l'épreuve d'une grille de lecture. *Géographie, économie, société*, 16(1), 65-89.

Soulard C.-T., 2014. Les agricultures nomades, une caractéristique du périurbain. *Pour,* 224, 151-158.

Steel C., 2013. *Hungry city: How food shapes our lives*, Random House.

Tornaghi C., 2017. Urban Agriculture in the Food-Disabling City: (Re)defining Urban Food Justice, Reimagining a Politics of Empowerment. *Antipode*, 49(3), 781-801.

Torre A., 2015. Théorie du développement territorial. *Géographie, économie, société,* 17(3), 273-288.

Torre A., Tanguy C., 2014. Les systèmes territoriaux d'innovation : fondements et prolongements actuels, *In : Principes d'économie de l'innovation* (Boutillier S., Forest J., Gallaud D., Laperche B., Tanguy C., Temri L., dir.), Peter Lang, collection Business and Innovation, Bruxelles.

Vanier M., 2002. Développement autour des villes. Un tiers espace voué à l'innovation. *Économie & Humanisme*, 362, 53-55.

Viljoen A., Wiskerke J.S., 2012. *Sustainable food planning: evolving theory and practice*, Wageningen Academic Pub.

Vitry C., Chia E., 2016. Contextualisation d'un instrument et apprentissages pour l'action collective. *Revue Management et Avenir*, 83(1), 121-141.

# Partie 3

# Accompagnement des acteurs de l'innovation

# Chapitre 8

# Penser et organiser l'accompagnement de l'innovation collective dans l'agriculture

Aurélie Toillier, Guy Faure et Eduardo Chia

**Résumé**. Ce chapitre rend compte des différentes fonctions des dispositifs d'appui à l'innovation existants aujourd'hui dans les secteurs de l'agriculture et de l'agroalimentaire au Sud, afin d'identifier les contributions possibles de la recherche à leur renforcement. Les auteurs montrent qu'une diversité de dispositifs est nécessaire pour créer des conditions favorables à l'innovation et pour accompagner pas à pas des communautés d'innovation, en fonction de leurs capacités et de leurs besoins d'apprentissage. Les chercheurs sont incités à sortir de leur rôle classique de producteurs de connaissances ou de formateurs, pour s'impliquer davantage aux côtés des acteurs de l'accompagnement. Ils peuvent alors produire des connaissances sur les mécanismes d'innovation et sur les dispositifs d'accompagnement eux-mêmes, permettant d'aider à penser et organiser l'accompagnement de l'innovation dans une diversité de situations de gestion.

Dans le contexte des pays en développement où des changements radicaux sont attendus pour atteindre les objectifs du développement durable, appuyer et accélérer l'innovation collective dans les secteurs de l'agriculture et de l'agroalimentaire est devenu un enjeu central. Cependant, alors que l'innovation en agriculture n'a jamais été autant étudiée et comprise, des difficultés subsistent à mobiliser, sur les plans institutionnels et politiques, des investissements significatifs, publics ou privés, dans des dispositifs d'accompagnement de l'innovation (Hall, 2007). Les initiatives restent disparates, peu coordonnées et peu visibles, et leurs effets sont considérés comme limités (TAP, 2016). Nos recherches visent à caractériser ces dispositifs et les fonctions d'accompagnement qu'ils remplissent, afin d'identifier les contributions possibles de la recherche à leur renforcement.

Innover est, par essence, une activité risquée, qui nécessite que les acteurs s'engagent dans un processus sans savoir s'il ira jusqu'à son terme et où ce terme se situera exactement. Les acteurs découvrent, chemin faisant, problèmes et solutions, selon une logique décrite par Schön (1983) comme une *conversation avec la situation* qui répond aux acteurs, les surprend et les oblige à de nouveaux apprentissages. Accompagner l'innovation est donc complexe, dans la mesure où chaque situation est unique et le résultat incertain. Des protocoles rigides n'ont qu'une application limitée et peuvent être contre-productifs. Pourtant il existe aujourd'hui de nombreux dispositifs, tels que les plateformes d'innovation qui sont souvent présentées comme des approches clé-en-main.

Nous proposons de revenir dans un premier temps sur l'évolution des cadres de pensée concernant l'appui à l'innovation dans l'agriculture et sur les types d'interventions auxquels ils ont donné lieu. Ensuite, nous proposons un panorama de la diversité des dispositifs d'accompagnement de l'innovation, pour en tirer des enseignements sur la nature d'une recherche sur l'accompagnement de l'innovation.

# ▸▸ Évolutions des cadres de pensée sur l'appui à l'innovation

Garel et Mock (2016) montrent que l'innovation requiert de l'action collective et un environnement organisé. Dans le domaine de l'appui à l'innovation pour le développement agricole ou rural, deux écoles se distinguent : celle de la facilitation, qui consiste à créer les conditions favorables à l'innovation (Leeuwis et Aarts, 2011), et celle de la gestion stratégique, qui consiste à faire émerger et à superviser une communauté d'acteurs en train d'innover, appelée communauté d'innovation, en apportant des appuis progressivement adaptés à chacune des phases, depuis les phases de l'idéation et de la conception, jusqu'à celles du déploiement et de la dissémination (Raven *et al.*, 2010).

## Créer les conditions favorables à l'innovation : les apports de la pensée systémique

Dans les années 1950, l'innovation en agriculture était essentiellement pensée comme un phénomène d'adoption et d'adaptation. La science était considérée comme extérieure au système socio-économique, indépendante et neutre, source d'innovation, alors que les savoirs traditionnels étaient vus comme des obstacles à la diffusion du progrès. Dans ce modèle linéaire, l'appui au changement consistait à faire diffuser les nouveautés technologiques par les services de vulgarisation, qui s'adressaient principalement aux paysans pour les former à ces nouvelles technologies. Les approches les plus connues étaient la méthode du transfert de technologies, l'innovation induite par le marché, le système de « formation et visite ».

Si ce modèle linéaire de transfert de technologies a contribué à une augmentation de la production et de la productivité dans certaines régions du monde, il a toutefois été remis en question à la fin des années 1980, lors du changement de paradigme de l'aide au développement, prônant le tout participatif, qui se retrouve dans l'expression *Farmer First* (Chambers *et al.*, 1989). L'enjeu de prise en compte accrue des bénéficiaires, de leurs objectifs et de leur environnement oblige à modifier les méthodes d'intervention. Des approches plus englobantes étant requises, la pensée systémique s'est imposée dans le discours parmi les chercheurs et les agences de développement et a donné lieu à deux approches : AKIS (pour *Agricultural Knowledge and Information Systems*), système d'information et de connaissance pour l'agriculture ; puis AIS (pour *Agricultural Innovation Systems*), système d'innovation agricole (Klerkx *et al.*, 2012). Dans ces deux approches, le modèle d'innovation interactif est opposé au modèle linéaire. L'innovation est pensée comme un processus collectif de création dans lequel les phénomènes d'apprentissage collectif jouent un rôle central (Argyris et Schön, 2002). L'agriculteur n'est plus relégué à un rôle d'usager, adoptant l'innovation, mais devient un acteur à part entière de l'innovation, comme source de savoirs ou comme co-concepteur.

L'approche AKIS met l'accent sur l'échange de connaissances et d'informations pour soutenir le processus d'innovation. Ce sont les acteurs de la recherche et du développement, de l'enseignement et du conseil agricole qui sont au cœur des dispositifs d'appui aux agriculteurs. Apparaissent alors les méthodes de recherche participative, avec les agriculteurs, comme la recherche et développement, le développement participatif de technologies, l'approche *Farmer First*, ou encore les dispositifs de recherche-action en partenariat (Faure *et al.*, 2010, voir aussi le chapitre 9).

L'approche AIS se veut encore plus englobante, grâce à la prise en compte de tous les acteurs qui participent, directement ou indirectement, aux processus d'innovation (les fournisseurs d'intrants, les acteurs des filières, les banques, les politiques, etc.). La participation, la co-création de connaissances et de valeur, ainsi que la facilitation des réseaux d'acteurs, deviennent les principes clés pour concevoir de nouveaux dispositifs d'accompagnement de l'innovation. La principale forme d'opérationnalisation de cette approche, dans les pays du Sud, est la plateforme d'innovation (World Bank, 2008). Elle vise à faire interagir différentes catégories d'acteurs qui sont habituellement déconnectés, pour partager des connaissances et mettre en commun des ressources pour innover. La facilitation est définie comme une intervention volontaire pour renforcer les interactions des individus, des organisations et de leurs structures sociales, culturelles et politiques, par un processus de construction de réseaux, d'apprentissage social et de négociation (Leeuwis et Aarts, 2011).

Le tableau 8.1 résume les apports de la pensée systémique à l'organisation de l'accompagnement de l'innovation, en mettant en évidence les différences entre les dispositifs qui en découlent, concernant les objets de l'appui (de l'agriculteur à un réseau de multiples organisations), les changements visés (du changement technique au renforcement des capacités individuelles ou collectives), mais aussi les principes et les méthodes utilisées (de la formation et l'encadrement à la facilitation des apprentissages) et les métiers de l'accompagnement (du vulgarisateur au facilitateur de l'innovation).

L'approche systémique de l'innovation, qui fait l'objet de plusieurs communautés d'usages (Touzard *et al.*, 2015), a permis d'élargir le cercle des acteurs à considérer pour accompagner l'innovation (de l'exploitant agricole aux acteurs politiques), mais elle n'est encore que très rarement mobilisée pour concevoir des politiques nationales et des interventions d'appui à l'innovation (Chowdhury *et al.*, 2014). Les propositions d'interventions formulées dans les projets de développement ou dans les documents politiques souffrent souvent d'un manque d'opérationnalisation ; elles sont formulées sous forme de principes d'action vagues (comme *renforcer les capacités collectives*), laissant aux organisations chargées de l'exécution la responsabilité de trouver les bonnes méthodes pour atteindre les objectifs de changement visés (Raven *et al.,* 2010).

**Tableau 8.1.** Les apports de la pensée systémique pour faciliter l'innovation dans l'agriculture (adapté de World Bank, 2008 et de Hall *et al,* 2007).

| Cadres de pensée | Système de recherche pour l'agriculture | Système d'information et de connaissance pour l'agriculture (AKIS) | Système d'innovation agricole (AIS) |
|---|---|---|---|
| Modèle d'innovation | Linéaire Un processus qui a lieu dans l'environnement isolé et contrôlé de la recherche | Interactif Un processus social qui naît de l'interaction complexe de divers acteurs socio-économiques | |
| Mécanisme d'innovation | Transfert de technologies | Coproduction de connaissances | Complexe, systémique, à différents niveaux et multidimensionnel (technique, organisationnel, méthodologique) |
| Vision des interactions entre les acteurs concernés | Interventions en chaîne, du chercheur jusqu'à l'agriculteur | Associer les acteurs qui ont le savoir | Associer les acteurs qui ont le savoir et ceux qui ont le pouvoir |
| Domaines de recherche utilisés pour la conception des dispositifs d'appui | Études comportementales (sur l'adoption) | Gestion des connaissances Analyse de réseaux Systèmes de conseil agricole Système d'exploitation agricole | Agencéité[1] des individus et des organisations Entreprenariat institutionnel Gestion adaptative des systèmes complexes |
| Méthodes vulgarisées[2] d'appui à l'innovation | Transfert de technologies Innovation induite Système de « formation et visite » | Recherche participative avec les agriculteurs Développement participatif de technologies, *Farmer First* Recherche-action en partenariat, évaluation rurale participative Champs-école, conseil à l'exploitation familiale | Plateformes d'innovation Réseaux multi-acteurs Alliance pour l'apprentissage Forums de conseil agricole |
| Principes d'appui | Faire adopter de nouvelles techniques à un grand nombre d'agriculteurs | Faire participer les agriculteurs à des dispositifs de recherche, formation et conseil, pour faire exprimer leurs besoins, et adapter des inventions conçues sans eux | Faciliter les interactions, l'échange de connaissances, la coordination |
| Objets de l'appui | Produit de l'innovation | Usagers de l'innovation | Acteurs qui contribuent à l'innovation |

| Cadres de pensée | Système de recherche pour l'agriculture | Système d'information et de connaissance pour l'agriculture (AKIS) | Système d'innovation agricole (AIS) |
|---|---|---|---|
| Changements visés | Améliorer les performances des exploitations | Renforcer les capacités des agriculteurs et le fonctionnement de l'exploitation<br>Renforcer les services d'appui et de conseil, de diffusion de connaissances dans le monde rural | Renforcer les capacités à innover de tous les acteurs et créer de la nouveauté dans les systèmes de production, les filières et les territoires |
| Métiers de l'appui | Techniciens / vulgarisateurs des services de l'État | Techniciens / conseillers des secteurs privé et public | Facilitateurs de l'innovation |

1. Capacité à définir des buts et à agir de manière cohérente pour les atteindre.
2. On appelle méthodes vulgarisées des méthodes qui sont labellisées, c'est-à-dire qu'elles ont fait l'objet d'un ouvrage ou d'un guide méthodologique et ont été utilisées à large échelle dans des projets de développement, impliquant l'usage de démarches et d'outils précis.

## Gérer stratégiquement l'innovation : les apports des théories de l'apprentissage et du management

Les travaux portant sur le management stratégique et l'apprentissage sont de plus en plus mobilisés pour investir le champ de l'analyse de l'action, de façon à appuyer l'émergence et la montée en puissance de communautés d'innovation (TAP, 2016) et pallier ainsi les connaissances trop analytiques produites par les approches centrées sur les systèmes d'innovation.

Il s'agit de s'intéresser aux acteurs en situation d'innovation et à leurs besoins d'accompagnement, en reconnaissant que dans le domaine du développement agricole les acteurs ne sont ni expérimentés ni formés à la conception collective d'innovation, ni habitués à travailler ensemble dans un objectif commun. On propose ici de définir une situation d'innovation en partant de la définition de Girin (2016) concernant la situation de gestion. Elle implique, d'une part, une communauté d'acteurs menant chacun des activités, plus ou moins coordonnées, qui contribuent à la réalisation de l'innovation et, d'autre part, des ressources, matérielles, cognitives et relationnelles, mobilisables pour innover. Ces acteurs ont chacun un intérêt marqué pour l'innovation en train de se faire et leur coopération est guidée par des objectifs communs. Une situation d'innovation peut être plus ou moins complexe selon les changements requis aux échelles individuelle et collective (changements de connaissances, d'attitude, de pratiques, de règles), et selon le degré d'incertitude rencontré.

Dans les théories de l'apprentissage, le renforcement des capacités à innover des individus est placé au centre des approches d'accompagnement qui sont expérimentées. La capacité à innover fait référence aux connaissances et aux compétences nécessaires à un collectif pour utiliser efficacement, maîtriser et améliorer des ressources existantes ou en créer de nouvelles pour innover (Hall, 2005). Elle inclut la capacité à appréhender la situation et son environnement, à définir des objectifs, à prendre des risques, à expérimenter et mettre en œuvre des actions concertées, à tisser des relations et des alliances, à mobiliser des ressources. Il s'agit à la fois de capacités techniques et de capacités fonctionnelles (TAP, 2016).

La perspective managériale permet d'instaurer des principes d'action et de créer des outils utiles aux praticiens de l'accompagnement. En s'appuyant sur les théories relatives à l'apprentissage des adultes (Kolb *et al.*, 2001), il est alors possible de déterminer quels outils doivent être utilisés, compte tenu des types d'apprentissage qui doivent être générés, qu'ils soient simples ou transformatifs, impliquant des changements de connaissances, d'attitude, de pratiques, de règles d'action ou de valeurs. Les outils peuvent être divers ; ils peuvent consister, par exemple, en un tableau de bord, un modèle informatique, une visite au champ, un atelier participatif, un comité de suivi, ou une charte. Ils favorisent les apprentissages en guidant la réflexion, participant à la création d'un langage commun, ou en orientant l'action. L'usage d'un outil s'inscrit dans une méthode d'intervention qui permet de donner du sens.

Les travaux en management de l'innovation permettent d'attirer l'attention sur la complexité des situations d'innovation, c'est-à-dire sur la multiplicité des paramètres et des ressorts effectifs du changement et de l'innovation aux différents niveaux, individuel, organisationnel et inter-organisationnel (ou collectif), pour qu'il soit possible d'agir dessus (Crossan et Apaydin, 2010). Par exemple, nous pouvons comparer deux situations d'innovation : l'adaptation d'une technique agricole à un contexte agro-écologique particulier *vs* la création d'un nouveau modèle agricole fondé sur les principes de l'agro-écologie (figure 8.1). Dans le premier cas, les individus ou les organisations ont principalement besoin de modifier de façon incrémentale leurs pratiques et leurs stratégies d'action, sans remettre en cause les valeurs qui orientent leurs actions. Il s'agit d'apprentissages simples, qui peuvent être supervisés ou facilités *via* de l'expérimentation ou de l'aide à la décision. Dans le second cas, un changement du cadre de référence, c'est-à-dire un changement de l'ensemble des représentations qui résultent de l'expérience acquise et orientent l'expérience à venir, est requis. Ce type d'apprentissage, dit «transformatif» (Mezirow, 1991), requiert des appuis différents, qui vont porter sur la capacité à construire collectivement du sens à l'action (*sensemaking*, chez Weick, 2001). Des outils pour autonomiser l'exploration de nouvelles façons de faire peuvent être utilisés comme des outils liés au suivi et à l'évaluation, favorisant l'analyse réflexive, permettant l'échange au sein de la communauté d'innovation. Une forte capacité à innover résultera de la faculté à réaliser et à combiner des apprentissages simples et transformatifs tout en continuant à fonctionner et en adaptant les routines de travail (Argyris et Schön, 2002). Ce sont ces types d'apprentissage qui vont permettre à chaque individu ou organisation du collectif de mieux s'aligner avec les autres pour atteindre les objectifs liés à l'aboutissement du processus d'innovation (Brown *et al.*, 2004).

La figure 8.1 illustre différentes activités d'accompagnement, au cours d'un processus d'innovation, en fonction, d'une part, de la complexité de la situation d'innovation, et donc des types de changements requis, et, d'autre part, de la capacité à innover des acteurs. Les méthodes et les outils de l'accompagnement à utiliser seront différents suivant les quatre cas.

Dubois *et al.* (2016) montrent que dans toutes les situations d'innovation le pilotage de l'émergence de communautés d'innovation joue un rôle central, notamment pour créer des espaces de conception, organiser la réflexion et les échanges d'idées, identifier les partenaires à impliquer, suivre la réalisation des activités collectives. Par ailleurs, au fur et à mesure que l'innovation et la communauté d'innovation progressent, les

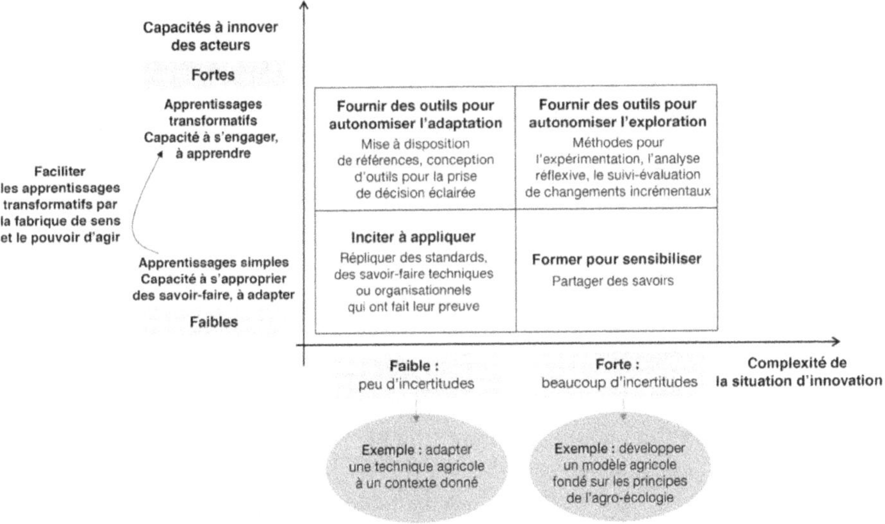


**Figure 8.1.** Exemples d'activités d'accompagnement au cours d'un processus d'innovation, selon la complexité de la situation d'innovation et les capacités à innover des acteurs.

besoins d'accompagnement évoluent. Toute la difficulté est de réussir à faire préciser aux acteurs les concepts à explorer, les connaissances à acquérir, les compétences à renforcer, les actions à mener en combinant planification et improvisation (Land *et al.*, 2009). Les échecs rencontrés dans les processus d'accompagnement sont importants, car ces situations impliquant de multiples acteurs sont propices aux comportements opportunistes et au désengagement des individus et des organisations si leurs intérêts sont insuffisamment pris en compte (Vall *et al.*, 2016). La gestion stratégique doit permettre de faire face à ces écueils, par exemple en réduisant la durée de certaines phases du processus d'innovation (Cohendet *et al.*, 2008), ou en instaurant des modes de coopération entre les différents acteurs impliqués (Dhanaraj et Parkhe, 2006).

De manière plus précise, la littérature sur l'accompagnement de l'innovation nous permet de distinguer deux échelles d'intervention pour penser et organiser l'accompagnement de l'innovation : l'échelle locale des situations d'innovation et l'échelle globale qui correspond au contexte (sectoriel, régional, national) dans lequel elles évoluent. Les communautés d'innovation ont des besoins spécifiques d'accompagnement en fonction des étapes du processus d'innovation, des capacités des acteurs impliqués et de la complexité de la situation d'innovation.

## ▸▸ Diversité des dispositifs d'accompagnement : émergence et pérennisation au Sud

Nous proposons d'illustrer dans cette partie la diversité des dispositifs d'accompagnement existants qui jouent un rôle d'accompagnement des processus d'innovation et d'interroger leurs conditions d'émergence et de pérennisation.

## Styles et fonctions d'accompagnement

On propose de distinguer les dispositifs selon les fonctions d'accompagnement qu'ils remplissent auprès des communautés d'innovation, au regard des étapes de l'innovation et selon le style d'accompagnement proposé (tableau 8.2).

L'accompagnement peut être :
– supervisé, conduit intentionnellement par des intervenants qui orchestrent une ou plusieurs étapes du processus d'innovation selon des principes de gestion stratégique et répondant à des besoins d'apprentissage identifiés ;
– facilité, induit par la création de diverses conditions favorables à l'innovation en facilitant la mise en relation et la coordination entre acteurs, l'accès à des services support de l'innovation ou à des financements.

Les dispositifs identifiés remplissent quatre grandes fonctions :
– l'émergence de communautés d'innovation par la génération d'idées collectives et la création d'envie de collaborer ;
– la structuration de ces communautés par l'organisation du travail collaboratif autour d'un projet commun et avec une vision commune ;
– la création de partenariats avec des services supports de l'innovation permettant la mise en œuvre de l'expérimentation et du développement de l'innovation ;
– la création de partenariats stratégiques pour opérer le changement d'échelle, la dissémination de l'innovation par réplication ou sa promotion à un niveau politique en créant des relations avec les acteurs clés du changement.

Favoriser l'émergence de communautés d'innovation consiste à faire se rencontrer des porteurs de problèmes et des porteurs de solutions, à organiser la réflexion et les échanges, à mettre à disposition des outils et des méthodes pour générer des idées collectives, et à créer des espaces de conception. Ce sont des activités que l'on retrouve dans des projets de recherche-action en partenariat, dans certains types de plateforme d'innovation ou au sein de centres d'innovation ou d'établissements privés ou publics (instituts techniques de formation et de recherche). Plus récemment, de nouveaux lieux dédiés au partage d'idées nouvelles et à de premières expérimentations, ouverts à tout type de public, se multiplient ; ce sont, par exemple, les espaces de *coworking* ou les *FabLab*, souvent à l'initiative de la société civile ou du secteur entrepreneurial.

La structuration de communautés d'innovation doit permettre le fonctionnement de la communauté dans la durée, pour que l'idée nouvelle devienne un projet d'innovation. Des activités d'appui peuvent consister en l'émergence et la consolidation d'un leadership, en une planification, en une ouverture des organisations, parties prenantes du projet d'innovation, pour permettre l'alignement de leur stratégie sur le collectif. Les dispositifs d'appui pour cette étape sont plus rares. Ces activités se retrouvent parfois dans des projets dédiés au renforcement de capacité.

La création de partenariats avec des services supports de l'innovation doit faciliter l'expérimentation et le développement, c'est-à-dire aider à formuler les besoins d'appui et de financement et mettre en lien avec des organisations qui ont les compétences adéquates sur le plan technique pour concevoir l'innovation. Certains dispositifs, tels que les technopôles d'entreprises, les clusters d'entreprises, les foires ou les marchés à l'innovation ou, de façon virtuelle, les systèmes de *crowdfunding*

**Tableau 8.2.** Diversité des dispositifs d'accompagnement au Sud, selon le style d'accompagnement choisi et la fonction remplie.

| Fonctions remplies par le dispositif d'accompagnement et exemples d'activités | | Styles d'accompagnement | |
| --- | --- | --- | --- |
| | | Accompagnement facilité | Accompagnement supervisé |
| Faire émerger des communautés d'innovation | Communiquer et sensibiliser sur des inventions (solutions) ou des enjeux de société (problèmes)<br>Créer des espaces de conception<br>Stimuler la production collective de nouvelles idées : exposition à de nouvelles connaissances, confrontation à des paradoxes, échanges entre pairs<br>Organiser la réflexion et les échanges d'idées | Forum sciences et société (www.soscience.org)<br>Tiers-lieux d'expérimentation et de rencontres : espaces de *coworking*, *FabLab*<br>Concours et prix pour des projets innovants portés par des pionniers | Recherche-action en partenariat ou co-conception d'innovations conduite par des équipes de recherche<br>Parcours d'accompagnement de porteurs de projets au sein d'instituts de formation scientifique et technique ou de centres d'innovation |
| Structurer des communautés d'innovation | Promouvoir le leadership collaboratif<br>Aider à la planification<br>Ouvrir les organisations sur l'extérieur et encourager les apprentissages participatifs<br>Fournir des méthodes et des outils d'exploration ou d'exploitation | | Projets de renforcement de la capacité d'innovation des acteurs<br>Projets basés sur le développement participatif d'innovation<br>Agences de communication pour le développement, qui vont créer des outils sur mesure |
| Créer des partenariats avec des services supports de l'innovation pour l'expérimentation et le développement | Aider à formuler les besoins d'appui et de financements<br>Aider à identifier des bailleurs et des fournisseurs de services d'appui<br>Organiser des occasions de rencontre entre l'offre et la demande<br>Créer la confiance mutuelle<br>Aider la contractualisation ou la formalisation des partenariats | Technopôles d'entreprises, pôles de développement intégré<br>Foires à l'innovation, B2B[1], marché des innovations<br>Forum sciences et société<br>Systèmes de *crowdfunding* | Clusters d'entreprises sur un territoire<br>Parcours d'accompagnement d'entreprises / *start-up* au sein d'incubateurs<br>Plateformes d'innovation multi-acteurs orientées sur la recherche et la co-conception d'innovation<br>Accompagnement sur mesure de projets innovants : services fournis par des agences privées ou des associations |
| Créer des mécanismes d'échanges et de coordination pour le changement d'échelle | Identifier les acteurs clés du changement<br>Les sensibiliser à l'intérêt de l'innovation<br>Organiser des occasions de discussion et de rencontre avec les porteurs de l'innovation | Tables rondes politiques pour faciliter l'émergence de politiques et de normes incitatives pour l'innovation<br>Forum grand public pour faire connaître les expériences innovantes | Plateforme d'innovation orientée sur une filière pour faciliter la coordination entre acteurs<br>Organisation de conseil agricole pour former et faire connaître les expériences innovantes |

1. *Business to business*, c'est-à-dire les activités commerciales et le marketing réalisés entre entreprises.

facilitent cette mise en relation. Les incubateurs, généralement des agences privées, proposent, eux, des services d'accompagnement sur mesure, adaptés aux besoins des porteurs du projet innovant.

La création de partenariats stratégiques consiste à identifier des acteurs clés du changement, dans les sphères politiques ou économiques, à les sensibiliser et à les mobiliser pour qu'ils mettent à disposition des porteurs de l'innovation des dispositifs classiques d'appui à la diffusion de l'innovation, tels que la formation dans les systèmes d'enseignement ou le conseil agricole. Il s'agit aussi de les mobiliser pour élaborer des cadres réglementaires incitatifs.

Certains dispositifs peuvent remplir plusieurs fonctions sans être coordonnés avec d'autres types de dispositifs. Par exemple, certaines plateformes d'innovation ont tendance à englober toutes les fonctions d'accompagnement sans nouer d'alliances avec d'autres dispositifs complémentaires, comme des incubateurs ou des services de conseil existants. Ainsi, l'incubation d'entreprises agroalimentaires innovantes peut être complémentaire de plateformes d'innovation qui visent à mieux organiser la production et l'écoulement de produits agricoles.

## Les acteurs et les métiers de l'accompagnement

L'existence et le fonctionnement des différents types de dispositifs, ainsi que la nature des innovations accompagnées, sont liés à la nature des acteurs de l'accompagnement, qui peuvent appartenir à la société civile, à des services publics ou à des organisations privées.

Les dispositifs publics ou parapublics se retrouvent principalement dans la structuration et le déploiement des capacités collectives à l'innovation à l'échelle des territoires ; ce sont les pôles de compétitivité, les technopôles, les instituts de formation technique et scientifique. L'État mobilise des dispositifs qui s'inscrivent généralement dans une gestion planifiée de l'innovation, en sélectionnant les innovations jugées indispensables à des enjeux prioritaires nationaux, comme la sécurité alimentaire, la lutte contre le réchauffement climatique, la création de nouvelles filières ou de nouvelles technologies (organismes génétiquement modifiés, mécanisation, par exemple).

Le secteur privé se positionne davantage dans l'offre de services sur mesure, permettant d'accompagner une innovation dans la durée en répondant à l'évolution des besoins d'appui. Des incubateurs d'entreprises ou de projets collectifs innovants dans les filières, et des agences privées spécialisées dans l'organisation de parcours d'accompagnement, avec des boîtes à outils relativement ciblées (organisation d'événements, création de vidéos participatives, par exemple) proposent un tel accompagnement. La création de valeur à court ou moyen terme doit permettre le financement de tels services et conditionne le type d'innovations accompagnées, qui consistent généralement en des innovations-produits dans les filières. Ces services d'accompagnement sont coûteux, car les compétences requises nécessitent un niveau de formation élevé.

La société civile s'engage principalement dans l'émergence et la structuration de communautés d'innovation, et les innovations concernées sont généralement des innovations dites «responsables», où l'éthique prime : il s'agit de résoudre des problèmes environnementaux et de société en répondant aux besoins des populations les plus défavorisées. Les moyens sont faibles et sont investis dans des dispositifs de mise en relation facilitée entre différentes initiatives existantes, tels que des plaidoyers, des forums d'échange ou des réseaux virtuels.

La mise en place de ces différents dispositifs d'accompagnement de l'innovation dans le secteur de l'agriculture des pays en développement nécessite la création de nouveaux métiers et, donc, de nouveaux référentiels de compétences, qui restent à élaborer. Pour le moment, ce sont principalement des techniciens d'agriculture ou des conseillers agricoles qui sont mobilisés, car on leur reconnaît des compétences d'appui aux exploitations ou à des actions de développement rural. Cependant, ces compétences ne suffisent pas. Par exemple, la communauté internationale sur le conseil agricole (GFRAS) cherche à promouvoir un nouveau profil de conseiller, plus polyvalent et ouvert à l'animation de collectifs d'acteurs (Sulaiman et Davis, 2012). De nombreux défis restent encore à être relevés. Si un tel conseiller peut être ouvert à l'innovation portée par les agriculteurs, il peut aussi être perçu par les agriculteurs, ou par les acteurs de projets de développement, comme trop marqué par sa culture technique, qui le pousse à orienter les processus d'innovation vers des thématiques classiques, comme celle de l'augmentation de la production, et ainsi à ne pas être suffisamment à l'écoute des besoins des acteurs en train d'innover. De plus, la reconversion des conseillers agricoles n'est pas toujours facile car les cursus de formation professionnelle sont encore rares et souvent inadaptés.

Les métiers de la facilitation de l'innovation collective commencent à émerger par ailleurs, notamment dans le cadre de la mise en œuvre des plateformes d'innovation, mais ils restent encore peu formalisés. Ce sont généralement les consultants ou les prestataires embauchés dans les projets de développement qui endossent ce rôle et sont formés de façon ad-hoc par les projets. Une telle option présente des avantages (connaissances et capacités à gérer des processus participatifs, neutralité et bienveillance, notamment vis-à-vis des acteurs marginalisés) mais aussi des limites (faible légitimité par rapport aux acteurs des situations d'innovation, qui ne leur permet que difficilement de créer l'adhésion et l'engagement nécessaires). Dans le cadre des projets, le statut temporaire de la majorité des facilitateurs de l'innovation n'est pas favorable à la continuité et la reproductibilité des dispositifs d'accompagnement. Ils s'arrêtent à la fin des projets et les savoir-faire ne sont ni transmis ni pérennisés au sein d'une organisation rendue visible dans le champ de l'accompagnement. Réfléchir à l'ancrage de tels dispositifs ou démarches, à leur financement et aux compétences nécessaires, est un nouvel enjeu dans lequel la recherche a un rôle important à jouer en matière de propositions.

## ▸▸ Implications pour une recherche sur l'accompagnement de l'innovation au Sud

Aujourd'hui, la recherche endosse différents rôles dans l'accompagnement de l'innovation, en fonction de la complexité de la situation, des besoins exprimés par les acteurs, de son propre souhait à accompagner l'innovation, mais aussi de ses propres capacités. Toillier *et al.* (2017) identifient plusieurs rôles possibles : celui d'entrepreneur, de traducteur ou d'expert. Dans la posture de l'entrepreneur, le chercheur crée la mobilisation et l'engagement nécessaires des différents acteurs autour d'un projet d'innovation qu'il porte, et il aide à la mise en place des dispositifs (incluant plate-formes, réseaux, partenariats) permettant de gérer la situation d'innovation sur un pas de temps suffisamment long pour que l'innovation émerge et aboutisse. Dans la posture du traducteur, le chercheur est impliqué dans la définition du problème et des objectifs d'action, dans la co-conception de l'innovation et dans la stratégie de conduite du processus d'innovation. Mais les tâches et les responsabilités sont parta-gées, les savoirs profanes et les savoirs scientifiques sont valorisés d'égales façons. Et enfin, en tant qu'expert, il est là pour fournir des connaissances spécifiques nécessaires à la conception de l'innovation, sans chercher à participer au pilotage de l'innovation.

Cependant, les chercheurs peuvent être absents des situations d'innovation. Par exemple, nombre d'organismes d'appui au développement utilisent de manière efficace des méthodes de recherche-action, de recherche-formation-action ou de recherche qualifiée de paysanne, en plaçant les agriculteurs et les techniciens dans le rôle de chercheurs et de producteurs de connaissances.

Afin d'aider l'émergence des métiers et des dispositifs d'accompagnement de l'innova-tion, de nouveaux champs de recherche sont à ouvrir. En premier lieu, il s'agit de mener des recherches à la fois en sciences humaines et sociales et en sciences de gestion, sur la transformation des services traditionnels d'appui et de conseil dans l'agriculture, compte tenu de leur implication souhaitée dans des dispositifs d'appui à l'innovation. De manière plus large, d'autres questions sont importantes. À quelles conditions des organisations peuvent-elles mettre en place des compétences d'accompagnement et proposer des services pérennes ? Quels sont les rôles des partenariats entre public et privé dans ces nouveaux types de services et de dispositifs, de façon à accompagner tout type d'innovations, même celles qui ne génèrent pas de profit ?

D'autre part, il s'agit de produire des connaissances sur l'accompagnement des innovations. N'existent-ils pas dans les pays du Sud des spécificités, culturelles ou organisationnelles, qui nécessitent de penser de manière particulière l'accompagne-ment ? Comment combiner différents types d'apprentissage à l'échelle des individus et à celle des organisations, dans des contextes où les acteurs ne savent pas comment innover ensemble ? Un intervenant extérieur est-il toujours nécessaire pour faciliter ou accompagner un processus d'innovation ?

Il s'agit aussi d'interroger les mécanismes de coordination des dispositifs existants, en fonction des situations d'innovation et des phases de l'innovation, de façon à permettre la création de systèmes d'accompagnement de l'innovation qui couvrent l'ensemble des besoins d'appui.

Enfin, il s'agit de produire de nouveaux outils et démarches, avec les acteurs de l'accompagnement, pour mieux répondre à la diversité et à la complexité des situa-tions d'innovation. Il s'agit là d'une production opérationnelle, mais qui, quand elle s'inscrit dans une démarche de recherche-intervention[1], permet aussi de produire des connaissances nouvelles sur l'analyse du changement et de conduire avec les acteurs des analyses réflexives sur les pratiques d'accompagnement.

---

1. La recherche-intervention a pour ambition de générer à la fois des connaissances pratiques utiles pour l'action et des connaissances théoriques plus générales (David, 2000).

Ce type de travaux appliqués au Sud, où les moyens disponibles, les valeurs et les questions d'éthiques sont différents de contextes du Nord, restent rares, non seulement en raison de leur nouveauté, mais aussi à cause des difficultés à accéder à des données et à faire accepter des recherches-interventions sur le management même de l'innovation, en étant présent au moment même où l'innovation est en train de se faire.

# ▸▸ Conclusion : vers des systèmes pluralistes d'accompagnement de l'innovation

L'analyse de l'évolution des cadres de pensée montre que l'accompagnement de l'innovation dans les pays du Sud a suivi l'évolution des paradigmes du développement, qui vont de l'encadrement des agriculteurs pour un transfert de technologies à la facilitation d'échanges au sein de réseaux d'innovation multi-acteurs. La perspective managériale, enrichie par les apports sur l'apprentissage, permet de remettre au centre l'humain et les individus : accompagner l'innovation, c'est accompagner les acteurs de l'innovation et donc s'intéresser à leurs capacités d'apprentissage, à leurs progrès et à leurs besoins, pour adapter les outils et les méthodes d'accompagnement en fonction des étapes à franchir.

Le panorama des dispositifs d'accompagnement existants que nous avons établi n'est certes pas exhaustif, mais donne une image de la diversité de ces dispositifs et peut aider à l'identification de manques dans les systèmes d'accompagnement de l'innovation, à l'échelle d'un pays ou d'une région. D'une part, certaines fonctions d'accompagnement tout au long d'un processus d'innovation sont moins assurées que d'autres. D'autre part, certaines fonctions ne peuvent être remplies par les acteurs traditionnels du conseil et de la recherche agricole et nécessitent d'impliquer de nouvelles structures du secteur privé, comme les incubateurs d'entreprises ou les agences de communication. Ce constat conduit à repenser les rôles que doivent jouer respectivement le secteur privé, le secteur public, la société civile et la recherche dans cet accompagnement, mais aussi les modalités de coordination entre cette plutalité d'acteurs pour aligner les services, et les compétences et outils à mobiliser pour chaque fonction à remplir.

La recherche peut contribuer à une praxéologie de l'accompagnement[2] de l'innovation en agriculture, en offrant des méthodes et des outils qui permettent de penser et de proposer une ingénierie de l'accompagnement de l'innovation et de développer les métiers de l'accompagnement. L'enjeu devient la production des connaissances sur les processus d'accompagnement mêmes, pour aider à la construction de modalités de collaboration entre organisations variées, à la création de nouveaux types de dispositifs d'appui ou à la mobilisation des différents dispositifs d'appui existants, en montrant leurs complémentarités pour une situation d'innovation donnée. Des cadres théoriques restent à construire en s'appuyant sur des expérimentations sur

---

2. Il s'agit de produire une théorie de l'action d'accompagnement : analyser les pratiques et leurs effets pour, en retour, concevoir des dispositifs d'accompagnement.

le terrain avec les acteurs de l'accompagnement et sur les acquis des travaux sur le management de l'innovation dans d'autres domaines.

Les prochains chapitres illustrent les différents rôles que peuvent jouer les chercheurs dans l'innovation (chapitre 9), les outils et les démarches proposés par les chercheurs pour la conception de l'innovation agronomique (chapitre 10.), l'évolution des services de conseil agricole dans leur prise en compte du projet de changement et des besoins en renforcement de capacité des agriculteurs (chapitre 11), et enfin l'accompagnement de l'innovation multi-acteurs par deux méthodes d'intervention différentes (chapitre 12).

## ▸▸ Références bibliographiques


Argyris C., Schön D.A., 2002. *Apprentissage organisationnel, théorie, méthode, pratique*, traduction de la 1^re^ édition américaine. Paris, De Boeck université, Bruxelles.

Brown H.S., Vergragt P.J., Green K., Berchicci L., 2004. Bounded socio-technical experiments (BSTEs): higher order leaning for transitions towards sustainable mobility. *In: System innovation and the transition to sustainability: theory, evidence and policy* (B. Elzen, F.W. Geels, K. Green, eds), Edward Elgar, Cheltenham, 48-75.

Chambers R., Pacey A., Thrupp L.A. (eds), 1989. *Farmer first: Farmer innovation and agricultural research*. Intermediate Technology Publications, London.

Chowdhury A.H., Hambly Odame H., Leeuwis C., 2014. Transforming the roles of a public extension agency to strengthen innovation: lessons from the National Agricultural Extension Project in Bangladesh. *The journal of agricultural education and extension*, 20(1), 7-25.

Cohendet P., Grandadam D., Simon L., 2008. Réseaux, communautés et projets dans les processus créatifs. *Management International*, 13(1), 29-43.

Crossan M.M., Apaydin M., 2010. A Multi-Dimensional Framework of Organizational Innovation: A Systematic Review of the Literature. *Journal of Management Studies,* 47(6), 1154-1191.

David A., 2000. La recherche intervention, un cadre général pour les sciences de gestion ? IX^e^ conférence internationale de management stratégique, Montpellier, 24 au 26 mai 2000, 22 p.

Dhanaraj C., Parkhe A., 2006. Orchestrating innovation networks. *Academy of Management Review*, 31(3), 659-662.

Dubois L.E., Le Masson P., Cohendet P., Simon L., 2016. Le co-design au service des communautés créatives. *Gestion*, 2016/2(41), 70-72, DOI 10.3917/riges.412.0070.

Faure G., Gasselin P., Triomphe B., Temple L., Hocdé H., 2010. *Innover avec les acteurs du monde rural : la recherche-action en partenariat*, Éditions Quæ, CTA, Presses agronomiques de Gembloux, collection Agricultures tropicales en poche, 221 p.

Garel G., Mock E., 2016. *La fabrique de l'innovation*, 2^e^ édition, Dunod, 256 p.

Girin J., 2016. *Langage, organisations, situations et agencements*, Presses de l'université Laval, Québec, 442 p.

Hall A., 2005. Capacity development for agricultural biotechnology in developing countries: An innovation systems view of what it is and how to develop it. *Journal of International Development*, 17, 611 630.

Hall A., 2007. Challenges to Strengthening Agricultural Innovation Systems: Where Do We Go From Here? United Nations University, Maastricht, The Netherlands. *Working paper*, 38, 28 p.

Klerkx L., van Mierlo B., Leeuwis C., 2012. Evolution of systems approaches to agricultural innovation: concepts, analysis and interventions. *In: Farming Systems Research into the xxist Century: The New Dynamic* (I. Darnhofer, D. Gibbon, B. Dedieu, eds). Springer Science, Dordrecht.

Kolb D.A., Boyatzis R.E., Mainemelis C., 2001. Experiential learning theory: Previous research and new directions. *Perspectives on thinking, learning, and cognitive styles*, 1(8), 227-247.

Land T., Hauck V., Baser H., 2009. Capacity development: Between planned interventions and emergent processes. Maastricht, ECDPM. *Policy Management Brief*, 22.

Leeuwis C., Aarts N., 2011. Rethinking Communication in Innovation Processes: Creating Space for Change in Complex Systems. *The journal of agricultural education and extension*, 17(1), 21-36.

Mezirow J., 1991. *Transformative Dimensions of Adult Learning*, Jossey-Bass, San Francisco.

Raven R., Van den Bosch S., Weterings R., 2010. Transitions and strategic niche management: towards a competence kit for practitioners. *International Journal of Technology Management*, 51(1), 57-74.

Schön D., 1983. *The reflective practitioner. How professionals think in action*, Basic Books, New-York.

Sulaiman R., Davis K., 2012. *The New Extensionist: Roles, strategies, and capacities to strengthen extension and advisory services*. Global Forum for Rural Advisory Services, Lindau, Switzerland.

TAP (Tropical Agriculture Platform), 2016. *Common Framework on Capacity Development for Agricultural Innovation Systems: Conceptual Background*, CAB International, Wallingford, Grande-Bretagne.

Toillier A., Devaux-Spartakis A., Faure G., Barret D., Marquié C., 2018. Comprendre la contribution de la recherche à l'innovation collective par l'exploration de mécanismes de renforcement de capacité. *Cahiers Agricultures*, 27, 15002, <https://www.cahiersagricultures.fr/articles/cagri/pdf/2018/01/cagri170061.pdf> (consulté le 24 février 2018).

Touzard J.-M., Temple L., Faure G., Triomphe B., 2015. Innovation systems and knowledge communities in the agriculture and agrifood sector: a literature review. *Journal of Innovation Economics and Management*, 2(17), 117-142.

Vall E., Chia E., Blanchard M., Koutou M., Coulibaly K., Andrieu N., 2016. La co-conception en partenariat de systèmes agricoles innovants. *Cahiers Agricultures*, 25(1), 15001.

Weick K. E., 2001. *Making sense of the organization*, Blackwell Publishers, Oxford, 483 p.

World Bank, 2008. Agricultural Innovation Systems: From Diagnostics toward Operational Practices, *In: ARD Discussion, Paper 38* (ARD Department, ed.), World Bank, Washington D.C.

Chapitre 9

# Recherche-action en partenariat et innovation émancipatrice

MICHEL DULCIRE, EDUARDO CHIA, NICOLE SIBELET,
ZAYDA SIERRA, LUANDA SITO ET DOMINIQUE PATUREL

**Résumé.** Ce chapitre montre pourquoi et comment les chercheurs s'associent aux acteurs non chercheurs engagés dans la transformation de la réalité dans une recherche-action en partenariat (RAP), pour construire avec eux un dispositif de production de connaissances. Une recherche-action en partenariat naît de la rencontre entre une intention de recherche et une volonté de changement d'acteurs au sein de partenariats négociés. Elle peut être perçue comme une innovation, car elle implique des changements significatifs dans les dispositifs de recherche, notamment en matière de gouvernance, de méthodes et de pratiques. Les apprentissages mutuels des acteurs impliqués dans ce processus améliorent leurs capacités à décider, à explorer, à agir ensemble. Ainsi, les acteurs déploient leurs pouvoirs d'agir pour le futur, bases du développement durable.

L'innovation peut être décrite comme un processus de fabrication de *capabilités*, au sens que lui donne Sen (2010), c'est-à-dire d'amélioration des capacités des acteurs à décider, à explorer et à agir ensemble. Ce pouvoir d'agir (*empowerment*) se traduit par une amélioration de leur autonomie, autrement dit une émancipation opérative, collective et individuelle, soulignée par de nombreux auteurs (Rancière, 1987; Boltanski, 2009; Guespin-Michel, 2015). En effet, dans le champ des sciences pour le développement, la recherche participative est assimilée à une démarche éthique (de Santos, 2009) par laquelle il s'agit de construire un dispositif de production de connaissances avec les acteurs engagés dans la transformation de la réalité (Dulcire, 1996), et non de produire une connaissance sur les acteurs non chercheurs ou d'imposer une solution pensée par des chercheurs.

Articuler les travaux de recherche avec la demande sociale, provenant des agriculteurs, des services d'accompagnement, des gouvernants, des acteurs des filières ou des consommateurs, implique des changements significatifs dans les dispositifs de recherche ainsi que dans les pratiques des uns comme des autres. Il s'agit de renforcer des dynamiques d'apprentissage collectives, en rupture avec les approches centrées sur l'encadrement des agriculteurs supposés guidés par la seule rationalité technique.

Cet élargissement conduit aux questions suivantes :
– comment faire pour que tous les acteurs travaillent ensemble ;
– quel rôle doit y jouer la recherche ?

En s'engageant dans des processus collectifs de la recherche-action en partenariat (RAP), les acteurs du monde rural et les chercheurs deviennent les partenaires d'une recherche partagée. L'objectif global de la RAP est de renforcer les capacités individuelles ou collectives qui nourrissent les processus d'innovation des acteurs engagés, dans l'optique de leur émancipation. La RAP associe pleinement des agriculteurs et d'autres acteurs dans un processus de changement, qui impose de travailler sur les interactions entre les dimensions techniques, sociales et organisationnelles. En incluant leurs propres besoins et pratiques plutôt que le seul point de vue des institutions qui les accompagnent, cette façon de faire permet aux acteurs de ne plus être des objets d'étude ou des bénéficiaires passifs.

La complexité des interactions sociales et des contextes d'intervention sont des éléments qui argumentent en faveur d'une RAP, par laquelle la recherche et l'action collective se fondent sur des dispositifs réflexifs construits avec les acteurs. Cette pratique de recherche se veut à la fois éthique et méthodologique, mais non idéologique. Elle situe la recherche à l'interface entre la production de connaissances et l'action. Le fait de s'emparer d'une question de société et de la traduire en projet commun de recherche structure la RAP. C'est une posture exigeante qui ne s'improvise pas et dans laquelle le bon sens ne suffit pas. Cette recherche a ses propres paradigmes, ses hypothèses, ses méthodes et ses outils, qui se fondent sur l'expérience et une posture constructiviste.

Dans la première partie, nous présentons un bref état de l'art des démarches associant les acteurs non chercheurs au travail de production de connaissances et de conception des innovations. La deuxième partie est consacrée à l'explicitation du travail partenarial qui vise l'émancipation de tous les acteurs, y compris les plus marginalisés. Enfin, en conclusion, nous revenons sur les fonctions de la RAP comme démarche émancipatrice. Nous illustrons nos propos avec deux encadrés qui traitent de la mise en œuvre de la RAP.


## ▶▶ Un bref état de l'art

*Si vous voulez vraiment comprendre quelque chose, essayez juste de le changer*
*(Lewin, 1948).*

Les recherches en sciences sociales ont, au moins depuis Lewin (1948), entrepris d'élaborer et de théoriser des pratiques visant à associer tous les acteurs à la construction et à la conduite de leurs dispositifs d'étude. Recherche et développement, recherche participative, recherche clinique, recherche-action, recherche collaborative... sont autant de termes qui témoignent de cet effort. En effet, un peu partout dans le monde et dans différentes situations (entreprises, hôpitaux, éducation, agriculture, etc.), les chercheurs constatent que leurs propositions sont souvent rejetées, contournées et au mieux modifiées par les acteurs non chercheurs. Face à ce constat, un certain nombre de chercheurs ont voulu mieux comprendre les raisons qui motivent ces résistances au changement. Ainsi, Lewin observe que lorsque les acteurs sont impliqués dès le début du processus de recherche, ils mettent plus rapidement en place les solutions co-élaborées. C'est la naissance de la recherche-action, qui, au-delà de la production de connaissances, vise le changement. Son objectif est alors de favoriser des modes de participation démocratique pour améliorer la capacité des acteurs à travailler collectivement, traiter des problèmes complexes, expérimenter ou encore élaborer des visions partagées d'un monde futur et désiré. Un des principaux résultats de ces travaux est la formalisation du principe qu'il faut modifier la réalité pour mieux la connaître et l'améliorer (Freire, 1973).

Cette réflexion structure différentes pratiques de recherche pour construire des interactions entre acteurs. La recherche collaborative permet ainsi de dépasser le clivage entre chercheurs et acteurs non chercheurs, dans le but de partager des objectifs, des méthodes et des résultats. La recherche participative, souvent associée à l'innovation sociale, a pour principe de mobiliser tous les acteurs dans la production des connaissances et elle vise donc à augmenter leur capacité d'expertise (Anadón, 2007). La recherche-intervention ambitionne quant à elle la résolution de problèmes pour lesquels la recherche est sollicitée. Elle est contextuelle et vise à produire des connaissances actionnables.

La recherche-action en partenariat (RAP) quant à elle désigne des processus collectifs multi-acteurs à l'échelle de leurs territoires afin de répondre à des besoins sociaux non satisfaits *via* les marchés et les politiques sociales (Richez-Battesti *et al.*, 2012). Elle vise à rendre visible l'invisible (de Santos, 2009), pour construire des alternatives et des connaissances sur des phénomènes complexes interdépendants, physiques, biologiques, économiques, sociaux ou culturels. Elle peut avoir une double origine : les acteurs non chercheurs eux-mêmes ou la recherche. L'engagement des acteurs locaux et des chercheurs donne naissance à un vrai partenariat, comme celui qui s'établit parfois entre l'État et les entreprises privées pour stimuler l'innovation (Dhume, 2010). Les agriculteurs et leurs organisations passent ainsi du statut de simples objets d'étude à celui de parties prenantes du projet. Ce partenariat signifie une mise en commun des ressources, matérielles ou immatérielles, pour atteindre un objectif commun (Storup, 2013) et il vise un renforcement des capacités d'action de tous les acteurs et une valorisation du savoir propre à chacun (Bosc *et al.*, 2014).

Au-delà de l'approche originelle de Lewin sur la recherche-action, favoriser le partenariat implique de mettre en place de nouveaux espaces de rencontre et d'action entre les chercheurs et les autres acteurs, où vont se fabriquer un langage commun, des projets et de nouvelles pratiques. Chaque RAP met en place des dispositifs adaptés aux spécificités de la situation, selon le problème à traiter, le système d'acteurs, l'urgence, les incertitudes et les trajectoires des relations internes et externes.

## Les différentes pratiques et expériences de recherche-action en partenariat dans l'agriculture

Dans le domaine agricole, l'échec du modèle linéaire, de la recherche à la vulgarisation puis à la production, où l'agriculteur est considéré comme un simple récepteur passif auquel le chercheur transmet de la connaissance *via* les services de conseil, a favorisé l'émergence de différentes formes de recherche participative, dont la RAP (Chercheurs Ignorants, 2015). Les RAP en agriculture portent généralement sur la coproduction d'innovations en associant les acteurs locaux dès la définition de la question (Chia, 2004 ; Dulcire *et al.*, 2008 ; Faure *et al.*, 2010). Elles ont pour objectif commun un changement de la réalité où les parties prenantes sont effectivement actives. La RAP naît alors de la rencontre entre une intention de recherche et une volonté de changement de la part d'acteurs locaux, au sein de partenariats négociés qui permettent aux différents acteurs d'exercer un rôle reconnu et de co-construire des innovations mieux à même de répondre à leurs préoccupations (Faure *et al.*, 2010). Le processus de négociation qui s'établit alors entre les acteurs donne naissance à un cadre éthique partagé, qui définit les manières d'agir de chacune des parties prenantes de la RAP (Vall *et al.*, 2016). Cette pratique de RAP permet aussi aux acteurs impliqués de questionner les conditions qui sont à l'origine des problèmes traités, et notamment de ceux liés aux inégalités.

La RAP traduit une épistémologie qui s'appuie sur une éthique de l'autre, en interrogeant la place depuis laquelle la recherche est conduite (Paturel, 2010). L'origine du questionnement n'est pas construit à priori et elle se situe au cœur du processus-même de la RAP. La RAP est une façon de construire du sens et d'anticiper (Paturel, 2015) ; c'est une friction constructive entre les logiques différentes des parties prenantes (Soulard *et al.*, 2007). Elle permet l'évolution des réseaux sociotechniques (Callon et Ferrary, 2006) sur lesquels repose le processus de changement. Elle fait le lien entre la connaissance pour elle-même et la connaissance pour l'action, et entre la généricité et la singularité des résultats de recherche.

De manière plus concrète, la RAP implique la mise en œuvre d'activités particulières par les chercheurs et par les autres acteurs, pour différents résultats escomptés (tableau 9.1).

La démarche de RAP est appliquée et « impliquante » ; c'est une recherche pour et dans l'action, où les chercheurs et les autres acteurs influent de façon continue sur le cours des événements.

### De l'innovation au partenariat émancipateur

La RAP se fait dans le cadre de dispositifs particuliers. Foucault (1975) propose de définir un dispositif comme étant un système de relations établies entre des éléments hétérogènes, tels que des discours, des institutions, des décisions réglementaires, des lois, des affirmations scientifiques, etc. Ces dispositifs permettent de fabriquer des stratégies collectives adaptées aux contextes et aux situations, de modifier le système de relations par des arrangements sociaux et collectifs, et non par de simples arrangements techniques figés, et de formaliser et gérer les relations entre acteurs.

**Tableau 9.1.** Activités à effectuer pendant la recherche-action en partenariat (RAP).

| | Activités à effectuer par les acteurs locaux (agriculteurs, techniciens…) | Activités à effectuer par les chercheurs |
|---|---|---|
| Analyse | Identifier les acteurs et les organisations, les savoir-faire et les phénomènes en cause<br>Formaliser les problèmes et choisir ensemble les niveaux d'analyse et d'action<br>Étudier la trajectoire possible | Comprendre la complexité des situations (dimensions techniques, économiques, sociales, politiques, scientifiques, culturelles, juridiques)<br>Identifier les pratiques et les savoir-faire des acteurs locaux<br>Identifier les rapports de forces et les alliances |
| Action | Construire des dispositifs de gouvernance de RAP<br>Favoriser la synergie entre recherche et développement<br>Mettre en place des expérimentations<br>Produire des connaissances actionnables et consolider les savoir-faire | Construire les équipes de chercheurs<br>Problématiser la question identifiée avec les acteurs<br>Mettre en place des dispositifs de distanciation (comité de suivi…)<br>Communiquer par des documents, des articles; vulgariser…<br>Élaborer une stratégie d'intéressement et d'enrôlement |
| Résultats escomptés | Résolution des problèmes<br>Apprentissages<br>Gestion de situations complexes<br>Capacité d'expertise et expérimentation | Connaissances actionnables et domaines de validité<br>Méthodes d'intervention<br>Innovations à différentes échelles |

Dans le cadre d'une RAP, participants et chercheurs élaborent ensemble une question commune et les manières d'y répondre, mettent en œuvre des alternatives puis en évaluent les résultats, pour les valoriser ensuite, individuellement ou collectivement. Ils se trouvent alors dans une posture de partage et dans des relations d'égalité, tantôt dans la réflexion, tantôt dans l'action. Quatre principes guident cet engagement partenarial :
– les connaissances scientifiques ne sont pas supérieures aux autres, la prise en compte des savoirs locaux doit être effective ;
– les recherches doivent déboucher sur l'action, c'est à dire répondre à un problème posé ;
– les recherches sont conduites en projets (incluant la construction des questions, la définition d'objectifs, la mise en œuvre d'actions et l'évaluation des résultats), mis en œuvre en commun par l'ensemble des acteurs ;
– le partenariat doit être effectif, grâce à des responsabilités négociées et partagées par les différents acteurs concernés.

Le démarrage de telles démarches de RAP est complexe. En effet, elles reposent sur la mobilisation de nombreux acteurs et sur un dialogue, auxquels chercheurs et partenaires ne sont pas toujours préparés. La phase de construction du partenariat est une phase cruciale d'une RAP. Elle est consommatrice de temps et de moyens. De surcroît, la conduite de ce partenariat se doit de reposer sur des bases contractuelles, souples et modifiables, dans lesquelles chaque partie possède des droits et des devoirs Dans certaines situations, une RAP et une recherche classique, orientée vers la production de références techniques, peuvent être complémentaires. L'encadré 9.1 illustre à la fois le temps pour construire le partenariat et la création d'un cadre éthique.

---

#### Encadré 9.1. La recherche-action en partenariat (RAP) au Burkina-Faso

Les travaux que nous avons menés (Vall *et al.,* 2016) dans l'Ouest du Burkina Faso depuis 2005, dans le cadre de différents projets de recherche et de développement, nous ont permis de formaliser la démarche de RAP en la mettant à l'épreuve. Il s'agissait de modifier la réalité, avec les agriculteurs, les éleveurs, les conseillers agricoles, les techniciens des ministères déconcentrés et les municipalités, à travers la co-conception des innovations sociotechniques.

Nous avons expérimenté et mis en place des nouvelles techniques de culture (association de plantes, agriculture de conservation), de conduite des élevages (élevage laitier, embouche, animaux de trait), de gestion collective des ressources naturelles (élaboration de chartes foncières) et de production de compost. Une première innovation organisationnelle a consisté à créer un comité local associant les agriculteurs d'un village à des chercheurs et à des techniciens (comité de concertation villageois). Cette innovation a été ensuite peaufinée et généralisée à neuf autres villages, et a inspiré les pouvoirs publics dans le cadre de la politique nationale de décentralisation.

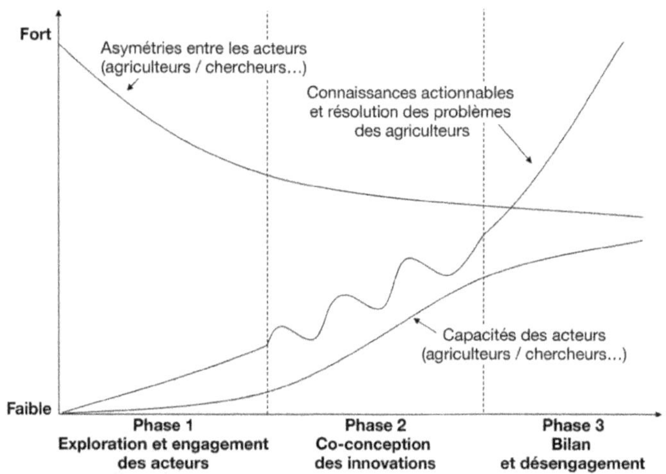


**Figure 9.1.** Phases et dynamique de production des résultats d'une recherche-action en partenariat (Vall *et al.*, 2016).

Nous avons travaillé avec plus de dix villages et 100 exploitations agricoles. Dans une première phase expérimentale, dans deux villages, nous avons œuvré à la co-conception de systèmes agro-pastoraux plus productifs et plus durables, en mobilisant les principes de l'intensification écologique, en (re)pensant l'intégration de l'agriculture dans l'élevage, tant à l'échelle des exploitations qu'à celle des villages. Les expérimentations agro-pastorales menées au champ avec les paysans

…

---

ont été un outil important. La co-conception d'innovations nécessite d'inscrire la RAP dans le temps (figure 9.1). Une première phase permet d'explorer le problème et les solutions, de créer la confiance et d'enrôler les acteurs. Une deuxième phase se centre sur la co-conception des innovations, grâce à l'élaboration de connaissances actionnables. Une troisième phase permet de faire un bilan et d'enclencher un nouveau cycle de RAP ou de négocier le désengagement de la recherche. Le renforcement des capacités à innover des acteurs non chercheurs est visible lors de la seconde phase et permet aux acteurs de devenir progressivement autonomes.

Le comité de concertation villageois facilite la production d'un langage commun entre les acteurs de terrain ainsi que l'élaboration commune de stratégies de développement. C'est aussi un dispositif leur permettant de gérer les relations avec la recherche et les autres parties prenantes du développement territorial. C'est un facteur d'émancipation (Charbonnier, 2013).

Quant à la recherche, ce dispositif lui permet d'élaborer le cadre éthique et de mettre en place des expérimentations agro-pastorales (d'en définir les thèmes et les volontaires). C'est aussi un lieu de restitution et de discussion des résultats et d'arbitrage des priorités.

## ▸▸ Une recherche-action en partenariat construite et négociée de manière collective

Le chercheur engagé dans une recherche-action en partenariat (RAP) doit apprendre à faire évoluer ses objectifs de recherche, à imaginer de nouveaux dispositifs de recherche et de nouvelles formes de coopération. Les différentes questions qu'il doit se poser, comme partie prenante d'un processus de changement et vis-à-vis des autres acteurs, peuvent être formulées ainsi :
– comment faire de la recherche qui réponde aux questions des acteurs et comment assumer un engagement dans l'action ;
– comment associer activement les agriculteurs et les autres acteurs à la RAP, dans l'élaboration des questions, la définition du dispositif, la mise en œuvre et la cogestion des activités, la confrontation des connaissances, l'analyse des résultats et de leurs modes de valorisation ou d'appropriation ?

### La participation ne se décrète pas !

La participation des acteurs ne s'impose pas d'elle-même mais résulte d'un travail de sensibilisation et de construction entre les chercheurs et les autres acteurs ; l'un des objectifs du processus de RAP est de fonder des relations de réciprocité et d'équivalence entre acteurs (Coenen, 2001). Ce partenariat n'est pas seulement une règle imposée par une bureaucratie administrative, car à la mode et donc obligatoire (Coutellec, 2015 ; Dhume, 2010). Si le chercheur accompagne les acteurs tout au long du processus de RAP, il apparaît que lui aussi a besoin d'apprendre pour devenir opérationnel (Dulcire, 2012). Le rapport de force n'est pourtant pas égal entre les chercheurs et les autres acteurs, ce qui peut avoir des conséquences en matière de domination, d'accroissement des inégalités, de relations de pouvoir, de violence symbolique, qu'il faut pouvoir révéler et gérer (Bourdieu, 2001). Il revient ainsi au chercheur de faire évoluer ses capacités à écouter, à traduire et à se questionner. La dynamique collective repose sur la construction de la confiance entre les différents acteurs et les chercheurs.

## La nécessaire construction d'un langage commun

Soulard *et al.* (2007) soulignent que pour les chercheurs et les autres acteurs en rester à leur propre langage favorise une illusion commune et peut déboucher sur une fiction et, au final, générer des frictions, compromettant la coopération nécessaire au bon déroulement de la RAP. La construction d'un langage commun (Akrich *et al.*, 2006) est une condition de réussite de la RAP. De Santos (2009) qualifie cette étape de nécessaire, pour créer une compréhension mutuelle entre des expériences diverses, sans détruire leur identité.

Ce langage commun permet de se mettre d'accord sur une représentation de la situation actuelle, sur des objectifs à atteindre, sur des actions communes à mener, ainsi que sur des règles de fonctionnement, de coordination et d'évaluation. Chercheurs et non-chercheurs deviennent alors des acteurs potentiellement équivalents (Coenen, 2001), décidant et modifiant ensemble la situation.

## Se mettre d'accord et apprendre pour agir ensemble

Dans le cadre du dispositif de RAP une relation de confiance mutuelle se construit progressivement et favorise l'acquisition des savoirs, des savoir-faire et des savoir-être nécessaires à l'action. Travailler et décider ensemble repose sur une relation de confiance, qui se construit progressivement entre acteurs (Dulcire, 2012). Les partenaires peuvent dans certains cas formaliser ces engagements mutuels par un contrat, qui établit les conditions de collaboration, les fonctions et les rôles des différentes parties prenantes (Chia *et al.*, 2008 ; Vall *et al.*, 2016). Tout en laissant leur autonomie à chacun des partenaires, ce contrat encourage à créer des synergies, à mettre en commun des ressources pour des actions communes, à agir ensemble de manière efficace.

Une RAP amène les acteurs, chercheurs inclus, à se remettre en question et fait évoluer les façons de faire et de penser. Elle les oblige ainsi à des apprentissages réciproques, à prendre confiance en eux-mêmes par la cogestion des activités. Participer à une RAP permet aux participants de se former en agissant, et non plus de se former d'abord pour agir ensuite. Ces apprentissages renforcent leurs capacités d'adaptation face aux incertitudes, condition indispensable pour faire face aux futurs. Il en résulte une émancipation réciproque des chercheurs et des non-chercheurs (Rancière, 1987).

Cependant, la co-construction d'objectifs communs, puis la mise en œuvre d'actions pour atteindre ces objectifs, peut provoquer des confrontations et révéler des désaccords entre les acteurs engagés. Ces confrontations peuvent alors être discutées et résolues, par reconstruction commune. Parfois, aussi, elles peuvent faire éclater le processus collectif, donc le projet porté par la RAP. Ces échecs potentiels forment en soi des apprentissages de nouvelles capacités d'action collective pour les acteurs, dans le futur.

Enfin, dans la RAP, le passage du « je » au « nous » (production d'un langage commun, co-construction puis gestion d'un projet commun) est suivi d'un retour sur le « je », quant aux valorisations spécifiques des résultats communs (articles, pratiques techniques, formes d'organisation, etc.), des valorisations qui peuvent être individualisées, en fonction des contextes et des besoins de chacun des acteurs impliqués.

## Outils et dispositifs de gouvernance

Les acteurs mobilisent des outils pour assurer ces activités d'une RAP que sont la production d'un langage, l'élaboration d'un projet commun, la fixation de règles de fonctionnement et de coordination, la planification, le suivi, puis l'évaluation des actions. Ces outils sont divers, consistant en des relevés de parcelles, des comptes rendus de réunions, des états des recettes et des dépenses, des contrats de partenariats, des jeux collaboratifs, des modèles de simulation, des cartes, etc. Ils peuvent être conçus par les acteurs eux-mêmes, ou sont issus d'autres expériences, et donc exogènes. Dans ce second cas, les acteurs les contextualisent et les adaptent à la situation. Ces outils sont des auxiliaires de la réflexion et de l'action collective. Ils aident à élaborer des stratégies, à définir les actions et à concevoir les ajustements nécessaires à court terme. Alors que l'encadré 9.1 insistait sur les expérimentations avec les paysans, qui sont aussi des outils de la RAP, l'encadré 9.2 montre l'importance des outils de formation.

La RAP s'inscrit dans un dispositif qui est lui aussi régulé par des outils, comme un comité de gestion, un comité scientifique, un groupe de travail, un programme d'actions, un tableau de suivi et d'évaluation, etc. Les comités de gestion gèrent la vie du projet, assurent la communication avec l'extérieur et une médiation en cas de conflits, facilitent les travaux des acteurs et évaluent les résultats. Chia (2004) indique que dans les RAP, comme dans les recherches classiques, les comités scientifiques favorisent la nécessaire distanciation des chercheurs et l'action réflexive pour générer des connaissances scientifiques valides.

Ces outils et ces dispositifs constituent ce que l'on peut appeler la *technologie de la gouvernance* de la RAP (Vall *et al.*, 2016). Ils peuvent être adossés, comme dans le cas du Burkina (encadré 9.1), à la co-construction préalable d'un cadre éthique qui précise des règles d'engagement des chercheurs et des acteurs de terrain.

---

**Encadré 9.2. Agir ensemble pour renforcer la capacité d'innovation des communautés rurales en Colombie**

La durabilité des écosystèmes nécessite le renforcement des capacités de gestion collective et de créativité des collectivités rurales. Dans le contexte colombien de reconstruction après un conflit (accords de paix signés en 2016), différentes communautés rurales ont demandé une formation mieux adaptée à leurs besoins, afin de répondre aux défis locaux. Dans le cadre d'un dialogue des savoirs, pour une coexistence pacifique des communautés et un développement économique durable et équitable, des institutions éducatives et des organisations paysannes[1] ont élaboré ensemble le projet « Dialogue universités-communautés pour le renforcement des compétences de leadership et de créativité vers la durabilité, dans trois contextes ruraux différents (afrocolombien, amérindien et paysan) ».

...

...

Cette formation a été conçue et mise en œuvre en s'appuyant sur une démarche de RAP. Son objectif était de renforcer les capacités d'innovation des communautés rurales concernées, en facilitant les apprentissages pour la conception, la mise en œuvre et l'évaluation de projets pour leur bien-être, et ce, dans leurs différents contextes territoriaux. Deux actions ont structuré cette RAP :
– la formation d'acteurs pour la promotion du bien-être des communautés en élaborant des projets de développement culturel, social et productif ;
– le renforcement de la participation au sein des communautés afin d'améliorer leur fonctionnement collectif, leur autonomie et la coexistence de différents groupes.

Les participants et les participantes (60, en 2015) ont été choisis au sein de leur communauté en fonction de leurs engagements, dans le respect d'une diversité d'âge, dans le but de renforcer les capacités locales des communautés, pour une autonomie effective (Sierra *et al.,* 2010 ; Candelo, 2014). Les thèmes abordés dans les cursus sont résumés en figure 9.2.

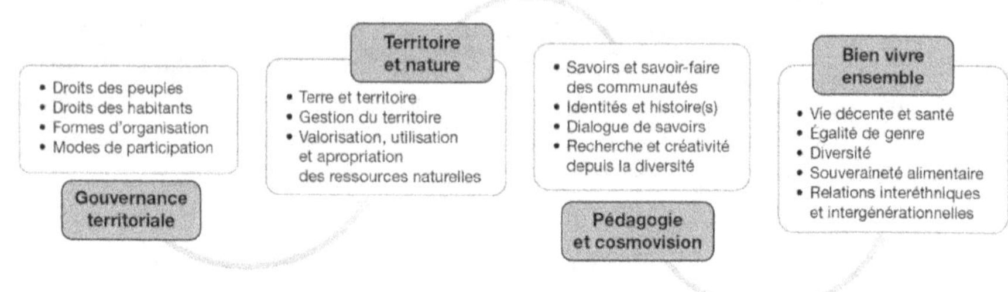


**Figure 9.2** Axes thématiques de la formation de communautés rurales colombiennes.

La formation était fondée sur les principes de pédagogie critique et créative et d'éducation populaire de Freire (1973), et ce, dans une perspective d'autonomisation des acteurs et de co-construction des connaissances. Ces principes comprennent une palette de méthodes, telles que des présentations individuelles, des débats, des dialogues, des ateliers, des expériences artistiques et des travaux individuels ou collectifs. Les thèmes centraux de ces cursus étaient :
– l'identification (comment était-ce avant, et maintenant ?) ;
– la problématisation (qu'est-ce qui a changé, et pourquoi ?) ;
– le projet (que devons-nous reprendre ou transformer ; quels projets créatifs de la communauté faut-il élaborer ?) ;
– la mise en œuvre de ces projets créatifs avec les communautés des participants.

Dans ce cadre, les participants ont identifié, en interagissant avec les chercheurs, des problématiques ou des situations à améliorer dans leur communauté. Ils ont proposé des alternatives en construisant des propositions créatives communautaires, reconnues pour chaque participant comme issues de son propre travail. Les apprentissages faits lors de ces co-constructions ont permis de renforcer les capacités d'animation collective et d'innovation créative des communautés, et de fournir des éléments pour la création d'un programme de formation permanente intitulé « Ruralité, équité et diversité », à proposer dans d'autres zones rurales. À la fin de la RAP, un diplôme a été remis aux participants, ce qui produit une forme de reconnaissance.

1. Corporación de Estudios Educativos, Investigativos y Ambientales (CEAM ), Consejo Comunitario Mayor Asociación Campesina Integral de Atrato (COCOMACIA), organisations paysannes et indigènes (Kichwua, Muruy y Siona) del Putumayo, WWF Colombie, Universités de British Columbia, d'Aalborg et d'Antioquia.

# ▸▸ Conclusion : vers un partenariat créatif, pour accompagner le changement

La recherche-action en partenariat (RAP) est une démarche qui a pour ambition de transgresser la domination scientifique du chercheur sur le non-chercheur. Elle mobilise plusieurs champs disciplinaires (sciences sociales et sciences biotechniques) et conjugue plusieurs démarches (constructiviste et systémique). La RAP suppose une posture de recherche spécifique pour aider les acteurs participants à ne plus être en attente d'une simple transmission de savoirs normés, mais à construire leurs propres savoirs dans le cadre d'un processus réflexif et à renforcer ainsi leurs capacités individuelles et collectives. Ces nouvelles capacités signifient une meilleure capacité d'autonomie des participants, permettant de mieux répondre aux enjeux d'un développement durable.

Ainsi, la RAP est avant tout conçue comme une démocratisation de la démarche de recherche scientifique, permettant l'inclusion d'acteurs ayant des capacités cognitives hétérogènes. Elle contribue à rendre plus symétrique la participation de ces différents acteurs car elle peut intégrer aussi ceux qui sont généralement exclus des décisions politiques et économiques. La RAP invite aussi d'autres acteurs mieux informés à prendre en compte les connaissances et les modes d'organisation locaux peu valorisés. Ce constat renvoie aux difficultés majeures que pose la mise en œuvre d'une démarche partenariale avec les différents groupes sociaux, parmi lesquels figurent souvent les plus marginalisés (Paturel, 2015).

Enfin, la RAP peut aussi nourrir la critique sociale qui structure différentes controverses sur les liens entre science et société ou entre production de connaissances et action publique. Elle s'inscrit plus généralement dans la dynamique de mise en débat du rôle de l'expertise scientifique et de l'évolution souhaitée vers une bonne gouvernance des territoires. L'autonomisation des acteurs constitue une approche stimulante pour lier les notions de durabilité avec celles de justice, de solidarité sociale, de reconnaissance et d'émancipation.

# ▸▸ Références bibliographiques

Akrich M., Callon M., Latour B., 2006. *Sociologie de la traduction : textes fondateurs*, Presse des Mines, Paris.

Anadón M. (éd.), 2007. *La recherche participative : multiples regards*, Presses universitaires du Québec, Québec.

Boltanski L., 2009. *De la critique. Précis de sociologie de l'émancipation*, Gallimard, Paris.

Bosc P.-M., Piraux M., Dulcire M., 2014. Contribuer à l'innovation, aux politiques et à la démocratie locale. *In : Agricultures familiales et mondes à venir* (J.M. Sourisseau, éd.), Éditions Quæ, AFD, Cirad, Versailles, 145-160.

Bourdieu P., 2001. *Science de la science et réflexivité*, Raisons d'agir, Paris.

Callon M., Ferrary M., 2006. Les réseaux sociaux à l'aune de la théorie de l'acteur-réseau. *Sociologies pratiques*, 13(2), 37-44.

Candelo R.C., 2014. *Liberando la Palabra*, WWF Colombia, Cali.

Charbonnier S., 2013. À quoi reconnaît-on l'émancipation ? La familiarité contre le paternalisme. *Tracés*, 25(2), 83-101.

Chercheurs Ignorants (les), 2015. *Les recherches-actions collaboratives, une révolution de la connaissance*, EHESP, Dijon.

Chia E., 2004. Principes, méthodes de la recherche en partenariat : une proposition pour la traction animale. *Revue d'*élevage médecine vétérinaire des pays tropicaux, 57(3-4), 233-240.

Chia E., Dulcire M., Piraux M., 2008. Le développement d'une agriculture durable a-t-il besoin de nouveaux apprentissages ? Les leçons tirées d'une recherche en milieu insulaire. Études Caribéennes, 11, <http://etudescaribeennes.revues.org/3497> (consulté le 27 février 2018).

Coenen H., 2001. Recherche-action : rapports entre chercheurs et acteurs. *Revue internationale de psychosociologie*, 1-2(16-17), 19-32.

Coutellec L., 2015. *La science au pluriel, essai d'épistémologie pour des sciences impliquées*, Éditions Quæ, Versailles.

Dhume F., 2010. *Du travail social au travail ensemble. Le partenariat dans le champ des politiques sociales*, ASH Édition, Paris.

Dulcire M., 1996. Le jeu de l'implication et le feu de l'engagement: chroniques nicaraguayennes. Économie *rurale*, 236, 62-68.

Dulcire M., 2012. The organisation of farmers as an emancipatory factor: setting up of a cocoa supply chain in São Tomé. *Journal of Rural & Community Development*, 7(2), 131-141.

Dulcire M., Chia E., Vall E., 2008. Conception des innovations et rôle du partenariat, CIROP. Bilan et perspectives, Cirad, Montpellier.

Faure G., Gasselin P., Triomphe B., Temple L., Hocdé H., 2010. *Innover avec les acteurs du monde rural : la recherche-action en partenariat*, collection Agricultures tropicales en poche, Éditions Quæ, CTA, Presses agronomiques de Gembloux.

Foucault M., 1975. *Surveiller et punir,* Gallimard, Paris.

Freire P., 1973. *¿Extensión o comunicación? La concientización en el medio rural*, Siglo Veintiuno Ed., México.

Guespin-Michel J., 2015. *Émancipation et pensée du complexe*, Édition du Croquant, Paris.

Lewin K., 1948. Action research and minority problems. Resolving social conflicts. *Journal of social issues*, 2, 34-46.

Paturel D., 2010. *La fonction de Tiers Social,* L'Harmattan, Paris.

Paturel D., 2015. La recherche participative en travail social : l'option d'une épistémologie et d'une méthodologie constructiviste. *In : Les recherches-actions collaboratives, une révolution de la connaissance* (Les chercheurs ignorants, eds), EHESP, Dijon, 197-205.

Rancière J., 1987. *Le maitre ignorant. 5 leçons sur l'émancipation intellectuelle*, Fayard (Paris).

Richez-Battesti N., Petrella F., Vallade D., 2012. L'innovation sociale, une notion aux usages pluriels : quels enjeux et défis pour l'analyse ? *Innovations*, 38(2), 15-36.

Santos (de) B., 2009. *Una Epistemología del Sur. La reinvención del Conocimiento y la Emancipación Social*, Siglo XXI, Buenos Aires.

Sen A., 2010. *L'Idée de justice*, Seuil, Paris.

Sierra Z., Siniguí S., Henao A., 2010. Acortando la distancia entre la escuela y la comunidad: Experiencia de construcción de un currículo intercultural en la Institución Educativa Karmata Rúa del Resguardo Indígena de Cristianía, Colombia. *Visão Global*, 13(1), 219-252.

Soulard C.-T., Compagnone C., Lémery B., 2007. La recherche en partenariat, entre fiction et friction. *Natures, Sciences, Sociétés*, 15(1), 13-22.

Storup B., 2013. *La recherche participative comme mode de production de savoirs*, Fondation Sciences Citoyennes, Paris.

Vall E., Chia E., Blanchard M., Koutou M., Coulibaly K., Andrieu N., 2016. La co-conception en partenariat de systèmes agricoles innovants. *Cahiers Agricultures*, 25(1), 15001.

# Chapitre 10

# Co-conception de changements techniques et organisationnels au sein des systèmes agricoles

Nadine Andrieu, Jean-Marc Barbier, Sylvestre Delmotte, Patrick Dugué, Laure Hossard, Pierre-Yves Le Gal, Isabelle Michel, Fabien Stark et Stéphane de Tourdonnet

**Résumé.** Les mutations en cours au sein de l'agriculture interrogent les travaux et les méthodes relatifs à la conception de systèmes agricoles innovants. Ce chapitre analyse la spécificité de cinq démarches de co-conception de systèmes techniques testées en France et dans différents pays d'Afrique et d'Amérique latine. Elles se basent sur des interactions fortes entre les acteurs impliqués dans ces démarches, facilitées par une diversité d'objets intermédiaires tels que la modélisation ou l'expérimentation agronomique en milieu paysan. Elles ont permis de produire des connaissances opérationnelles et scientifiques sur des changements techniques et leurs conditions de mise en œuvre à l'échelle de l'exploitation ainsi que sur les conditions institutionnelles favorables à l'émergence de nouveaux systèmes. Ces démarches mobilisent des compétences ne relevant pas seulement de l'agronomie. L'intégration de chercheurs relevant des sciences humaines s'avère centrale, en particulier pour analyser comment hybrider des connaissances multiples en vue d'accompagner l'innovation au sein des exploitations et des territoires.

L'agriculture doit répondre à de nouveaux défis. Elle doit être plus efficiente, pour prendre en compte des attentes sociétales de plus en plus prégnantes telles que la réduction des pollutions associées à l'usage des fertilisants et des pesticides, la réduction de la consommation d'énergie et des émissions de gaz à effet de serre, le maintien de la biodiversité et l'accès à une alimentation saine et équilibrée (Schaible et Aillery, 2017 ; Brooks, 2014).

Ces enjeux nécessitent d'accompagner l'innovation agricole dans ses dimensions techniques, organisationnelles et institutionnelles (voir le chapitre 3). Le producteur y joue un rôle actif ; il n'est plus relégué à un rôle d'usager, adoptant des propositions techniques issues de la recherche, mais devient un co-concepteur de l'innovation (voir le chapitre 8). Cela implique d'interroger les travaux et les méthodes relatifs à la conception de systèmes agricoles innovants (Meynard *et al.*, 2012).

Ces travaux portent sur la mise au point de méthodes de conception et d'évaluation des systèmes agricoles à plusieurs échelles (Meynard *et al.*, 2012), depuis la parcelle ou le troupeau, jusqu'à l'exploitation agricole ou aux territoires. Sur cette base, les agronomes analysent les effets à court et long termes des innovations (variétés, pesticides, engrais, modes de culture, d'élevage ou d'irrigation, biotechnologies), en prenant en compte les modifications qu'elles sont susceptibles d'induire sur les systèmes de production, les territoires et les filières. Ces connaissances sont mobilisées pour concevoir de nouveaux systèmes de culture et d'élevage, combinant savoirs scientifiques et savoirs empiriques des acteurs directement concernés.

Les démarches de conception sont de nature diverse. Hatchuel *et al.* (2006) en différencient deux principales. Dans la première, la conception est réglée, les connaissances et les expertises sont disponibles en début de processus. Les objectifs de la conception et les processus de validation (prototypes, essais, tests, division du travail) sont bien définis à l'avance. Dans la seconde, la conception innovante vise à satisfaire des attentes nouvelles non parfaitement définies au départ. Les objectifs multiples se construisent chemin faisant, par la concertation entre acteurs. Dans le prolongement de cette distinction, Meynard *et al.* (2012) spécifient dans l'agriculture la conception *de novo* et la conception pas à pas. La conception *de novo* privilégie l'invention de systèmes (culture, élevage, production) en rupture avec l'existant. Elle s'accompagne de la production de scénarios, qui permettent d'explorer une large gamme de futurs possibles mettant en jeu des changements profonds. Mais cette démarche ne met pas l'accent sur les transformations nécessaires pour passer du système actuel au système innovant (Prost *et al.*, 2016). La conception pas à pas cherche à organiser le changement ou les évolutions en s'appuyant sur des évaluations et des boucles d'apprentissage itératives. Dans cette approche incrémentale, le producteur met progressivement au point son nouveau système, tout en apprenant à le piloter, se convainc de son intérêt et réorganise son travail et ses moyens de production en conséquence.

Partant d'une revue de la littérature, Le Gal *et al.* (2011) affinent la réflexion avec une typologie des approches de conception. Ils mettent en évidence des approches *design-oriented*, où la participation des acteurs est limitée, et des démarches *design-support*, où l'enjeu est d'accompagner les acteurs dans un processus de changements techniques et/ou organisationnels. Le premier courant inclut des démarches de prototypage et de modélisation. Le second inclut successivement des démarches participatives (*participation-based*) visant à renforcer les capacités des acteurs sans recours à la modélisation ; des démarches articulant modélisation et participation des acteurs (*support-modelling*) pour comparer différentes alternatives techniques, et enfin des démarches visant à conseiller les producteurs (*advisory-oriented*). Ces processus participatifs sont particulièrement importants pour produire de nouvelles connaissances, des apprentissages, des technologies et des produits ayant du sens pour les producteurs (Berthet *et al.,* 2015). Ils reposent en effet sur une place importante donnée à la gestion des interactions entre les parties prenantes du processus de recherche-action, afin de mieux combiner ou hybrider des savoirs multiples, et ils utilisent des outils d'exploration spécifiques. Ces outils facilitent la médiation et l'élaboration d'un langage commun entre les partenaires ; ils jouent alors le rôle d'objets intermédiaires (Vinck, 1999).

L'objectif de ce chapitre est d'analyser la spécificité des démarches de co-conception de systèmes techniques mobilisées par les auteurs, en les positionnant et en les comparant à d'autres travaux issus de la littérature. Pour ce faire, nous présentons cinq cas d'étude qui visent à construire des méthodes, des outils et des dispositifs de co-conception et d'évaluation participative de systèmes techniques, dans des contextes variés.

Le système technique est défini comme l'ensemble des moyens techniques et des pratiques de production végétale ou animale coordonnés par un producteur à l'échelle de son exploitation dans un objectif de résultat, en mobilisant des facteurs de production et des règles de décision (Osty, 1996). Ce concept permet d'englober une diversité d'objets d'étude, comme l'évaluation des performances des ateliers et de l'exploitation, l'analyse et l'accompagnement des processus de décision des producteurs ou la façon dont ces derniers allouent leurs ressources en vue de produire des biens animaux ou végétaux.

Les cinq cas d'étude analysés ont ainsi pour point commun les relations entre le producteur et le fait technique, prenant en compte la diversité de types d'agricultures (agriculture biologique, agroforesterie, agriculture de conservation, systèmes de polyculture-élevage), au Nord comme au Sud, en vue d'accompagner les processus d'innovation qui se jouent à l'échelle des exploitations agricoles et des territoires (bassin d'approvisionnement agroalimentaires, espaces partagés avec divers acteurs).

Comme suggéré par Berthet *et al.* (2015), nous analysons les démarches de co-conception de systèmes techniques mises en œuvre en fonction de trois dimensions : le type d'interactions entre acteurs, le type d'objets intermédiaires mobilisés avec les acteurs et les résultats produits par ces démarches. Nous positionnons également ces démarches de co-conception au regard du point de départ choisi par les concepteurs pour appuyer l'évolution des pratiques, tel que défini par Doré et Meynard (2006), à savoir les connaissances sur le fonctionnement biophysique des productions concernées, la technique, ou les logiques d'action.

## ▸▸ Quels types d'interaction entre les acteurs de la co-conception de systèmes techniques ?

Les cinq démarches analysées (tableau 10.1) s'appuient sur des interactions entre les chercheurs et les producteurs. Certaines incluent par ailleurs les acteurs du conseil, ou encore des acteurs institutionnels.

**Tableau 10.1.** Caractéristiques des cinq démarches de co-conception de systèmes techniques étudiées.

| Cas d'étude | Objectif | Zone d'étude | Acteurs impliqués | Source |
|---|---|---|---|---|
| Amélioration des systèmes céréales-coton-élevage (ACCE) | Améliorer les systèmes coton-céréales-élevage dans un contexte de pression anthropique et de dégradation des ressources naturelles | Nord du Cameroun | Producteurs et conseillers de la Société de développement du coton | Djamen Nana *et al.* (2003) ; Dugué et Dounias (1997) |
| Démarche d'évaluation intégrée des systèmes agricoles (IAAS) | Définir et évaluer *ex ante* des scénarios d'avenir pour l'agriculture, en impliquant l'organisation de producteurs de riz et le Parc naturel régional, en particulier pour l'extension de la conversion à l'agriculture biologique (AB) | Camargue | Organisation de producteurs de riz, Parc naturel régional | Delmotte *et al.* (2016) |
| *Agroecology Based Aggradation COnservation agriculture* (ABACO) | Tester avec les acteurs de terrain la faisabilité technique et organisationnelle de l'agriculture de conservation en Afrique subsaharienne | Burkina Faso | Organisations de producteurs, conseillers, instances traditionnelles, services techniques | Dabire *et al.* (2016) |
| Démarche *Crop LIvestock Farm Simulator* (CLIFS) | Aider des producteurs, ayant un projet d'évolution à moyen et long termes de leurs exploitations, dans leurs réflexions sur les voies possibles à suivre à l'aide de scénarios co-construits | Brésil, Maroc, Pérou, Madagascar, Sud-Ouest de la France, Burkina-Faso | Producteurs, conseillers | Le Gal *et al.* (2013) |
| Aide à la décision mise en œuvre par des étudiants de Montpellier SupAgro (SupAgro) | | Camargue | Étudiants, équipe pédagogique, producteurs | Michel *et al.* (2018) |

Ainsi, les démarches ACCE (Amélioration des systèmes céréales-coton-élevage) et CLIFS (*Crop Livestock Farm Simulator*) ont pour cible supplémentaire le conseiller, ce qui a des répercussions sur la personne en charge de l'utilisation des outils de co-conception et sur leur transfert à des acteurs de terrain. La démarche ACCE repose ainsi sur des étapes mobilisant l'expertise du conseiller, en particulier lors des expérimentations en milieu paysan, pour mettre au point et valider des innovations techniques avec les producteurs et pour assurer le suivi, sur un cycle annuel, des modifications engendrées dans la gestion de certains ateliers et ressources. La démarche CLIFS est quant à elle mise en œuvre par le producteur avec, cette fois-ci, l'appui d'un interlocuteur pouvant être un conseiller. La démarche CLIFS simule et évalue un scénario initial, puis des scénarios d'évolution stratégique souhaités par le producteur en fonction de ses objectifs de production et des performances des scénarios simulés.

Dans le cadre des démarches IAAS (évaluation intégrée des systèmes agricoles, en Camargue) et ABACO (*Agroecology Based Aggradation Conservation Agriculture*), plusieurs acteurs de l'environnement institutionnel des producteurs sont cette fois-ci impliqués. La démarche IAAS implique les producteurs et les institutions locales concernées par les questions agricoles. L'engagement de ces acteurs dans le projet est formalisé, leurs perceptions des évolutions et de l'avenir de l'agriculture dans le territoire et leurs critères d'appréciation ou de performances sont considérés. Ils sont ensuite impliqués dans les étapes suivantes de la démarche, à savoir la simulation et la discussion des scénarios de changement à différentes échelles (parcelle, exploitation, région Camargue). La démarche ABACO repose quant à elle sur la formalisation d'une plateforme d'innovation composée de deux organes :
– un organe technique, composé des représentants des organisations de producteurs de coton et d'éleveurs et des services techniques chargés de co-concevoir des systèmes de culture basés sur les principes de l'agriculture de conservation ;
– un organe institutionnel, composé des instances traditionnelles, des représentants des organisations de producteurs de coton et d'éleveurs, et des services techniques, chargés d'aborder les questions d'accès au marché, aux résidus de culture ou au foncier.

Dans toutes ces démarches, l'interaction entre les chercheurs et les acteurs de terrain est centrale, à la fois pour produire des connaissances sur les systèmes techniques mis en œuvre et pour co-construire des alternatives. Ce partenariat est souvent informel. Mais Vall *et al.* (2016) montrent l'importance de le formaliser, par la construction d'un objectif partagé et la définition de cahiers des charges entre les partenaires, de manière à aboutir à des changements effectifs, car construits sur l'engagement des acteurs.

## ▸▸ Quels types d'objets intermédiaires dans la co-conception de systèmes techniques ?

Dans ces cinq démarches, on constate le rôle important des objets intermédiaires fondés principalement sur la modélisation ou l'expérimentation.

Cette place importante de la modélisation est observée dans d'autres travaux de co-conception rencontrés dans la littérature (Duru *et al.*, 2012 ; Moraine *et al.*, 2016 ; Stark et Fanchone, 2014) et permet de renouveler une agronomie des pratiques, jugée parfois trop descriptive et limitée à une évaluation *ex post*, par des approches plus prospectives. La modélisation peut être mobilisée à différentes étapes de la co-conception, pour représenter les objets d'étude, simuler leurs évolutions ou les évaluer *ex ante*.

L'utilisation de l'expérimentation comme objet intermédiaire pour la co-conception est, elle aussi, très présente dans les travaux de prototypage de systèmes de culture (Rapidel *et al.*, 2009 ; Le Bellec *et al.*, 2012) et permet au producteur de mesurer par lui-même, avec l'appui du chercheur, la faisabilité des changements techniques.

Dans trois des cinq démarches étudiées, la modélisation prend différentes formes. Il s'agit de feuilles de calcul sous tableurs, de modèles bioéconomiques ou multi-agents, mais aussi de représentations cartographiques. Ces outils visent à la fois à synthétiser et à articuler les connaissances sur les systèmes techniques existants et surtout à explorer des changements avec les acteurs.

Ainsi, la démarche CLIFS repose sur l'utilisation d'un outil de simulation dédié aux exploitations de polyculture-élevage, qui se veut compréhensible pour les producteurs et les conseillers, tant dans sa structure que dans ses procédures de calcul et ses variables de sortie. L'outil de calcul est utilisable avec les producteurs et transférable à des conseillers agricoles. Cet outil de simulation sert de support de dialogue entre le chercheur, le producteur et le conseiller, quand ce dernier est mobilisé, sur les changements stratégiques de l'exploitation.

Dans la démarche effectuée dans le cadre de la formation à Montpellier-SupAgro, les étudiants modélisent de façon conceptuelle les règles d'assolement et de rotation, d'organisation du travail à l'année, de conduite des soles de culture. Ils conçoivent ensuite des modèles informatiques très simples : des représentations cartographiques du parcellaire sur des systèmes d'information géographique et des feuilles de calcul sur tableurs intégrant les règles structurant l'organisation du travail. Ces outils permettent aux étudiants de tester les changements qu'un producteur aimerait introduire, tout en représentant les étapes possibles pour leur mise en œuvre dans l'exploitation (introduction d'une nouvelle culture, par exemple, ou encore conversion vers l'agriculture biologique). Les résultats des simulations font l'objet de discussions entre les étudiants et le producteur, interpelé quant aux impacts et à la faisabilité de ces changements dans son exploitation.

La démarche IAAS mobilise également la modélisation comme support de discussion avec les acteurs dans différentes arènes (ateliers participatifs, réunions plus formelles avec les acteurs institutionnels), mais ici trois types d'outils sont utilisés. Il s'agit de modèles de culture, pour décrire les performances des systèmes de culture conventionnels ou biologiques, d'un modèle multi-agents, mis en œuvre lors de sessions collectives avec les producteurs pour identifier des trajectoires techniques possibles d'évolution vers l'agriculture biologique, et d'un modèle bioéconomique, pour une évaluation multicritères avec les acteurs locaux de différentes options d'extension de l'agriculture biologique à l'échelle de l'exploitation et de la région.

Dans la démarche ACCE, l'expérimentation, suivie de la restitution et de la mise en débat des résultats, a constitué le principal objet intermédiaire. Le diagnostic partagé entre les chercheurs et les producteurs au sujet du fonctionnement des exploitations et le partage de règles de calcul pour mieux dimensionner les stocks fourragers constituent aussi des objets intermédiaires pour favoriser la discussion autour des changements techniques ou organisationnels au sein des exploitations.

Dans le cadre de la démarche ABACO, plusieurs objets intermédiaires ont été proposés pour animer les plateformes d'innovation :

– l'expérimentation individuelle par le producteur de systèmes de culture basés sur les principes de l'agriculture de conservation, afin qu'il analyse leur faisabilité ;
– la simulation informatique des performances des exploitations, avec un nombre restreint de producteurs, pour réfléchir aux articulations entre les systèmes de culture et les systèmes d'élevage ;
– les cartes à l'échelle du territoire, pour discuter avec les producteurs sur les conditions d'insertion de zones dédiées à l'agriculture de conservation dans les villages.

# ▸▸ Quels résultats de ces démarches de co-conception de systèmes techniques ?

Les différentes démarches de co-conception analysées ont abouti à des résultats de différente nature.

## Conception d'outils et de méthodes appréciés des producteurs

Les producteurs ont généralement apprécié la capacité des outils et des méthodes utilisés à intégrer les différentes composantes de l'exploitation dans une approche holistique, et à comparer différentes options et leurs effets sur la gestion des facteurs de production et sur les performances ; ce fut le cas notamment pour les démarches CLIFS, IAAS ou Montpellier-SupAgro. L'évaluation quantitative des changements futurs possibles, effectuée pour leur propre exploitation et non sur des cas types, ainsi que le caractère réaliste des scénarios simulés ont aussi été appréciés.

Les différentes démarches ont aussi abouti à la conception d'outils méthodologiques utiles dans d'autres situations. Le logiciel CLIFS peut être utilisé pour d'autres exploitations de la même zone mais aussi dans d'autres pays, moyennant quelques adaptations. IAAS a débouché sur une méthode générique d'évaluation intégrée des systèmes de production, pour analyser une diversité d'indicateurs à différentes échelles (exploitation agricole et territoire).

## Des connaissances opérationnelles et scientifiques
## sur des changements techniques et leurs conditions
## de mise en œuvre à l'échelle de l'exploitation

Ces démarches permettent de co-construire des visions partagées entre chercheurs et producteurs ou d'explorer les futurs possibles, comme observé dans d'autres travaux de même type (Martin *et al.,* 2011 ; Moraine *et al.,* 2016). Les différentes démarches ont ainsi permis d'explorer avec les producteurs des pistes d'amélioration technique telles que l'agriculture de conservation, l'insertion de cultures fourragères, les conduites plus intensives de certains animaux de trait et d'élevage, la production de fumure organique ou les changements de rotation ou de culture.

Les conditions pour la mise en œuvre de ces changements techniques au sein de l'exploitation ont pu aussi être appréhendées, en particulier au regard du temps de travail, de la gestion de la trésorerie et des revenus, et/ou des choix d'assolement. Les démarches CLIFS ou SupAgro ont plus spécifiquement permis de traiter avec les producteurs de leurs choix d'orientation stratégique en matière d'ateliers de production et de dimensionnement de ces ateliers (choix de la taille d'un troupeau laitier et de l'assolement à mettre en place, par exemple). Ces modifications de connaissances chez les acteurs sont une étape importante pour conduire à des changements de pratiques et à une transformation des systèmes de culture et d'élevage.

Dogliotti *et al.* (2014), utilisant une démarche de co-conception appliquée à des systèmes maraîchers, ont pu analyser les effets sur les pratiques des producteurs faisant partie de l'expérimentation. Observer des changements de pratiques est beaucoup plus difficile lorsque les démarches visent à orienter les choix stratégiques des producteurs, mais cette analyse des effets de nos démarches reste utile pour faire évoluer nos modes d'interactions avec les acteurs. Ce type d'analyse a été mené dans le cadre de la démarche ABACO, où une amélioration des connaissances des producteurs sur l'agriculture de conservation et un début d'adoption de ces systèmes innovants ont été observés. De même, Sempore *et al.* (2016), ayant mis en œuvre une démarche d'accompagnement individuel similaire à la démarche CLIFS, ont montré son effet positif sur les pratiques, permis par une meilleure connaissance des flux entre les systèmes de culture et les systèmes d'élevage.

Il apparaît ainsi important de renforcer l'évaluation des effets de ces démarches, que ces effets consistent en une stimulation des apprentissages, en des décisions tangibles prises par les producteurs, ou en l'adoption des nouveaux systèmes techniques co-conçus et leurs impacts sur la sécurité alimentaire ou l'amélioration des revenus.

## Des connaissances scientifiques sur les conditions institutionnelles favorables à l'émergence de nouveaux systèmes

Ces démarches ont aussi permis d'identifier les conditions institutionnelles favorables à l'émergence de nouveaux systèmes de production. Ces conditions étaient parfois prises en compte dans le cadre des méthodes utilisées et dans les modèles mais, dans d'autres cas de figure, la question des conditions est ressortie des discussions avec les acteurs impliqués. Il s'agit, par exemple, des besoins d'actions collectives, de la nécessité d'équipements à partager, de l'importance de l'approvisionnement en intrants et en semences, ou du renforcement de la sécurisation foncière (propriété, location, métayage), points qui furent abordés à l'issue des discussions menées dans le cadre de la démarche ACCE. Dans le cadre de la démarche IAAS, les conséquences d'une modification des politiques publiques de soutien à l'agriculture (baisse des aides directes aux cultures, renforcement des mesures agro-environnementales) sur les assolements des exploitations et sur l'utilisation de l'espace agricole du territoire, puis les conséquences des évolutions de l'usage de l'espace sur des indicateurs environnementaux, économiques et sociaux, étaient plus explicitement pris en compte dans les outils de modélisation.

Les limites d'une généralisation de l'agriculture biologique dans le territoire ont été ainsi discutées, de même que les complémentarités entre différentes formes d'agriculture sur un même espace.

Certains de ces travaux ont débouché sur des recommandations faites aux acteurs du développement afin de faciliter les changements à plus grande échelle. Au Nord Cameroun, la démarche ACCE a permis l'identification de programmes de développement régional et de nouvelles règles de gestion de l'espace au niveau villageois ou de fonctionnement des groupements de producteurs pour la gestion d'un stock d'intrants d'élevage (médicaments vétérinaires). Dans le cadre de IASS, la démarche et certains de ces résultats ont été utilisés par les représentants du Parc naturel régional de Camargue pour avancer dans l'élaboration des mesures agro-environnementales locales. La démarche ABACO a aussi permis de définir de nouvelles règles d'accès aux résidus de culture à l'échelle collective (village) et d'amorcer une réflexion sur les chartes foncières.

## ⇥ Conclusion et perspectives d'évolution pour les démarches de co-conception de systèmes techniques

Les démarches de co-conception de systèmes techniques présentées dans ce chapitre renforcent les capacités gestionnaires des producteurs, afin qu'ils élaborent par eux-mêmes des solutions pour répondre aux problématiques auxquelles eux et leur famille sont confrontés. Elles mobilisent pour ce faire des objets intermédiaires variés, facilitant l'élaboration d'un langage commun entre les partenaires de la démarche et l'exploration des futurs possibles. Les innovations co-conçues dans ces démarches sont aussi bien un objet technique (le mode de travail du sol), un système complet (un système de culture ou de production, par exemple, pour les exploitations de polyculture-élevage) ou un changement organisationnel (gestion du travail et des équipements), qui sont replacés au sein de l'exploitation agricole et du territoire.

Les transformations en cours au sein de l'agriculture, notamment celles fondées sur l'agro-écologie, placent sur le devant de la scène ces démarches de co-conception de systèmes techniques pour accompagner les producteurs. Mais elles appellent aussi à renforcer la prise en compte des interactions entre les producteurs et les autres acteurs concernés (notamment les acteurs du système alimentaire, lorsqu'il s'agit d'améliorer la sécurité alimentaire, ou ceux impliqués dans la gestion de l'écosystème, lorsqu'il s'agit de préserver les ressources naturelles). Ces interactions avec de multiples acteurs peuvent être déterminantes dans l'orientation des innovations (choix des innovations, faisabilité et acceptabilité).

Les auteurs de ces travaux de recherche mentionnent tous des processus réclamant des compétences qui ne relèvent pas seulement de l'agronomie, par exemple pour évaluer des apprentissages ou pour appréhender les questions de changement d'échelle. Ces contraintes posent la question de la configuration des dispositifs de recherche-action, qui peuvent nécessiter l'intégration de chercheurs relevant des sciences humaines.

# ▸▸ Références bibliographiques

Berthet E.T.A., Barnaud C., Girard N., Labatut J., Martin G., 2015. How to foster agroecological innovations? A comparison of participatory design methods. *Journal of Environmental Planning and Management*, 1-22, DOI: 10.1080/09640568.2015.1009627

Brooks J., 2014. Policy coherence and food security: The effects of OECD countries' agricultural policies. *Food Policy*, 44, 88-94.

Dabire D., Andrieu N., Djmen P., Coulibaly K., Posthumus H., Diallo A.M., Karambiri M., Douzet J.-M., Triomphe B., 2017. Operationalizing an innovation platform approach for community based participatory research on conservation agriculture in Burkina Faso. *Experimental agriculture*, 53(3), 460-479.

Delmotte S., Barbier J.-M., Mouret J.-C., Le Page C., Wery J., Chauvelon P., Sandoz A., Lopez Ridaura S., 2016. Participatory integrated assessment of scenarios for organic farming at different scales in Camargue, France. *Agricultural systems*, 143, 147-158.

Djamen Nana P., Djonnewa A., Havard M., Legile A., 2003. Former et conseiller les agriculteurs du Nord-Cameroun pour renforcer leurs capacités de prise de décision. *Cahiers Agricultures*, 12, 241-245.

Dogliotti S. García M.C., Peluffo S., Dieste J.P., Pedemonte A.J., Bacigalupe G.F., Scarlato M., Alliaume F., Alvarez J., Chiappe M., Rossing W.A.H., 2014. Co-innovation of family farm systems: A systems approach to sustainable agriculture. *Agricultural Systems*, 126, 76–86.

Doré T., Meynard J.-M., 2006. Trois approches agronomiques pour appuyer l'évolution des pratiques agricoles, *In : L'agronomie aujourd'hui* (Doré T., Le Bail M., Martin P., Ney B., Roger-Estrade J, eds), Éditions Quæ, Versailles, 33-41.

Dugué P., Dounias I., 1997. Intensification, choix techniques et stratégies paysannes en zone cotonnière du Cameroun. Le cas des systèmes de culture des zones d'installation des agriculteurs migrants, *In : Succès et limites des révolutions vertes* (Griffon M., ed.), Cirad, Montpellier, France, 93-106.

Duru M., Felten, B., Theau J.-P., Martin G., 2012. A modelling and participatory approach for enhancing learning about adaptation of grassland-based livestock systems to climate change. *Regional Environmental Change*, 12, 739-750.

Hatchuel A., Le Masson P., Weil B., 2006. *Les processus d'innovation. Conception innovante et croissance des entreprises*, Hermès, Paris.

Le Bellec F., Rajaud A., Ozier-Lafontaine H., Bockstaller C., Malezieux E., 2012. Evidence for farmers' active involvement in co-designing citrus cropping systems using an improved participatory method. *Agronomy for Sustainable Development*, 32(3), 703-714.

Le Gal P.-Y., Bernard J., Moulin C.-H., 2013. Supporting strategic thinking of smallholder dairy farmers using a whole farm simulation tool. *Tropical Animal Health and Production*, 45, 1119-1129.

Le Gal P.-Y., Dugué P., Faure G., Novak S., 2011. How does research address the design of innovative agricultural production systems at the farm level? A review. *Agricultural Systems*, 104, 714-728.

Martin G., Theau J.-P., Therond O., Martin-Clouaire R., Duru M., 2011. Diagnosis and simulation: a suitable combination to support farming systems design. *Crop & Pasture Science*, 62, 328-336.

Meynard J.-M., Dedieu B., Bos A.-P., 2012. Re-design and co-design of farming systems. An overview of methods and practices. *In: Farming Systems Research into the 21st century: The new dynamic* (I. Darnhofer, D. Gibbon, B. Dedieu, ed.), Springer, 407-432.

Michel I., Barbier J.M., Mouret J.-C., 2018. La Camargue rizicole : un laboratoire à ciel ouvert pour former des ingénieurs agronomes, *In : Le Riz et la Camargue. Vers des agroécosystèmes durables* (Mouret J.-C., Leclerc B., coord.), Cardère – Éducagri, 71-81.

Moraine M., Grimaldi J., Murgue, C., Duru M., Therond O., 2016. Co-design and assessment of cropping systems for developing crop-livestock integration at the territory level. *Agricultural Systems*, 147, 87-97.

Osty P.L., 1996. Methods and scales of intervention. What methodological renewal for system research? *In: System-oriented research in agriculture and rural development.* Proceedings of in international symposium, November 21-25 1994, Montpellier, France, Cirad, 196-210.

Prost L., Berthet E.T.A., Cerf M., Jeuffroy M.-H., Labatut J., Meynard J-M., 2016. Innovative design for agriculture in the move towards sustainability: scientific challenges. *Research in Engineering Design*, Springer Verlag, DOI 10.1007/s00163-016-0233-4.

Rapidel B., Traore B.S., Sissoko F., Lancon J., Wery, J., 2009. Experiment-based prototyping to design and assess cotton management systems in West Africa. *Agronomy for Sustainable Development,* 29, 545-556.

Schaible G.D., Aillery M.P., 2017. Challenges for US Irrigated Agriculture in the Face of Emerging Demands and Climate Change. In: *Competition for Water Resources. Experiences and Management Approaches in the US and Europe* (J.R. Ziolkowska, J.M. Peterson, eds), Elsevier, 44-79.

Sempore A.W., Andrieu N., Nacro H.B., Le Gal P.-Y., Sedogo M.P., 2016. Supporting better crop-livestock integration on small-scale West African farms: a simulation-based approach. *Agroecology and sustainable food systems*, 40, 3-23.

Stark F., Fanchone A., 2014. Le concept d'intégration au cœur de la conception d'un pilote en polyculture-élevage adapté aux exploitations agricoles de Guadeloupe. *Innovations Agronomiques*, 39, 113-124.

Vall E., Chia E., Blanchard M., Koutou M., Coulibaly K., Andrieu N., 2016. La co-conception en partenariat de systèmes agricoles innovants. *Cahiers Agricultures*, 25(1).

Vinck D., 1999. Les objets intermédiaires dans les réseaux de coopération scientifique. Contribution à la prise en compte des objets dans les dynamiques sociales. *Revue française de sociologie*, 40, 385-414.

# Chapitre 11

# Le conseil aux exploitations agricoles pour faciliter l'innovation : entre encadrement et accompagnement

GUY FAURE, AURÉLIE TOILLIER, MICHEL HAVARD,
PIERRE REBUFFEL, ISMAÏL M. MOUMOUNI,
PIERRE GASSELIN ET HÉLÈNE TALLON

**Résumé.** Le conseil en agriculture est un service important pour améliorer les performances des exploitations et les capacités des agriculteurs à innover. Toutefois, son efficacité est régulièrement questionnée. Dans ce chapitre, nous abordons l'évolution du conseil en agriculture, pour montrer tant l'évolution des dispositifs que celle des méthodes pour fournir du conseil. Il existe différentes approches de conseil, mobilisant des principes différents. On peut citer l'aide à la décision, la résolution de problèmes, le renforcement de capacités visant l'autonomisation des agriculteurs, ou l'accompagnement d'un projet individuel ou collectif. Le choix d'une approche dépend de la nature du problème à traiter et des solutions à mettre en œuvre mais aussi des capacités des conseillers, des objectifs que se fixent les organisations de conseil, et enfin des mécanismes de gouvernance et de financement du conseil.

Le conseil en agriculture est un service perçu par les acteurs du développement agricole comme une composante importante de l'amélioration des performances des exploitations. Toutefois, il est régulièrement questionné quant à ses capacités à répondre aux attentes diverses, et parfois contradictoires, des producteurs et des autres acteurs des filières agricoles et des territoires, mais aussi à faciliter l'innovation.

Le conseil est multiforme, tant dans son contenu, dans la manière de fournir le service, que dans la nature des organisations qui le fournissent. De ce fait, il existe de multiples définitions du conseil en agriculture (Faure *et al.*, 2012). Dans l'acception que nous lui donnons, le conseil recouvre, d'une part, les acteurs impliqués, l'activité de conseil, les moyens matériels mis en œuvre, les règles définies pour atteindre les objectifs que les acteurs se sont fixés, et, d'autre part, les savoirs, savoir-faire et méthodes mis en pratique par les acteurs du conseil, notamment par le conseiller, pour créer avec les agriculteurs des connaissances utiles à l'action dans des situations d'apprentissage, individuel ou collectif. L'agriculteur peut accéder à plusieurs types de conseils, définis par leur contenu (technique, économique, social, environnemental, etc.) ou par la manière dont ils sont fournis (diffusion d'informations et de techniques, renforcement des apprentissages, accompagnement d'initiatives, facilitation des interactions entre acteurs, etc.). Avec cette acceptation large du sens donné au terme «conseil», fournir un conseil renvoie aux différentes façons de faire du conseil, dont les figures les plus emblématiques sont la vulgarisation de messages génériques et normatifs élaborés à partir des connaissances produites par la recherche, la co-construction par le demandeur et par le fournisseur de conseil pour répondre à un problème spécifique, et l'accompagnement des agriculteurs pour les aider à formuler et à réaliser leurs projets.

Dans ce chapitre, nous aborderons l'évolution du conseil en agriculture pour montrer tant l'évolution des dispositifs que celle des méthodes pour fournir du conseil. Nous analyserons ensuite comment le conseil soutient l'innovation à l'échelle des exploitations agricoles. Nous montrerons que ce soutien fait appel à différentes approches de conseil mobilisant des principes différents, mais qui souvent doivent être combinées. Nous analyserons alors deux exemples de dispositifs de conseil pour en tirer des orientations en matière d'accompagnement de l'innovation.

## ▸▸ Évolution du conseil en agriculture

Le conseil en agriculture s'inscrit dans un contexte marqué par plusieurs évolutions. À l'échelle internationale, l'investissement public dans le conseil a été massivement réalisé après la Seconde Guerre mondiale, pour moderniser l'agriculture et promouvoir les innovations agronomiques. Il a été remis en question à partir des années 1990, notamment dans les pays du Sud, à cause des politiques d'ajustement structurel, provoquant le désengagement des États d'un service jugé souvent coûteux et peu efficace. Financés grâce aux nouvelles orientations de l'aide au développement et par le secteur privé, de nouveaux acteurs, tels que des organisations de producteurs, des organisations non gouvernementales ou des entreprises de l'amont et de l'aval, ont émergé dans la sphère du conseil. Toutefois, le processus n'a pas été de même nature, ni de même intensité, dans tous les pays. Cela se traduit par un paysage du conseil contrasté d'un État à l'autre : toujours diversifié en Europe, fortement marqué par les opérateurs privés en Amérique latine, affaibli et toujours en cours de reconfiguration en Afrique. L'orientation du conseil, et donc les processus d'innovation qu'il supporte, dépendent largement des acteurs majeurs qui fournissent le conseil. Celui-ci peut être orienté par les producteurs en fonction de leurs besoins et de leurs demandes. Il peut également être tiré par le marché et par les exigences des entreprises situées en amont ou en aval des exploitations agricoles, ou bien défini par des acteurs publics pour assurer une formation agricole minimale ou encore pour prendre en compte des intérêts collectifs.

Les approches de conseil se sont ainsi adaptées au changement de contexte. Pendant la période de fort interventionnisme de l'État, le conseil a permis l'augmentation de la production en favorisant, dans une logique descendante, le transfert de connaissances et de techniques aux agriculteurs. L'innovation était alors vue comme étant insufflée par la recherche (publique ou privée) et le conseil était le moyen de diffuser les messages techniques issus des travaux scientifiques et de l'appareil de développement. Le modèle d'intervention connu sous le nom du système « formation et visite », promu par la Banque mondiale jusque dans les années 2000, est emblématique d'une telle vision. Face aux limites de ces approches (absence d'efficacité dans les zones à faible potentiel agricole ; difficulté à aborder des problèmes complexes, comme la gestion des ressources naturelles ou la gestion de l'exploitation ; effets négatifs dans certaines zones, suite à l'usage excessif d'intrants chimiques), de nouvelles approches de conseil ont été expérimentées. Elles ont privilégié les méthodes participatives, afin de mieux prendre en compte les besoins des agriculteurs et leurs marges de manœuvre. Les agriculteurs ont commencé alors à être perçus comme des acteurs de l'innovation. Ces méthodes se sont largement déployées à partir des années 1980 ; ce sont, par exemple, les démarches de *farming systems* (Chambers *et al.,* 1989) et celles de recherche et développement (Jouve et Mercoiret, 1987), mettant l'accent sur la compréhension des logiques des agriculteurs et sur l'adaptation des technologies aux conditions locales. Dans les années 1990, dans les pays du Sud, les méthodes de *participatory technology development* ou de *participatory learning and action research* mettent en avant les processus d'apprentissage et de valorisation des savoirs paysans (Röling et Jong, 1998). L'approche dite des « fermes-écoles », promue encore actuellement par l'Organisation des Nations Unies pour l'alimentation et l'agriculture, est également emblématique d'une telle vision. Ces approches peuvent s'apparenter à des expériences plus anciennes, menées notamment en France dans le cadre des Ceta (Centres d'expérimentation des techniques agricoles), qui regroupent des agriculteurs qui partagent leurs expériences en matière de conduite de leurs productions, avec l'appui de conseillers. Durant cette même période des années 1990, se déploie aussi l'appui aux réseaux d'agriculteurs expérimentateurs en Amérique latine (Hocdé et Miranda, 2000), qui valorisent les savoirs paysans et leur mode de diffusion, de paysan à paysan (*de campesino a campesino*).

Certaines expériences de conseil, portées par des organisations non gouvernementales ou par certaines recherches, insistent sur la nécessité de concevoir un conseil global à l'exploitation, prenant en compte les dimensions techniques et économiques. Ces expériences reposent sur une démarche d'apprentissage individuel et collectif. En France, les Centres d'économie rurale, les Chambres d'agriculture ou des associations comme l'AFOCG (Association de gestion et de comptabilité) mettent également en usage ces approches globales des exploitations pour renforcer leurs capacités gestionnaires. En Afrique, les premières expériences, appelées conseils de gestion ou conseils à l'exploitation familiale, remontent aux années 1990. Elles mobilisent des outils d'aide à la décision utilisant ou non l'écrit (Faure et Kleene, 2004 ; Dorward *et al.,* 2007). En s'appuyant sur des démarches de formation-action s'inscrivant dans la réalité des exploitations et en favorisant la réflexion individuelle et les échanges entre producteurs, ces expériences permettent de renforcer les capacités décisionnelles des agriculteurs, et donc leur autonomie. En ce sens, elles renforcent les capacités d'innovation des agriculteurs.

La diversité croissante des méthodes, pour dépasser le simple transfert de connaissances et de techniques, est le résultat des évolutions des réflexions sur le conseil en agriculture et sur les finalités de l'appui aux acteurs ruraux, qui visent désormais à favoriser les dynamiques d'innovation, à renforcer les processus d'apprentissage, à augmenter les capacités d'action et d'adaptation et, au final, à accroître l'autonomie des producteurs.

## ▶▶ Le rôle du conseil dans le soutien à l'innovation dans les exploitations

### Caractéristiques de l'innovation à l'échelle de l'exploitation agricole

À ce stade de notre réflexion, il est nécessaire de caractériser l'innovation à l'échelle micro-économique de l'exploitation agricole. Schumpeter (1935) plaçait l'entrepreneur au centre du processus d'innovation. Cette dernière est alors définie comme une combinaison nouvelle de facteurs de production, qui peut s'exprimer par la confection d'un nouveau produit, par une nouvelle manière de produire, par la construction de nouveaux débouchés ou par l'accès à de nouvelles ressources. Cette définition montre que l'innovation a plusieurs facettes. De manière plus générale, l'innovation est de nature variée : technique, économique, sociale, ou organisationnelle. En fait, l'innovation résulte toujours de la synergie entre plusieurs dimensions, comme l'affirment Leeuwis et Aarts (2011). Ils considèrent qu'une innovation combine la mise en œuvre de nouvelles techniques et pratiques (ce qu'on peut désigner comme le *hardware*), de nouvelles connaissances et modes de pensées (*software*) et de nouvelles institutions et organisations (*orgware*). L'innovation peut être simple ou complexe, incrémentale ou radicale. Dans une vision de l'innovation centrée sur l'individu, elle est l'œuvre de l'entrepreneur qui décide de changer. Dans ce chapitre, nous retiendrons une telle vision, même si elle prend peu en compte les relations de l'entrepreneur avec d'autres acteurs (les fournisseurs de biens et de services, par exemple), qui sont également structurantes du processus d'innovation. D'autres chapitres du livre montrent en effet comment l'innovation résulte d'interactions entre des acteurs divers, qui créent ensemble des connaissances utiles pour l'action et mettent en commun des ressources.

Les innovations à l'échelle de l'exploitation agricole peuvent certes concerner les processus de production, et de nombreux acteurs pensent d'abord à ce domaine quand ils souhaitent promouvoir l'innovation en agriculture. L'innovation peut alors concerner une partie du système de production, en introduisant une nouvelle technologie (par exemple, une nouvelle variété ou un nouvel outil de travail du sol). En ce sens, elle est alors de nature incrémentale car ne demandant pas une modification drastique du fonctionnement de l'exploitation. L'innovation peut aussi concerner l'ensemble du système de production (le passage à l'agriculture de conservation ou à l'agriculture biologique, ou l'introduction de la mécanisation, par exemple). Elle est alors de nature radicale car elle demande de repenser tout le fonctionnement de l'exploitation. Cependant, la maîtrise, en amont, de l'accès aux moyens de production (terre, eau, travail, crédit, intrants, etc.) et, en aval, celle de la gestion des produits après la récolte (conservation des stocks, transformation, mise en marché) peuvent s'avérer, pour l'amélioration de la productivité de l'exploitation et pour la rémunération du travail familial, bien plus importantes que la maîtrise de la production. Dans ces domaines, l'innovation est aussi nécessaire.

L'innovation peut avoir une origine exogène à l'exploitation agricole. Elle peut alors être portée par le monde des techniciens. Elle peut aussi être endogène, portée par le monde des paysans. Mais, souvent, c'est une combinaison des deux qui s'opère, soit par un travail collectif entre paysans et techniciens (l'innovation est alors co-construite), soit par une mise en œuvre différée dans le temps (une innovation exogène proposée à un moment donné et rejetée alors par les paysans peut être reprise et transformée par un individu ou par un groupe plusieurs années après) ou par une mise en œuvre dans des lieux différents (une innovation endo-gène dans un espace peut être reprise par des techniciens et diffusée dans un autre espace où elle est inconnue).

Les agriculteurs innovent en fonction de différents paramètres. En premier lieu, ils évaluent avec leurs propres critères l'intérêt de l'innovation lorsqu'elle est exogène. Il existe plusieurs grilles d'évaluation de l'intérêt d'une innovation proposée par des experts. Mendras et Forsé (1983) proposent cinq facteurs : l'avantage relatif apporté par l'innovation par rapport à la situation initiale, sa compatibilité par rapport au système en place, sa plus ou moins grande complexité, son essayabilité dans le contexte de l'acteur concerné, son observabilité chez autrui. Ces facteurs traduisent une prise en compte du degré de complexité et du niveau de risque par les producteurs. Deuxièmement, les ressources (terre, eau, travail, capital, connais-sance, aptitude, réseau social) dont dispose l'exploitation déterminent sa capacité à mettre en œuvre les changements nécessaires à une innovation. C'est tout l'apport des travaux sur les systèmes agraires (*farming systems*) qui ont insisté sur cette dimension (Jouve et Mercoiret, 1987). Troisièmement, la motivation à changer est également déterminante. Par exemple, des travaux de recherche au Bénin (de Romemont, 2014) montrent que des agriculteurs participant à des approches de conseil à l'exploitation familiale peuvent avoir différents profils par rapport à leur vision stratégique qui inclut une vision de leur projet de changement et des chemins possibles pour le mettre en œuvre. Les profils identifiés (passif, réactif, imaginatif contraint, proactif) sont apparus comme plus importants que les ressources des exploitations pour expliquer le changement. Quatrièmement, l'environnement extérieur (milieu physique, conditions de marché, réglementations, normes et valeurs sociales) joue un rôle déterminant dans la capacité à innover d'un agri-culteur. De ce fait, l'innovation ne peut pas se penser simplement au niveau de l'individu, mais doit intégrer les interactions avec les autres acteurs. Darré (1996) accorde une grande importance aux échanges et aux débats au sein de groupes de producteurs (réseaux de dialogue professionnel) pour expliquer les dynamiques d'innovation. Toutefois, au-delà de l'interaction avec les pairs pour créer de nouvelles normes et valider de nouvelles façons de faire, l'innovation implique des interactions avec des acteurs de nature diverse. Par exemple, la simple introduction d'une nouvelle variété de maïs demande à intégrer la relation avec le fournisseur de semences mais également avec les vendeurs d'engrais et de pesticides adaptés à cette semence. Le passage à l'agriculture biologique implique de contractualiser avec des certificateurs et de négocier avec des acheteurs dans de nouvelles filières. Enfin, le conseiller, tierce personne intervenant en appui auprès de l'agriculteur, peut favoriser les processus d'innovation.

## L'identification des capacités à innover de l'agriculteur

La théorie du comportement adaptatif (Brossier *et al.,* 1997), basée sur une vision globale de l'exploitation agricole, modélise le fonctionnement de l'exploitation en prenant en compte l'environnement (contraintes et atouts), le projet de l'exploitant et de sa famille (plus ou moins élaboré et cohérent), la situation de la famille (caractéristiques qui vont aider l'acteur à agir ou, au contraire, limiter ses possibilités d'action), et la situation de l'exploitation (contraintes et atouts). Ce sont les perceptions de l'individu sur sa situation et son projet qui sont considérées comme déterminantes dans la gestion de l'exploitation agricole. Cette théorie propose un modèle qui fonctionne par double adaptation, entre l'évolution de la situation de l'agriculteur et celle de son projet. Dans cette vision de la gestion, la réflexion, la décision et l'action font partie d'un même processus d'adaptation permanent. Ce modèle est utile pour identifier les capacités nécessaires pour que l'exploitant et sa famille puissent mettre en œuvre le projet innovant.

La première capacité à innover est celle liée à l'existence d'une vision stratégique des changements à mener. La réflexion stratégique, en tant que processus de création de sens, dans et pour l'action (Torset, 2005), conduit l'exploitant à montrer une compréhension de son environnement, à élaborer et revisiter la vision de son projet et à mettre en œuvre des actions stratégiques liées à cette vision, en adaptant ces actions au fil du temps, en cohérence avec sa perception de l'environnement. L'exploitant élabore une vision stratégique avec l'intention d'influer sur son environnement, en se créant des opportunités dans cet environnement, afin de faire converger sa vision et sa situation. L'élaboration de la stratégie est ainsi un processus émergent, non linéaire et complexe.

La deuxième capacité à innover est la capacité de l'exploitant à mettre en œuvre un projet. Elle repose sur l'acquisition et le renforcement de compétences techniques et gestionnaires (Faure *et al.,* 2012). Les compétences techniques permettent de faire les bons choix de changements dans les activités (agriculture, élevage, transformation des produits). Les compétences gestionnaires permettent de programmer des actions, de prendre des décisions d'ordre tactique (à l'échelle de la campagne agricole) ou stratégique (à l'échelle de plusieurs campagnes agricoles), de suivre les actions pour favoriser l'adaptation au cours de l'action et d'évaluer les résultats sur la base d'indicateurs qui font sens pour les agriculteurs par rapport à leur projet.

La troisième capacité à innover est la capacité à collaborer. Elle repose sur l'acquisition de compétences relationnelles, pour accroître le réseau social de l'exploitant et de la famille afin d'accéder à des ressources (matérielles et cognitives) et de créer de nouvelles connaissances utiles à l'action, pour négocier et créer des partenariats d'affaire, pour se coordonner avec d'autres acteurs afin de mener des actions collectives, ou enfin pour s'engager dans des actions de plaidoyer et influer sur l'environnement organisationnel et institutionnel (Leeuwis et van den Ban, 2004).

## Le rôle du conseiller et les approches de conseil pour renforcer les capacités d'innovation

Pour renforcer les capacités à innover d'un agriculteur, il existe une diversité de méthodes et d'outils. La méthode est ici la procédure pour organiser l'activité de conseil (partager des connaissances, fournir un conseil, renforcer des processus d'apprentissage). L'outil est une technologie mise en œuvre dans le cadre d'une méthode de conseil. Les outils peuvent inclure des technologies qualifiées de douces (réunion en salle, visite sur le terrain, mobilisation de paysans jouant le rôle de formateurs) et des technologies dures (fiches techniques, système d'information, modèles informatisés) (Faure *et al.,* 2012). Le choix des méthodes et des outils dépend de l'objectif du conseiller et traduit son approche. Nous proposons une typologie des différentes approches de conseil, à savoir le transfert de connaissances, l'aide à la décision, la résolution de problèmes, le renforcement des capacités, l'accompagnement et la médiation (tableau 11.1). L'utilisation d'une approche parmi d'autres dépend :
– du type de problème que les acteurs souhaitent résoudre (simple *versus*. complexe) et du type de solution qu'ils veulent ou peuvent mettre en œuvre (normalisée *versus* co-construite) ;
– de l'objectif visé par le conseiller et son organisation en matière de renforcement de capacités et d'autonomisation des acteurs.

Chaque approche implique un type spécifique d'interaction entre le conseiller et le ou les agriculteur(s) (simple *versus* intense, espacée *versus* fréquente) et peut conduire à mobiliser des outils de conseil particuliers. Le coût du conseil et le nombre d'agriculteurs (large public *versus* public restreint) ayant accès au conseil dépendent en partie de ces paramètres.

La plupart des approches peuvent être mobilisées soit dans le cadre d'interactions individualisées entre le conseiller et l'agriculteur, afin d'adapter finement le conseil à la situation, soit dans le cadre de collectifs, afin de favoriser les échanges entre pairs pour renforcer les dynamiques d'apprentissage collectives. Cependant, certaines approches mobilisées pour conseiller un agriculteur ou un collectif d'agriculteurs peuvent être plus adaptées pour résoudre des problèmes impliquant plusieurs acteurs de nature hétérogène (médiation entre acteurs et résolution de conflits, voir le chapitre 12). Il faut toutefois souligner deux points. Premièrement, le choix d'une approche, pour un même conseiller, peut varier au cours du temps. Ainsi, un conseiller, avec un même public, peut à un certain moment choisir une approche de résolution de problème et à un autre moment décider de privilégier une approche de renforcement de capacités, voire un simple transfert de connaissances.

Ainsi, le conseiller peut mobiliser une gamme d'approches afin d'atteindre les objectifs qui lui sont assignés par l'agriculteur ou par son organisation. Deuxièmement, et ce qui limite la portée du commentaire précédent, le choix d'une approche dépend aussi de l'objectif de l'organisation de conseil (Compagnone *et al.*, 2009). Ainsi, certaines organisations de conseil cherchent à faire appliquer aux agriculteurs des règles élaborées par d'autres (une firme de l'aval, qui veut s'assurer de la qualité

**Tableau 11.1.** Typologie des différentes approches de conseil.

| Objectif du conseil | Approche méthodologique | Cas où la méthode est pertinente | Éléments clé<br>Acteurs définissant les thèmes |
|---|---|---|---|
| Transfert de connaissances et de technologies | Le conseiller dit ce qu'il faut faire et encadre l'agriculteur | Si le problème et les solutions sont connus<br>Si les agriculteurs sont prêts et capables d'utiliser les conseils | Généralemen des acteurs externes |
| Aide à la décision | Le conseiller propose des options et l'agriculteur décide | Si le problème est connu et diverses solutions sont possibles en fonction de la situation de chaque agriculteur<br>Si les agriculteurs sont prêts et capables d'utiliser les conseils | Généralemen des acteurs externes |
| Résolution de problèmes | Le conseiller coproduit le conseil avec les agriculteurs | Si un problème identifié par les acteurs demande une analyse particulière et que les solutions sont soit connues, mais à adapter à la situation locale une fois le diagnostic élaboré, soit à inventer avec les acteurs | Des acteurs externes ou les acteurs locaux (selon l cas) |
| Renforcement de capacités | Le conseiller appuie des processus d'apprentissage pour rendre les agriculteurs plus autonomes | S'il s'agit de renforcer l'autonomie des agriculteurs pour résoudre des problèmes complexes qu'ils peuvent rencontrer de manière récurrente | Des acteurs externes (offr de service) et les acteurs locaux (demande de service) |
| Accompagnement des initiatives et des projets | Le conseiller facilite la construction et la mise en œuvre du projet | Si le projet du/des acteurs est complexe et original, et les solutions à mettre en œuvre sont toujours nouvelles | Les acteurs locaux |
| Médiation entre les acteurs et résolution de conflits | Le conseiller joue un rôle d'animateur et facilite les interactions entre acteurs | Si le problème est complexe et la solution dépend d'un accord à trouver entre plusieurs groupes d'acteurs | |

des produits fournis par les agriculteurs, un service public, qui promeut des normes administratives ou environnementales, etc.). D'autres organisations peuvent afficher clairement une approche de renforcement de capacités ou d'accompagnement (organisation non gouvernementale souhaitant mettre en place des pratiques agroécologiques fondées sur les savoirs des agriculteurs, association accompagnant les projets d'installation de pluriactifs, etc.)

e l'approche

| | Caractéristiques du conseil | Exemples d'outils | Coût des conseils par agriculteur | Nombre d'agriculteurs pouvant accéder au conseil |
|---|---|---|---|---|
| | tandardisé, se concentrant ur les individus | TIC, radio, télévision, journaux, formation, démonstrations (ou une combinaison) | Relativement faible | Un grand nombre |
| | En partie adapté à a situation | Modèles informatisés, outils de simulation | Dépend des outils d'aide à la décision utilisés | Nombreux |
| | Le diagnostic et les olutions sont co-construits ar les agriculteurs t le conseiller | Outils de diagnostics participatifs comme arbres à problèmes et à solutions Outils de programmation, suivi et évaluation | Élevé, en raison de l'intensité des interactions entre conseiller et agriculteurs | Nombre limité |
| | Le diagnostic et les olutions sont construits ar les agriculteurs qui hangent leur perception et eur manière d'agir | Outil de gestion pour le pilotage tactique ou stratégique et incluant une forte dimension de formation | Élevé, en raison de la dimension de la formation | Nombre limité |
| | Le diagnostic et la solution ont co-construits par e(s) accompagné(s) t l'accompagnant | Autodiagnostics, cartes mentales, plans de développement et d'action | Élevé, en raison de la dimension accompagnement | Nombre limité |
| | Le diagnostic et les solutions ont co-construits par es agriculteurs (ou autres cteurs du monde rural) t le conseiller | Cartes de réseaux, analyses des relations entre acteurs, mécanismes de négociation, jeux de rôle, modélisations | Élevé, en raison de l'importance des interactions entre acteurs | Nombre limité d'agriculteurs (ou autres acteurs du monde rural) |

## ⇥ Deux expériences de conseil, en pratique

Dans cette partie, nous présentons deux expériences de conseil. L'une se réfère au renforcement de capacités pour gérer son exploitation agricole (Faure *et al.*, 2004) et l'autre à l'accompagnement de personnes engagées dans un projet de création d'activité en agriculture (Gasselin *et al.*, 2013). De ces deux cas, nous tirerons ensuite des enseignements.

## Renforcer les capacités de gestion des agriculteurs : le cas du conseil à l'exploitation familiale en Afrique

### Contexte et objectifs du conseil à l'exploitation familiale en Afrique

Le conseil à l'exploitation agricole familiale est mis en œuvre par une diversité d'acteurs (organisations non gouvernementales, organisations de producteurs, sociétés cotonnières, ministère de l'Agriculture), depuis les années 1990, dans plusieurs pays d'Afrique de l'Ouest. Il vise à renouveler les approches classiques de conseil, considérées comme trop descendantes. L'objectif est de renforcer l'autonomie et les capacités à innover des agriculteurs afin qu'ils gèrent mieux les ressources de leurs exploitations (terre, travail, intrants, finances) et leurs activités, agricoles (cultures et cheptels) et non agricoles. Le conseil à l'exploitation familiale permet aussi d'accompagner les initiatives et les projets des exploitations.

### Principes d'intervention, méthodes et outils du conseil à l'exploitation familiale en Afrique

Le conseil à l'exploitation familiale est fondé sur l'utilisation de méthodes participatives, permettant aux agriculteurs d'analyser eux-mêmes leurs pratiques portant sur les différentes dimensions de leur exploitation (production, transformation, commercialisation, etc.), et leurs résultats techniques et économiques. Les principes de cette approche sont issus des sciences de gestion, en découpant la réflexion autour de plusieurs phases : analyse, planification, suivi, ajustement et évaluation. Les outils d'analyse et d'aide à la décision reposent le plus souvent sur des données enregistrées par les agriculteurs avec l'appui des conseillers. Des traitements informatisés sont parfois effectués par les conseillers pour affiner les analyses. Les outils et les méthodes du conseil à l'exploitation familiale sont adaptés au contexte local, en tenant particulièrement compte des objectifs des principaux acteurs impliqués dans la mise en œuvre du conseil, et des ressources humaines et financières disponibles.

Le conseil à l'exploitation familiale est assuré par des conseillers, souvent appuyés par des paysans qui jouent le rôle d'animateurs. Pour ce faire, les conseillers doivent maîtriser le contenu technique (activités de production, gestion de l'exploitation agricole), les modalités de fourniture du conseil (méthodes participatives, processus d'apprentissage, intermédiation avec d'autres prestataires de service), et la gestion des relations interpersonnelles (écoute, empathie, dialogue). Identifier, former et financer de tels conseillers reste un défi majeur en Afrique.

## Innovations stimulées par le conseil aux exploitations familiales en Afrique

Les changements que les agriculteurs attribuent au conseil à l'exploitation familiale touchent les pratiques agricoles, les pratiques de gestion de l'exploitation et du budget familial, ainsi que la gestion stratégique de l'exploitation. Les innovations sont donc à la fois techniques, en permettant une meilleure conduite des cultures et des troupeaux, mais aussi organisationnelles, à l'échelle de l'exploitation, avec une meilleure gestion des ressources financières et du travail. En ce sens, les innovations sont souvent incrémentales. Dans certains cas, elles peuvent conduire à des innovations plus radicales, impliquant des changements stratégiques dans la conduite de l'exploitation et l'émergence de nouveaux systèmes de production. Même si les dimensions collectives sont peu abordées, le conseil à l'exploitation familiale permet souvent de renforcer les organisations paysannes, puisque certains participants deviennent des leaders au sein de leur organisation en mettant à profit leurs nouvelles capacités.

## Accompagner l'installation progressive en agriculture : le cas des pluriactifs en France

### Contexte et objectifs du conseil aux pluriactifs en France

L'installation en agriculture de personnes non issues du monde agricole est un phénomène significatif en France et pose des questions spécifiques. Ces nouveaux agriculteurs, souvent pluriactifs, s'installent hors de leurs territoires. Par la singularité de leur situation et la progressivité de leur démarche d'installation, ils posent de nouveaux défis à l'accompagnement. Ils obligent notamment à considérer de front :
– l'ensemble des dimensions de l'activité (organisation du travail, options techniques et commerciales, fiscalité, économie familiale, choix de résidence, de territoire, de métier, de consommation, etc.) ;
– la singularité et la diversité de leurs motivations et de leurs ressources (notamment en matière de compétences, de réseaux, de capacités de financement) ;
– la progressivité de la mise en place de l'activité, sur plusieurs années, qui implique de prendre en compte le cheminement de la personne, de son projet et de la relation avec l'accompagnateur.

L'enjeu de l'accompagnement est donc de rendre explicite le projet d'installation, avec le porteur de projet dans un premier temps, puis auprès des différents acteurs avec lesquels le porteur de projet est en contact. La démarche s'appuie sur un cadre de l'accompagnement repensé (approches des accompagnateurs, grands principes, temporalité, évaluation, etc.) et légitimé auprès des acteurs du dispositif d'accompagnement territorial.

### Principes et outils de l'accompagnement des pluriactifs en France

La démarche permet au futur agriculteur de clarifier et de conforter ses motivations. L'espace d'accompagnement est donc en premier lieu un espace de rencontres, dans lequel la relation établie permet à l'accompagnateur et au porteur de projet de cheminer ensemble pour co-construire le projet en question. Cet accompagnement est fait d'allers-retours entre les intentions, les changements et le but attendu, au fil d'une évaluation réflexive. En ce sens, l'accompagnement n'est ni conseil, ni expertise, ni formation, ni diagnostic, mais un processus mettant en résonance un ensemble de pratiques diverses adaptées à chaque phase du projet (Paul, 2002). Le cadre éthique que doit respecter l'accompagnateur garantit la démarche; il inclut la confidentialité, une relation interpersonnelle, la préservation de «l'énigme de l'autre», un engagement volontaire, mais aussi une souplesse du dispositif pour s'adapter aux situations singulières.

Dans le Sud de la France, cette démarche d'accompagnement, co-construite par des chercheurs et des associations d'accompagnement à l'installation en agriculture (Association pour le développement de l'emploi agricole et rural du Languedoc-Roussillon, Airdie[1]), s'appuie sur trois outils réflexifs, dont la souplesse est garantie par la possibilité d'instrumentation qui leur est inhérente (Dalmais *et al.*, 2015). Un premier outil interroge les motivations et les compétences de la personne, un autre l'ancrage territorial du projet, et un troisième la durabilité du système d'activité projeté. Ces outils visent, en situation d'incertitude, à renforcer la capacité d'action de la personne accompagnée.

## Innovations facilitées par l'accompagnement des pluriactifs en France

L'accompagnement permet de repérer et de soutenir des porteurs de projets innovants, dans leurs rapports au marché, au travail et au territoire (Tallon *et al.*, 2013). Le nouveau rapport au marché apparaît notamment dans les formes d'autoproduction et d'échange non marchand qui forment le socle de certains projets. Le nouveau rapport au travail s'exprime souvent dans le sens et les motivations affectés au projet professionnel, le lien paradoxal au travail salarié, la maîtrise des rythmes des activités (saisonnalité, etc.), l'accès à différentes formes de financement, ainsi que dans la gestion de la précarité ou des incertitudes. Quant au nouveau rapport au territoire, il est visible dans les nouveaux modes d'habiter et les nouvelles pratiques de gestion de l'espace, dans la mobilisation des ressources territoriales et dans l'appui sur des réseaux spécifiques.

## Les enseignements des deux cas

Le conseil à l'exploitation familiale est centré sur la gestion de l'exploitation; les questions à traiter sont définies dans un dialogue entre l'agriculteur et le conseiller mais aussi, en partie, par l'organisme de conseil. L'accent est mis délibérément sur la création de situations d'apprentissage afin de renforcer les capacités gestionnaires, pour que l'agriculteur gagne en autonomie. De ce fait, le conseiller alterne moments de formation et moments d'interaction pour enclencher des processus réflexifs. La méthode est standardisée afin de guider le conseiller et elle permet donc de travailler avec une diversité de profils de conseillers, ce qui facilite la diffusion à un plus large public. Les outils sont des aides à la réflexion et à la décision des agriculteurs.

---

1. Association membre du réseau national France Active, se définissant comme un *financeur solidaire pour l'emploi en Languedoc-Roussillon* (airdie.org/airdie).

Ils structurent la pensée et les modes de raisonnement en aidant aux décisions de gestion ; il n'y a donc pas de solutions techniques ou gestionnaires standardisées mais une adaptation à la situation de chaque agriculteur. Les innovations facilitées sont généralement de nature incrémentale et portent sur les techniques agricoles et sur la gestion des ressources des exploitations. Toutefois, les performances, techniques et économiques, des exploitations peuvent être fortement améliorées, tant les capacités gestionnaires progressent grâce au conseil à l'exploitation familiale (de Romemont, 2014). Les innovations plus radicales concernent les agriculteurs les plus proactifs. La dimension collective est cependant absente du conseil dans cette posture, ce qui peut générer des tensions entre acteurs ou ne permet pas de prendre en compte les problèmes à l'échelle plus globale du territoire.

L'accompagnement à la création d'activité en agriculture porte une attention permanente et simultanée au projet (faisabilité, ressources nécessaires, objectifs, etc.) et à la personne (sens de l'activité, compétences, représentations, etc.). Il a donc une visée large, dans la mesure où les objectifs à atteindre sont à définir chemin faisant, dans la maturation d'un projet de vie et d'activité et des capacités à agir de l'individu ou du ménage concerné. Le conseiller, rebaptisé accompagnateur, doit posséder des capacités d'écoute et de reformulation et faire preuve d'empathie et de distanciation. Ces compétences supposent des formations que l'enseignement agricole conventionnel a du mal à offrir, mais elles peuvent s'acquérir dans le cadre de certaines formations professionnelles pilotées par des associations. Les outils disponibles favorisent une ouverture de la réflexion et aident à faire des constats, en amont et au cours de l'action. Certains ont vocation à servir de fil rouge tout au long de l'accompagnement. Les innovations sont souvent incrémentales, en touchant l'organisation du travail et l'agencement des activités, mais elles peuvent être en même temps radicales, en faisant émerger des systèmes d'activité novateurs. Les dimensions collectives du projet sont prises en compte, notamment par une attention aux réseaux et au territoire, mais l'accompagnement reste avant tout individuel.

## ▸▸ Conclusion : le choix d'une approche de conseil et l'innovation

Le conseil agricole peut s'appuyer sur différentes approches, qui se caractérisent par le degré de prise en compte des demandes et des connaissances des agriculteurs, par l'importance accordée aux apprentissages et à l'autonomisation des agriculteurs. Le choix d'une approche dépend à la fois de la nature du problème à traiter et des solutions à mettre en œuvre, mais aussi des capacités des conseillers, des objectifs que se fixent les organisations de conseil, et enfin des mécanismes de gouvernance et de financement du conseil. Le conseil favorise l'innovation au sein de l'exploitation ou, plus largement, au sein du système d'activité, en débouchant sur de nouvelles techniques agricoles, de nouvelles façons de gérer ses ressources, de nouvelles relations avec l'extérieur. Dans certains cas, l'innovation peut être qualifiée d'ordinaire, car elle est portée par des individus qui modifient leur perception sur leur exploitation et leur environnement et changent leurs pratiques pour atteindre un projet qu'ils ont défini. Mais elle peut être aussi radicale, quand le conseil débouche sur une transformation du système de production ou du système d'activité. Toutefois, même si le conseil en agriculture représente un levier pour induire le changement, il ne permet pas de faciliter toutes les formes d'innovation et, notamment, ne facilite pas celles qui demandent de créer de nouvelles relations entre des acteurs hétérogènes, au sein d'une filière ou d'un territoire. Des liens entre le monde du conseil agricole et celui de l'accompagnement de collectifs visant le développement territorial restent à imaginer.

## ▸▸ Références bibliographiques


Brossier J., Chia E., Marshall E, Petit M., 1997. *Gestion de l'exploitation agricole familiale. Éléments théoriques et méthodologiques*, Enesad-Cnerta, Dijon, 215 p.

Chambers R., Pacey A., Thrupp L.A., 1989. *Farmer first. Farmer innovation and agricultural research*, Intermediate Technology Publication, London.

Compagnone C., Auricoste C., Lemery B. (eds), 2009. *Conseil et développement en agriculture. Quelles nouvelles pratiques ?* Éditions Quæ, Educagri, Versailles, Dijon.

Dalmais M., Gasselin P., Cerf M., 2015. Concevoir des outils pour l'accompagnement individuel à la création d'activités en agriculture : quelles caractéristiques et fonctions attendues ? *Pour*, 227, 22-30.

Darré J.-P., 1996. *L'invention des pratiques dans l'agriculture*, Karthala, Paris, 194 p.

De Romemont A., 2014. Apprentissage et réflexion stratégique des producteurs agricoles : construction de la proactivité dans le conseil à l'exploitation familiale au Bénin, thèse de doctorat, Montpellier-SupAgro.

Dorward P., Shepherd D., Galpin M., 2007. The development and role of novel farm management methods for use by small-scale farmers in developing countries. *Journal of Farm Management*, 13, 123-34.

Faure G., Desjeux Y., Gasselin P., 2012. New challenges in agricultural advisory services from a research perspective: a literature review, synthesis and research agenda. *Journal of Agricultural Education and Extension*, 18(5), 461-492.

Faure G., Kleene P., 2004. Lessons from new experiences in extension in West Africa: management advice for family farms and farmers' governance. *Journal of Agricultural Education and Extension*, 10, 37-49.

Gasselin P., Tallon H., Dalmais M., Fiorelli C. (eds), 2013. *Trois outils pour l'accompagnement à la création et au développement d'activités : Trajectoire, Cartapp et Edappa. Application à l'installation en agriculture.* Inra, Cirad, Adear-LR, Montpellier Supagro, Airdie, Région Languedoc-Roussillon, Montpellier, 151 p.

Hocdé H., Miranda B., 2000. *Los intercambios campesinos : más allá de las fronteras… ! seamos futuristas.* IICA-Cirad-GTZ, San Salvador, 294 p.

Jouve P., Mercoiret M.-R., 1987. La recherche-développement : une démarche pour mettre les recherches sur les systèmes de production au service du développement rural, *Les Cahiers de Recherche-Développement*, 16, 8-15.

Leeuwis C., Aarts N., 2011. Rethinking Communication in Innovation Processes: Creating Space for Change in Complex Systems. *Journal of Agricultural Education and Extension,* 17(1), 21-36.

Leeuwis C., van den Ban A., 2004. *Communication for innovation: rethinking agricultural extension*, Third edition, Blackwell Publishing.

Mendras H., Forsé M., 1983. *Le changement social*, Armand Colin, Paris.

Paul M., 2002. L'accompagnement, une nébuleuse. L'accompagnement dans tous ses états. Éducation *Permanente*, 4(153), 43-56.

Röling N., Jong F.D., 1998. Learning: shifting paradigms in education and extension studies. *Journal of Agricultural Education and Extension*, 5, 143-61.

Schumpeter J., 1935. *Théorie de l'évolution économique. Recherche sur le profit, le crédit, l'intérêt et le cycle de la conjoncture*, Dalloz, Paris.

Tallon H., Dulcire M., Dubien A., 2013. Penser la pluri-activité dans le Haut-Languedoc : registres de justification et dispositif d'accompagnement. *Revue d'économie r*égionale et *urbain*e, 1, 93-117.

Torset C., 2005. La réflexion stratégique : objet et outil de recherche pour le management stratégique. XIV^e conférence internationale de management stratégique. Angers, France, 30 p.

# Chapitre 12

# Les démarches ComMod et Gerdal d'accompagnement de collectifs multi-acteurs pour faciliter l'innovation dans les agro-écosystèmes

GUY TRÉBUIL, CLAIRE RUAULT, CHRISTOPHE-TOUSSAINT SOULARD ET FRANÇOIS BOUSQUET

**Résumé.** Les démarches de modélisation d'accompagnement (ComMod) et celles du Groupe d'expérimentation et de recherche : développement et actions localisées (Gerdal) facilitent l'émergence de solutions ou de plans d'action négociés au sein de groupes de pairs ou d'arènes d'acteurs hétérogènes, en stimulant les interactions entre leurs participants. Leurs fondements théoriques, éthiques et méthodologiques sont décrits, et leur usage illustré par deux études de cas. Afin d'aider les praticiens à raisonner leur mode d'intervention auprès de collectifs, l'analyse comparée de ces démarches porte sur des points clés de leur accompagnement, tels que la situation initiale, la construction de collectifs pertinents, l'animation des processus, le partage des savoirs et des points de vue, le suivi et l'évaluation des effets, et le renforcement de la capacité à innover collectivement.

Les nouvelles approches de l'innovation la considèrent comme un processus réflexif engageant de nombreux acteurs hétérogènes, mais la façon d'accompagner ces processus reste une question ouverte : avec quels outils, fondés sur quels cadres de référence théoriques et quels principes éthiques ? Ce chapitre examine ce problème à partir de deux démarches mises en œuvre depuis de nombreuses années, dans différents contextes géographiques, au Nord et au Sud ; il s'agit, d'une part, de la modélisation d'accompagnement (ComMod) et, d'autre part, de la démarche du

Groupe d'expérimentation et de recherche : développement et actions localisées (Gerdal). L'analyse de ces démarches renseigne sur les fondements, théoriques, éthiques ou pratiques, mobilisés pour faciliter l'émergence de solutions ou de plans d'action négociés acceptables, au sein de groupes de pairs ou d'arènes d'acteurs hétérogènes. Toutes deux sont basées sur la facilitation des interactions entre les parties prenantes concernées par un problème, qu'il soit interne au collectif ou posé sous forme d'une injonction externe s'imposant à un groupe social donné.

Après une brève présentation des démarches, nous illustrons leur mise en œuvre par deux études de cas. L'analyse comparée de tels processus d'accompagnement porte ensuite sur un nombre limité de points clés, pour aider les praticiens à raisonner leur mode d'intervention auprès de collectifs.

## ►► Caractéristiques originales des démarches ComMod et Gerdal

### Modélisation d'accompagnement (ComMod)

En 1996, quelques chercheurs travaillant sur la gestion collective des ressources renouvelables débutèrent la construction d'une démarche d'intervention sur des systèmes territoriaux complexes, nommée modélisation d'accompagnement (ComMod)[1]. Cette modélisation est caractérisée par l'examen transdisciplinaire de l'objet d'étude et se focalise sur les interactions entre acteurs ainsi que sur la prise en compte des viabilités conjointes des dynamiques écologiques, d'une part, et sociales, d'autre part. Les chercheurs s'appuyèrent sur la modélisation collaborative pour catalyser les interactions entre chercheurs de différentes disciplines, puis les interactions entre eux et les acteurs locaux. Les mises en pratique initiales proposaient des modèles intégrant différentes connaissances disciplinaires et elles furent rapidement suivies par plusieurs dizaines d'études de cas, portant sur des thématiques variées, dans de nombreux pays. Elles favorisaient les interactions entre différents porteurs de savoirs, chercheurs ou acteurs locaux, au moyen d'outils variés tels que des enquêtes, des entretiens, des échanges en groupe, des ateliers de modélisation conceptuelle, des jeux de rôles, des modèles de simulation informatique multi-agents, etc. Il fallut alors clarifier la posture originale des chercheurs impliqués dans l'accompagnement d'acteurs individuels ou collectifs ayant chacun ses représentations particulières de la situation ainsi que des objectifs et des poids différents dans la négociation de solutions. Bien que participant aussi à l'animation, le chercheur praticien est une des parties prenantes interagissant dans le processus ComMod. Au-delà de la production et du partage de connaissances, lorsque les

---

1. Le collectif ComMod (http://www.commod.org/) s'est constitué en association depuis 2009 à partir d'un réseau scientifique initial de chercheurs, en sciences sociales, (agro-)écologie et modélisation informatique notamment, qui avait conçu, testé et évalué cette démarche durant la décennie précédente. Ce collectif propose des formations et un appui méthodologique aux chercheurs et aux agents de développement intéressés par la mise en œuvre de cette démarche dans des processus de développement territorial.

participants le jugent nécessaire, le processus vise à faire évoluer la situation initiale insatisfaisante, en transformant les modalités d'interactions entre les acteurs et la ressource commune à gérer, ou/et les formes de relations socio-économiques en vigueur (Collectif ComMod, 2005).

## Références théoriques de la modélisation d'accompagnement

ComMod s'inspire des courants de pensée suivants :
– les sciences de la complexité (interactions et imprévisibilité des trajectoires des systèmes socio-écologiques) ;
– le constructivisme (prise en compte de différents points de vue d'acteurs) ;
– la science post-normale (importance de la qualité du processus de co-construction de décisions collectives) ;
– la théorie de la résilience des systèmes socio-écologiques et leur gestion adaptative impliquant production et partage des connaissances ;
– l'auto-organisation et l'apprentissage social (co-conception d'une représentation partagée et mise en œuvre d'un plan d'action concerté) ;
– l'approche patrimoniale et la médiation qui suggèrent l'usage du modèle, comme tiers médiateur traduisant les perceptions des parties, pour faciliter l'échange.

Le modèle ComMod sert à construire une représentation commune du système à gérer et à élucider ses dynamiques et, une fois validé avec les acteurs concernés, il est un support d'analyse de scénarios explorant de possibles états futurs (Collectif ComMod, 2009).

## Une modélisation d'accompagnement collaborative et intégrative

L'usage de protocoles d'interactions entre acteurs et de modèles de simulation multi-agents comme principaux outils d'accompagnement est une caractéristique originale des processus ComMod (Bousquet *et al.*, 2002). Ils sont mobilisés pour conceptualiser une représentation commune de la situation, en partageant les points de vue. Leur implémentation, sous forme de simulateurs informatiques ou/et de jeux de rôles, favorise les apprentissages, individuels ou collectifs, ainsi que la créativité du groupe pour identifier des scénarios souhaitables et les chemins à emprunter pour les réaliser. Le processus ComMod se situe en amont de la décision collective ou du plan d'action technique visant à atteindre l'état désiré du système et il favorise la gestion adaptative des ressources communes.

## Des processus d'accompagnement séquentiels, itératifs et évolutifs

Les processus ComMod sont souvent précédés par une étape de sensibilisation des parties concernées à la démarche, et par l'évaluation *ex ante* de la pertinence d'un tel processus et de sa faisabilité dans la situation concrète d'intervention. S'enchaînent ensuite une succession de séquences itératives, mais évolutives ; la première est focalisée sur les questions clés issues de l'analyse initiale du problème, les suivantes le sont sur les nouvelles interrogations ayant émergé au cours des activités de modélisation et de simulation participative réalisées précédemment. Chaque séquence comprend plusieurs phases (encadré 12.1), visant à l'analyse du problème, à la co-construction de sa représentation en un modèle conceptuel, à son implémentation et à son usage sous forme de simulations participatives (Etienne, 2010).

Bien qu'ils s'appliquent souvent à de multiples échelles, ces processus ont surtout concerné des entités spatiales allant du village au petit bassin versant. Selon leurs dynamiques, l'évolution du contexte et les postures d'animation adoptées, leur durée varie de quelques mois à plusieurs années. Les dispositifs de suivi et d'évaluation chemin faisant et les évaluations externes de leur impact *ex post* qui ont été effectuées ont mis en évidence une diversité d'effets : prise de conscience d'un problème, amélioration de la confiance en soi, élargissement de réseaux d'échanges, changement du mode de prise de décision, adoption de nouvelles pratiques ou règles de gestion collective, et innovation organisationnelle assurant leur régulation locale.

---

**Encadré 12.1. Phases d'une séquence d'un processus de modélisation d'accompagnement**

1. Définition de la question clé à traiter avec les porteurs du processus.
2. Inventaire de l'information pertinente disponible (information scientifique, expertise, savoirs locaux, etc.) et enquêtes-diagnostics complémentaires.
3. Explicitation des connaissances pertinentes pour la modélisation conceptuelle par enquêtes et interviews.
4. Co-conception du modèle conceptuel avec les parties prenantes concernées.
5. Choix de l'outil multi-agents (informatique ou non) pour implémenter ce modèle conceptuel.
6. Vérification, validation et calibration du modèle avec les parties prenantes.
7. Identification et définition des scénarios possibles avec les acteurs.
8. Simulations participatives exploratoires avec les parties prenantes.
9. Diffusion des résultats du processus auprès des acteurs locaux concernés ne participant pas aux ateliers.
10. Suivi et évaluation chemin faisant des effets et de l'évolution de la situation.
11. Identification de nouvelles questions clés (retour au point 1) ou/et négociation d'un plan d'action collective.
12. Formation d'animateurs à l'usage des outils de modélisation collaborative co-construits.

---

## L'aide à la formulation et à la résolution de problèmes du Gerdal

La démarche proposée par le Groupe d'expérimentation et de recherche : développement et actions localisées (Gerdal)[2] est née en 1983, dans un contexte où la recherche agronomique et les organisations agricoles soulignaient la nécessaire diversification des modèles de développement en agriculture, en réponse aux impasses de la modernisation agricole et de l'organisation du conseil aux agriculteurs. Partant d'une analyse critique du modèle de division sociale du travail dans l'organisation du

---

2. Le Gerdal (http://www.sad.inra.fr/Ressources/Developpement-et-action-locale-Le-Gerdal) est une association fondée par des chercheurs en sociologie. Sa mission est de proposer une interface entre recherche, développement et formation, en vue d'élaborer une aide méthodologique à la production de connaissances par des acteurs agricoles ou ruraux engagés dans des processus locaux de développement.

développement agricole (séparation entre ceux qui pensent et ceux qui exécutent) et du constat que les agriculteurs subissent une forme de domination exercée par les conseillers agricoles, vulgarisateurs des connaissances technico-scientifiques (Darré, 1996), les sociologues du Gerdal ont expérimenté dans plusieurs pays une démarche alternative à ce schéma diffusionniste, visant à aider les agriculteurs à formuler et à traiter les problèmes qu'ils se posent et à augmenter leur capacité d'initiatives.

La démarche du Gerdal cherche à renforcer, par le dialogue et la réflexion collective entre pairs, l'activité de production et de transformation des connaissances, pour élaborer des pistes de solutions adaptées et être à même de les discuter avec d'autres acteurs (Darré, 2006 ; Ruault, 1996).

## Penser les relations entre acteurs à partir de la pluralité des formes de connaissances

Mettre l'accent sur la pluralité des formes de connaissances signifie tout d'abord faire la différence entre la connaissance scientifique et technique et la connaissance pour l'action. C'est aussi admettre la pluralité des manières de connaître et de concevoir la réalité. Dans une perspective d'action, cela conduit à repenser les relations entre les techniciens, les chercheurs et les agriculteurs, ainsi que celles entre les agriculteurs et les autres acteurs, en termes de confrontation et de mise à contribution de différentes manières d'analyser et d'évaluer les situations et, de ce fait, de poser les problèmes. L'attention à la parole, à la manière de dire les choses, est ainsi au cœur des outils d'intervention proposés.

## Relier dynamique sociale et dynamique des normes et des pratiques dans les groupes de pairs

À partir d'études de cas, le Gerdal a montré que le changement en agriculture est un processus collectif de production et de transformation des normes (règles d'action), mené par les praticiens eux-mêmes en réponse à des problèmes d'action. Ce processus s'opère notamment au quotidien, au cours de dialogues où se confrontent, sur la base de la diversité des façons de voir et de faire, des arguments sur tel problème, tel changement du contexte ou telle injonction, pour trouver les réponses qui conviennent. La nature des débats, et ce qu'ils produisent en matière de connaissances, sont corrélés à la structure des réseaux de relations et à la position qu'y occupent les individus (leur donnant plus ou moins accès à la parole et à l'initiative). La démarche du Gerdal vise ainsi à renforcer la coopération entre des agriculteurs qui ne font pas la même chose et n'occupent pas les mêmes positions dans les réseaux professionnels.

## Créer les conditions d'une coopération productive entre acteurs

Ces conditions renvoient, d'une part, à la conception des dispositifs de travail (avec quelle unité sociale travailler, avec quelles instances, à quelles échelles, et pour quoi faire ?) et, d'autre part, à la conduite des activités de formulation de problèmes et de recherche de solutions (c'est-à-dire à l'animation des réunions, forme la plus courante que prennent ces activités).

Il s'agit d'abord de constituer des collectifs pertinents, permettant l'adéquation entre leur configuration sociale et la nature des problèmes à traiter (Ruault et Lemery, 2008). Ces collectifs sont définis au cas par cas, en s'appuyant au maximum sur les réseaux existants de dialogue des praticiens, et en distinguant les instances de discussion pratique de celles de discussion politique et stratégique. Cette étape s'appuie sur des moyens d'analyse (tableau 12.1), pour comprendre les situations. Basés sur l'enquête sociologique, les outils proposés visent à caractériser les systèmes d'acteurs et leurs dynamiques socioprofessionnelles (forme des réseaux, pluri-appartenances, échelles d'interconnaissance, écarts de positions sociales, etc.), ainsi que les lieux et les objets des débats.

**Tableau 12.1.** Notions et outils d'analyse et d'intervention utilisés dans la démarche du Gerdal.

| Notions utiles pour comprendre et analyser des situations | Notions et outils utilisés pour orienter l'action |
| --- | --- |
| — Individus et normes sociales | — Notion de collectif pertinent ; conditions de mobilisation des acteurs pour limiter leur sélection |
| — Configurations sociales : groupe professionnel local ; réseaux de dialogue ; pluri-appartenances | — Notion de problème traitable : passer des préoccupations ou souhaits à des questions concrètes permettant d'agir (« comment faire pour… ? ») |
| — Lien entre les morphologies des réseaux de dialogue et les dynamiques des normes | — Les fonctions Dire, Relier, Proposer ; l'aide méthodologique : |
| — Points de vue et formes de connaissance, techniques, scientifiques, ou pour l'action | • à l'expression orale (formuler des problèmes d'action) ; |
| — Pratiques et conceptions ; système de normes ; distinguer les choses, les situations et les relations aux choses, aux situations | • à la production et à l'organisation des idées ; • à la réflexion sur ce que l'on a l'habitude de dire |
| — Positions sociales et droits à la parole, à l'initiative | — La dynamique de la parole ; la double valeur des arguments : valeur sociale (poids accordé aux arguments au regard de la position sociale de celui qui parle) et valeur propre (poids accordé au regard de l'intérêt pour le problème traité) |
| — Interactions entre l'intervention par projets et les dynamiques sociotechniques locales ; distinguer logique de projet et logique de l'action | — La recherche coactive de solutions : • mettre à contribution la diversité des idées et des pratiques ; • aider à la concertation ; • articuler l'aide à la réflexion dans les groupes de pairs et la mobilisation de connaissances scientifiques et techniques |

L'animation des collectifs est ensuite facilitée par l'utilisation d'outils d'aide méthodologique à la réflexion (appelés aussi « outils de recherche coactive de solutions ») (Darré, 2006 ; Ruault et Lémery, 2009, tableau 12.1), en vue d'augmenter l'efficacité de la réflexion collective. Ces outils portent sur la parole (vecteur de la pensée), en favorisant le dialogue et l'expression d'une diversité de manières de voir, et donc de dire les choses, et en gérant les écarts de positions sociales (d'accès à la parole et de possibilité d'être entendu), pour exploiter au maximum cette diversité. Il s'agit d'abord de produire une analyse de la situation pour définir les problèmes à traiter, puis d'aider à déplacer la façon de poser les problèmes pour élargir le champ des solutions possibles. Au cours de la recherche, des ressources extérieures au groupe, en particulier des connaissances scientifiques et techniques, sont mobilisées autant que nécessaire. Leur utilité renvoie néanmoins aux conditions d'articulations entre les apports extérieurs de connaissances et les questions que se posent les participants dans le cadre de l'exercice pratique de leurs activités, sur la faisabilité de telle ou telle action à mener.

# ▸▸ Études de cas d'accompagnement de collectifs multi-acteurs

## Utilisation de ComMod en appui à une révolution fourragère en Thaïlande

Les récentes transformations, rapides, des hautes terres du Nord de la Thaïlande créent de nombreux conflits d'usage des terres entre les agents forestiers du secteur public et les éleveurs pratiquant le pâturage bovin extensif. Les premiers œuvrent à la reconstitution de l'écosystème forestier tandis que les seconds, encouragés par la forte demande de viande bovine, souhaitent maintenir leur activité d'élevage. À l'occasion d'un conflit entre ces parties dans la province de Nan, un processus de modélisation d'accompagnement a été conduit sur deux années, afin de partager les connaissances sur les effets du pâturage extensif sur la croissance des jeunes arbres et d'identifier les nouvelles pratiques d'élevage permettant aux parties d'atteindre leurs objectifs respectifs (Dumrongrojwatthana et Trébuil, 2011).

### La situation d'intervention

Des enquêtes complémentaires ont été réalisées par l'équipe animant le processus, constituée de chercheurs et de leurs étudiants, en formation à la pratique de cette démarche, au village Hmong de Doi Tiew, à différentes échelles :
– à l'échelle de la parcelle pâturée et/ou replantée, pour comprendre les dynamiques de la biomasse avec ou sans pâturage ;
– à l'échelle de l'exploitation agricole, pour connaître la diversité des systèmes de production et des pratiques d'élevage ;
– à l'échelle du paysage, pour relier les récents changements d'usage des terres avec les stratégies des institutions et des acteurs intervenant sur ce territoire villageois (les forestiers, le nouveau parc national, le réseau de maquignons, etc.).

Les résultats ont permis aux chercheurs de former leur propre point de vue sur ce conflit d'usage des terres et de construire le premier outil de modélisation participative, basé sur une série de pictogrammes pour représenter les états de la végétation locale évoluant avec le temps et les actions humaines.

### Initiation à la modélisation conceptuelle

Ces pictogrammes furent utilisés dans des ateliers de sensibilisation à la modélisation collaborative conduits séparément, avec les forestiers, d'une part, et avec les éleveurs Hmong, en majorité privés de toute éducation formelle, d'autre part. Reconstituant la chronologie des états de végétation, avec ou sans intervention humaine, ce jeu de cartes s'est enrichi par l'ajout d'états de végétation utilisés par ces deux groupes d'acteurs comme indicateurs clés du potentiel productif du milieu. Un modèle conceptuel des changements de la végétation a ainsi été progressivement co-construit, sous la forme d'un diagramme de transitions d'états. Implémenté en un modèle informatique multi-agents, il a ensuite été utilisé comme support d'un jeu de rôles pour actualiser, à chaque tour de jeu, les états de la végétation pour chacun des pixels de son interface visuelle. Ce jeu constituait le principal objet intermédiaire utilisé pour stimuler les échanges.

## Premier atelier de jeu de rôles facilité par un simulateur informatique

Ce premier jeu de rôles avait pour interface visuelle une représentation simplifiée du gradient des états de végétation (allant de la forêt dense aux vergers en passant par les cultures annuelles et différents types de jachères) de la portion la plus hétérogène du terroir villageois. Le jeu fut enrichi, puis validé, lors d'un premier atelier de simulation participative au village, avec les éleveurs. Une nouvelle session eut lieu le lendemain avec la plupart des éleveurs et quelques agents forestiers (dont le gestionnaire de l'unité de reforestation locale), en terrain neutre, dans les bureaux administratifs du district. Les simulations des pratiques de replantation forestière et de pâturage bovin ont montré la colonisation progressive des pâturages extensifs par la forêt. Elles ont permis d'identifier un scénario pour le futur, souhaité par les deux parties, basé sur l'introduction de pâturages artificiels à *Bracharia ruziziensis*, une technique disponible localement de longue date, mais pas encore adoptée dans les hautes terres.

## Second atelier élargi, avec un jeu et un simulateur modifiés

Le modèle informatique multi-agents intégré au jeu de rôles fut modifié pour insérer l'option «pâturages à *Bracharia*», et les composants du jeu furent aussi adaptés. À la demande des éleveurs, dont la confiance envers les forestiers demeurait limitée, l'arène d'acteurs fut élargie au technicien de l'élevage du district, ainsi qu'aux agents du parc national et à ceux du projet royal voisin de Sob Khun, intéressés par la démarche et l'observation de sa mise en œuvre sur un thème proche de leurs préoccupations. Ce second atelier se déroula dans l'école du village et réunit pour la première fois éleveurs, forestiers et agents du parc. Les résultats des simulations participatives du scénario à *Bracharia* choisi, avec gestion individuelle ou collective des troupeaux, permirent aux participants de préciser un plan d'action collective concret. Il intégrait le savoir du technicien, expert de l'innovation fourragère envisagée et également témoin de l'accord entre les parties. Le plan d'action défini reposait sur la mise à disposition par les forestiers d'une parcelle expérimentale clôturée de 10 ha, ensemencée en *Bracharia* grâce à la fourniture des intrants par le service de l'élevage, et pâturée par un troupeau prêté par quelques gros éleveurs et géré collectivement.

## Un modèle multi-agents autonome pour la formation des éleveurs sur cette innovation

Cette expérimentation en vraie grandeur du nouveau système d'élevage, impliquant une gestion collective des pâturages, a ainsi été co-construite. La version finale du jeu de rôles fut implémentée en un simulateur informatique autonome, utilisé par le chercheur local et par les éleveurs l'ayant co-conçu, pour former les autres éleveurs, n'ayant pas participé au processus lors de réunions de la population du village, puis avec de petits groupes d'éleveurs n'ayant pas participé aux étapes antérieures du processus. Les co-constructeurs du nouveau système ont ainsi pu expliquer, et discuter, la révolution fourragère proposée pour intensifier l'activité d'élevage bovin tout en permettant la replantation forestière des hauts de bassin versant.

## Suivi et évaluation de la participation et partage des connaissances

Le journal de bord tenu sous tableur par les chercheurs a été utilisé pour le suivi et l'évaluation. Il a permis de montrer quantitativement l'intensité des interactions entre les parties prenantes, qui ne se parlaient pas auparavant, ainsi que la diversité des connaissances échangées au cours du processus. La figure 12.1, où l'épaisseur des traits est proportionnelle à l'intensité des interactions entre acteurs, montre que plus de 40 % du temps fut ainsi consacré au partage des connaissances empiriques des éleveurs, auparavant largement ignorées.

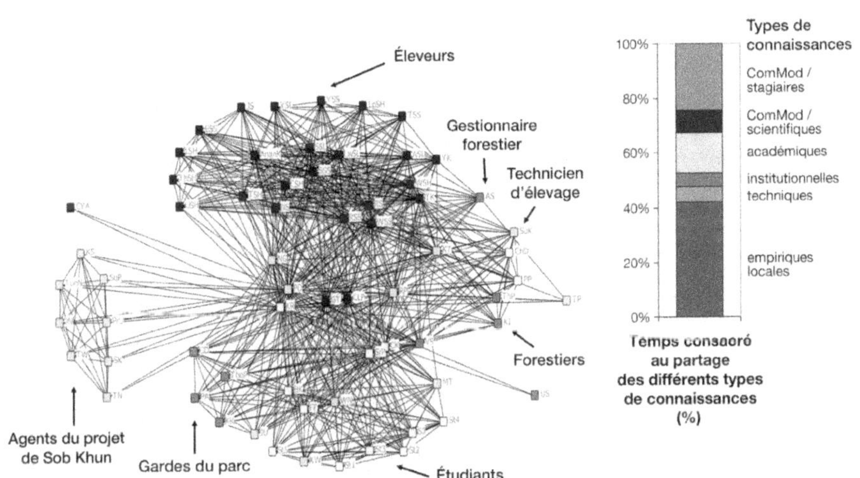


**Figure 12.1.** Interactions entre les différents types de participants et diversité des connaissances échangées durant le processus ComMod en Thaïlande.

## Utilisation de la démarche du Gerdal pour maintenir l'entretien des coteaux en vallée de l'Isère

Une réflexion a été engagée entre 2005 et 2008 par les élus d'une Communauté de communes de la vallée de l'Isère sur l'avenir de l'agriculture, en lien notamment avec la révision et l'extension du schéma directeur de l'agglomération grenobloise. À partir d'un diagnostic de territoire, mené par la Chambre d'agriculture, un état des lieux de l'agriculture (nombre d'agriculteurs, caractéristiques des exploitations, perspectives de succession…) et de l'usage du territoire a été réalisé et a débouché sur la formulation d'objectifs de développement (maintien d'un équilibre entre activité agricole et urbanisation, maintien de paysages ouverts, etc.). Les élus locaux se posèrent alors la question de savoir comment passer à l'action et confièrent aux agents de développement l'élaboration, avec les agriculteurs, de propositions concrètes. C'est autour de ce but, d'engager les agriculteurs pour mettre en action un objectif de politique publique, que le Gerdal a apporté un appui méthodologique aux conseillers animateurs du Comité de territoire du Sud Grésivaudan, instance en charge de la démarche.

Soucieux que les propositions soient véritablement portées par les agriculteurs, les agents de développement se posaient plusieurs questions :
– à quelle échelle réunir les agriculteurs, car celle du Comité de territoire leur semblait trop large, et en décalage avec les échelles d'action et d'interconnaissance habituelles des agriculteurs ;
– qui inviter, pour mobiliser au-delà des seuls responsables professionnels ;
– comment partir des préoccupations des agriculteurs, alors que les enjeux formulés par les élus (telle que la question du paysage) n'étaient pas forcément des priorités pour eux ;
– comment organiser le dialogue avec d'autres acteurs du territoire (avec les élus, en particulier) ?

## Constitution d'un groupe de pairs

S'appuyant sur une identification des réseaux de dialogue, l'option retenue fut d'inviter tous les agriculteurs, à l'échelle de une à trois communes, ce qui a donc donné lieu à quatre réunions en parallèle, pour définir la problématique de travail (à partir d'une mise en commun des préoccupations et des souhaits quant à la pérennité de leurs activités et de l'agriculture sur le territoire) et pour constituer ensuite des groupes par problème et imaginer des solutions possibles.

Suite aux premières réunions, auxquelles participèrent entre un quart et la moitié des agriculteurs de chaque commune, un des problèmes formulés, retenu sur les communes de Cras et de Morette, fut le suivant : « comment rentabiliser l'entretien des coteaux sans que cela coûte trop cher et soit trop exigeant en travail ? ». Il fit l'objet d'un groupe de travail pendant trois ans. S'appuyant sur une analyse fine des contraintes et de l'évolution des activités agricoles (surcharge de travail, faible rentabilité des coteaux, accessibilité, points d'eau, etc.), cette question a permis de traduire un enjeu de territoire, formulé par les élus en terme de maintien de paysages ouverts, en une question traitable pour les agriculteurs.

Plusieurs pistes de solutions ont alors été étudiées, mobilisant différentes modalités de travail : inventaire des coteaux et de leur utilisation, liste des agriculteurs intéressés pour maintenir des parcelles exploitées dans ces zones, étude de différentes options pour l'entretien (salariés partagés, entreprise d'insertion, etc.). Le projet d'un équipement collectif d'entretien fut finalement retenu, suivi de recherches de matériels adaptés auprès d'entreprises, d'études de coût, etc.

## Du groupe de pairs local à un collectif élargi et à des réunions multi-acteurs

Considérant que le nombre d'agriculteurs impliqués devait être élargi pour que le projet soit rentable, les membres du groupe prirent contact avec des agriculteurs des communes voisines et avec une Cuma (coopérative d'utilisation de matériel agricole) cantonale. Par ailleurs, des échanges furent organisés avec les élus locaux pour connaître leur position sur les solutions envisagées et étudier la possibilité d'inclure les communes dans un équipement collectif. Les élus appuyèrent le projet et firent le lien avec la Communauté de communes.

Cet exemple montre que la configuration des instances de travail évolue au fil du traitement des problèmes et que le dialogue dans des instances multi-acteurs est d'autant plus productif qu'il s'appuie sur des points de vue préalablement élaborés, de part et d'autre, entre pairs, et notamment entre agriculteurs (Ruault et Lémery, 2008). Il met aussi en évidence que la «prise en main» par les acteurs de terrain d'un objectif de développement formulé par d'autres passe par la construction d'une réflexion qui s'appuie sur la connaissance et l'analyse des réalités, à partir de leur propre rapport aux situations.

Cette réflexion collective n'est pas donnée d'avance et suppose un rôle actif de l'animateur, pour aider à mener cette analyse, formuler des problèmes traitables et construire les relations nécessaires à leur traitement, produire des connaissances nouvelles et, au final, faire en sorte que les participants gardent la maîtrise de l'avancée de leur recherche, tout en les aidant à négocier les solutions.

## ▸▸ Analyse comparée des démarches ComMod et Gerdal

La modélisation d'accompagnement (ComMod) et la démarche du Groupe d'expérimentation et de recherche : développement et actions localisées (Gerdal) ont en commun l'importance donnée aux dialogues au sein de collectifs d'acteurs. Ces collectifs sont divers et évolutifs et sont, selon les sujets traités, des pairs ou des arènes multi-acteurs. L'enjeu est de faciliter les échanges de connaissances, d'arguments, de points de vue et de propositions, pour aboutir à des solutions acceptables négociées. Plusieurs moments clés de ces démarches demandent une vigilance particulière.

### Situation initiale et contexte porteur pour de telles démarches

Les changements de pratiques sont des processus de transformation collective des normes et des règles en usage. Mais, comme l'objectif de changement est toujours porté par un acteur ou des acteurs en particulier, il convient de caractériser précisément la demande (qui la formule ; quel est l'objectif ou le problème ; à qui est-elle adressée ?).

ComMod et l'approche du Gerdal prennent en compte les différents points de vue en présence, qui constituent autant de manières de connaître, dire et analyser les situations. L'engagement des acteurs passe alors par une première étape de formulation du problème à traiter. Dans le cas des problématiques multi-acteurs, une confrontation productive suppose la prise en compte de la manière dont chacune des parties en présence formule un ou des problèmes spécifiques au regard de marges de manœuvre et de possibilités d'action propres.

ComMod considère que les points de vue initiaux sur la question traitée reposent sur une connaissance incomplète de l'agro-écosystème, de par le focus des acteurs sur leurs activités respectives. Ainsi, le pâturage extensif avait, pour le forestier, un effet négatif sur la croissance des jeunes plantations (piétinement, risque accru de feux), mais il était au contraire positif pour les éleveurs (diminution du risque d'incendie en limitant la biomasse, fertilisation organique), ce que l'enquête-diagnostic des chercheurs tendait à confirmer. Cela illustre l'importance d'une formulation partagée et mobilisatrice du problème, pour que les parties prenantes s'engagent dans un travail susceptible de se traduire en action.

## Constituer des collectifs pertinents par rapport à la question à traiter

S'accorder sur quoi travailler est nécessaire, mais cela ne dit pas avec qui échanger pour produire des connaissances et des solutions acceptables par tous. La composition des collectifs de travail peut être raisonnée en fonction de certains critères de pertinence des participants, comme leur connaissance de la situation, leur relation au problème, leur représentativité, leur légitimité, ou leur statut social, en tenant compte en particulier des asymétries (d'accès à la parole, d'information, de pouvoir, etc.) entre acteurs. Pour autant, ces collectifs ne sont pas figés et peuvent évoluer selon les nouvelles questions soulevées.

Pour le Gerdal, l'aide à la construction d'un point de vue propre à un groupe d'acteurs, notamment les moins bien placés socialement, est une condition nécessaire à la coopération. Cela implique une pluralité d'instances de dialogue, avec une alternance de moments de travail entre pairs et de confrontations multi-acteurs. Une attention particulière porte aussi sur les modalités pratiques favorisant l'engagement des acteurs, telles que le choix des invités, la manière de les contacter, l'objet de l'invitation, le lieu et la taille de la réunion, etc.

Dans de tels processus, l'imprévisibilité impose de gérer les absences ou les refus de participer et d'adopter des postures facilitant la coopération. Dans le cas de ComMod appliqué en Thaïlande, devant l'impossibilité de réaliser un premier cycle d'activités avec tous les acteurs, qui ne se parlaient plus, il fut décidé d'aider d'abord les éleveurs Hmong marginalisés à construire leur représentation du territoire et à la tester sous forme de jeux de rôles. À l'issue de cette étape, la majorité d'entre eux étaient aptes à défendre leur point de vue face aux forestiers. Ce sont eux, aussi, qui voulurent ensuite élargir l'arène, pour inclure le savoir du zootechnicien et un observateur neutre, témoin des engagements pris par les forestiers pour la mise en œuvre du plan d'action négocié.

## Rôle clé de l'animation dans l'accompagnement de tels collectifs

Les deux cas détaillés plus haut illustrent le rôle crucial des animateurs de dispositifs, alternant temps forts et périodes moins interactives et évoluant vers un élargissement des collectifs impliqués. Si les définitions de l'animation sont distinctes – aide méthodologique à la réflexion, selon le Gerdal, *versus* facilitateur, non neutre, partie prenante parmi d'autres, dans ComMod –, dans les deux cas, l'animation recouvre une diversité de fonctions et renvoie à des postures et des compétences spécifiques, comme l'analyse sociologique, l'aide à la dynamique de groupe, ou l'organisation des instances de dialogues.

Pour le Gerdal, les outils d'aide méthodologique à la réflexion consistent en un travail sur la parole. Outre la gestion de l'équilibre des prises de parole entre protagonistes, il s'agit d'aider à produire une parole utile à l'action. Il faut pour cela s'éloigner des idées reçues, des clichés ou des paroles dominantes pour se rapprocher de l'expérience et de la connaissance pratique des personnes, transformer les préoccupations en questions d'action, favoriser l'expression d'une diversité d'idées pour ouvrir des nouvelles pistes de solutions, organiser ce qui se dit pour y voir clair sur l'avancée de la recherche. Une attention particulière est portée à l'émergence, chemin faisant, de questions appelant une recherche d'informations ou de compétences spécialisées. L'animateur aide à évaluer ces informations, à rendre visible la façon dont elles peuvent concourir (ou non) au traitement du problème et en modifier la déclinaison ou les pistes de solutions.

Le processus ComMod, lui, est rythmé par une succession de séquences centrées sur l'analyse d'une question clé à examiner, impliquant un partage des savoirs, une représentation du système concerné et une implémentation avec des outils plus ou moins sophistiqués (jeux de rôles, outils de simulation informatique multi-agents, etc.), utilisés pour simuler des évolutions possibles de la situation et pour évaluer ces scénarios au moyen d'indicateurs choisis par les participants. Des ateliers interactifs de modélisation et de simulation participative, sur quelques jours, alternent avec des temps plus longs d'enquêtes et de (re-)construction d'outils. Une posture réflexive et critique des animateurs utilise les temps de suivi et d'évaluation pour bâtir des alliances entre groupes de pairs plutôt que d'insister sur la présence simultanée de tous les acteurs, par exemple. Une grande flexibilité du calendrier des activités face aux changements du contexte et aux imprévus est requise, pour s'adapter aux lenteurs, voire aux blocages, mais aussi aux accélérations porteuses.

## Partage de savoirs, de connaissances et de points de vue

L'approche dialogique des deux démarches facilite l'expression des points de vue, condition de la coopération entre participants. Il ne s'agit pas d'élaborer des compromis ou des consensus, mais de repérer les décalages et les incompréhensions, pour que la confrontation d'idées s'organise et mène à l'exploration d'une diversité de solutions possibles, puis au choix d'un scénario pour mettre en œuvre la plus acceptable.

Les deux démarches recourent à différentes méthodes de formalisation des connaissances. Pour ComMod, divers outils de modélisation collaborative sont utilisés comme objets intermédiaires. Pour le Gerdal, cette formalisation intervient pour l'essentiel dans la modélisation des réseaux de dialogue (en amont de la constitution des collectifs) et dans les phases d'organisation des idées produites par les groupes, en cours de réunion ou après. Les comptes rendus servent de documents de passage d'une réunion à l'autre ou entre les différents groupes d'acteurs impliqués.

## Suivi et évaluation

Cette tâche permet de s'assurer que les principes déontologiques et méthodologiques des démarches sont respectés.

Dans une logique de recherche-action, le Gerdal accompagne son appui aux équipes de terrain avec des outils de suivi et d'évaluation utiles aux agents de développement. Ils visent à comprendre ce qui se passe, les difficultés rencontrées comme les avancées, afin d'être en capacité d'ajuster la conduite de l'action et, à terme, d'en tirer des enseignements. Ces outils portent aussi bien sur l'analyse de l'ensemble d'un dispositif (évolution de la participation, circulation de l'information entre instances, émergence de tensions ou de coopérations, évolution des positions des acteurs, etc.) que sur celle d'un moment particulier, une réunion par exemple. Il s'agit de relier les résultats obtenus, et les difficultés rencontrées, à la configuration des collectifs et à leur fonctionnement. Le but est d'identifier les marges de progrès utiles aux intervenants dans la maîtrise de situations complexes.

Dans le cas de ComMod, un tableau de bord du déroulement des activités a enregistré pas à pas leur type, leur contenu, leurs participants, leur durée, leurs résultats, etc. Reliée ensuite à un logiciel de visualisation de réseaux, cette base de données a permis de suivre et d'analyser quantitativement les effets de ces activités sur l'intensité de la communication entre participants, sur leur degré d'engagement lors des séquences successives, sur les différents types de savoirs en interaction, etc. (figure 12.1). L'évolution de ces réseaux au fil du temps peut aider à prévoir des inflexions nécessaires ou à soutenir des tendances émergentes. Les débriefings en fin de session de simulation sont systématiques, afin de favoriser l'apprentissage, et des entretiens individuels sont également pratiqués, pour comparer les caractéristiques de la situation à améliorer sur le terrain et sa représentation dans l'outil de simulation utilisé, faire le bilan des ateliers réalisés et préparer les suites de la démarche participative.

## ▸▸ Conclusion : des objectifs similaires, mais différentes façons de les atteindre

La démarche de modélisation d'accompagnement (ComMod) et la démarche du Groupe d'expérimentation et de recherche : développement et actions localisées (Gerdal) ont fait leurs preuves en matière de renforcement de la capacité d'acteurs à penser leur situation et à identifier des solutions collectives, et ce, sur de multiples terrains et thèmes. La facilitation du dialogue, le partage de points de vue et de savoirs, la construction d'arènes d'acteurs pertinentes, et l'importance de l'animation de tels processus, sont des caractéristiques partagées par les deux démarches. Leurs différences résident dans la façon de traiter les situations et les problèmes, ainsi que dans la nature des outils mobilisés. La démarche du Gerdal traite d'une large palette de thématiques tandis que ComMod a surtout été conçue pour la gestion des ressources renouvelables, dans la famille des méthodes de simulation participative. Les deux démarches nécessitent, pour les animateurs chargés de leur mise en œuvre, un travail sur la posture d'accompagnement et des compétences pour mettre les acteurs de terrain au cœur des processus d'innovation. Les outils de simulation de ComMod impliquent l'accès à des compétences qui sont parfois difficilement mobilisables au moment opportun pour les construire et les modifier de manière itérative en réponse aux demandes des acteurs. Des formations existent afin de lever ce facteur limitant. Pour la démarche du Gerdal, la maîtrise de l'analyse sociologique et des outils d'aide méthodologique requiert une formation préalable, mais elle s'acquiert aussi par l'expérience pratique.

## ▸▸ Références bibliographiques

Bousquet F., Barreteau O., D'Aquino P., Etienne M., Boissau S., Aubert S., Le Page C., Babin D., Castella J.-C., 2002. Multi-agent systems and role games: collective learning processes for ecosystem management, *In : Complexity and ecosystem management: The theory and practice of multi-agent approaches* (M. Janssen, ed.), Edward Elgar Pub., 248-285.

Collectif ComMod, 2005. La modélisation comme outil d'accompagnement. *Natures Sciences Sociétés,* 13, 165-168.

Collectif ComMod, 2009. La posture d'accompagnement des processus de prise de décision : références et questions transdisciplinaires. *In : Modélisation de l'environnement : entre natures et sociétés* (Hervé D., Laloë F., eds), Éditions Quæ, Versailles, 71-89.

Darré J.-P., 1996. *L'invention des pratiques dans l'agriculture : vulgarisation et production locale de connaissance.* Éditions Karthala, Paris, 194 p.

Darré J.-P., 2006. *La recherche co-active de solutions entre agents de développement et agriculteurs.* Éditions Gret, Cnearc, Gerdal.

Dumrongrojwatthana, P., Trébuil G., 2011. Gaming and simulation for co-learning and collective action; companion modelling for collaborative landscape management between herders and foresters in northern Thailand, *In: Knowledge in action. The search for collaborative research for sustainable landscape development* (van Paassen A. *van den Berg J., Steingröver E., Werkman* R., Pedroli *B, eds*), Wageningen Academic Publishers., Wageningen, Pays-Bas, 191-219.

Etienne M. (éd.), 2010. *La modélisation d'accompagnement : une démarche participative en appui au développement durable.* Éditions Quæ, Versailles, 367 p.

Ruault C., 1996. *L'invention collective de l'action. Initiatives de groupes d'agriculteurs et développement local,* Éditions de l'Harmattan, Paris, 240 p.

Ruault C., Lémery B., 2008. La mise en place de dispositifs de gestion concertée de la ressource en eau : questions de méthode. *In : La gestion concertée des ressources naturelles. L'épreuve du temps* (Méral P., Castellanet C., Lapeyre R., coord.), Karthala, Paris, 87-104.

Ruault C., Lémery B., 2009. Le conseil de groupe dans le développement agricole et local : pour quoi faire et comment faire ?, *In : Conseil et développement en agriculture : quelles nouvelles pratiques ?* (Compagnone C., Auricoste C., Lémery B., coord.), Educagri et Éditions Quæ, Dijon et Versailles, 71-96.

# Partie 4

# Évaluation des effets des innovations

# Chapitre 13

# L'abattoir, de l'usine à la ferme. Éthique et morale dans les dynamiques d'innovation des systèmes agroalimentaires

Sébastien Mouret et Jocelyne Porcher

**Résumé**. L'objectif de ce chapitre est de clarifier la place de la morale dans les processus d'innovations. Rendre compte d'innovation(s) responsable(s), une catégorie aujourd'hui centrale dans le champ des politiques de l'innovation, c'est comprendre comment la responsabilité morale, qui est au cœur de la problématisation de l'agriculture et de l'alimentation, génère des innovations. L'évaluation est ici envisagée selon une démarche descriptive. Elle porte une attention particulière aux jugements moraux des acteurs. À l'appui des résultats d'une démarche de recherche-action sur les alternatives à l'abattage industriel des animaux d'élevage, le chapitre montre comment des éleveurs placent leur responsabilité morale à l'égard de leurs bêtes au cœur d'un processus d'innovation, l'abattage à la ferme. Plus largement, il invite à réhabiliter les savoirs de sens commun sur la morale face à la montée de l'expertise éthique, tant dans l'évaluation des innovations que dans la transformation des rapports aux animaux dans nos sociétés.

L'un des principaux enjeux actuels pour l'agriculture, comme pour l'alimentation, est de développer des innovations qualifiées de responsables. Si la responsabilité occupe une place centrale dans les programmes européens de financement de la recherche[1] et les politiques d'innovation[2], c'est parce qu'elle est au cœur même des

---

1. *Responsible Research and Innovation* (http://www.horizon2020.gouv.fr/cid84192/recherche-innovation-responsable-version-actualisee-de-la-declaration-de-rome.html)
2. Une innovation responsable peut être définie comme une innovation où les acteurs, en transparence avec la société, considèrent les conséquences possibles de son processus et de ses produits, [...] *avec le souci de l'acceptabilité (éthique), de la durabilité et de la désirabilité sociale* [...] (Von Schomberg, 2011).

questions de développement dans les sociétés occidentales industrialisées. Or, dans la plupart des travaux consacrés aux innovations dans les domaines de l'agriculture et de l'alimentation, l'éthique et/ou la morale sont peu traitées.

L'objectif de cet article est de mettre en évidence le fait que la morale possède une fonction non seulement régulatrice, mais surtout génératrice d'innovations. La notion de responsabilité morale participe notamment à la production d'innovations dont elle peut constituer la rationalité première. L'enjeu est ici d'éclairer la place de la morale dans les choix innovants des acteurs et dans les processus d'innovation.

L'innovation, en effet, ne suffit plus en elle-même à légitimer la mise en œuvre de nouvelles technologies. Invoqués pour justifier des changements sociotechniques, les arguments du genre « c'est nouveau, donc c'est forcément mieux » ou « on n'arrête pas le progrès », selon lesquels l'innovation serait en soi vertueuse et bénéfique pour tous, sont considérés comme insuffisants et inconsistants. L'exigence morale résulte en grande partie du constat des conséquences négatives des innovations fondées sur la technique, qui ne sont pas neutres d'un point de vue éthique car elles ont accru de manière critique la vulnérabilité des humains et de la nature (Jonas, 1990).

Sur ce point, dans le secteur des productions animales, forme industrielle et intensifiée des rapports de travail avec les animaux d'élevage, les innovations techniques ou organisationnelles de ces dernières décennies sont l'une des causes de la dégradation et de la destruction des ressources environnementales (pollution, émission de gaz à effet de serre, disparition d'espèces, etc.). Par ailleurs, les innovations liées à l'industrialisation des activités d'élevage sont cause de souffrances, non seulement pour les animaux, mais aussi pour les humains au travail (Porcher, 2002a ; Mouret, 2010 et 2012a). La souffrance au travail est d'ordre moral : elle résulte de la violence du travail avec les animaux et avec la nature mais aussi de l'accroissement des inégalités entre les agriculteurs, donc de la paupérisation d'une part croissante d'entre eux.

Après être revenus sur la distinction entre éthique et morale, nous nous intéresserons aux articulations entre morale et innovation dans l'évolution des rapports aux animaux pour la production alimentaire. Nous éclairerons ces articulations à partir d'un exemple de processus d'innovation appuyé sur des ressorts moraux, à savoir la recherche-action pour l'innovation intitulée « Quand l'abattoir vient à la ferme ».

## ▸▸ Éthique ou morale ?

Éthique et morale recouvrent-elles un même concept ? Faut-il les différencier ? Il n'est pas si facile d'apporter une réponse claire à ces questions. Il est courant de distinguer ces deux notions en donnant à la morale un sens plus normatif, voire universel, renvoyant à des droits, des règles, des principes ou des maximes, contrairement à l'éthique, qui aurait une visée plus subjective et réflexive, renvoyant à des désirs, des intérêts, etc. Cette opposition recoupe, pour partie, une distinction centrale, dans les sciences sociales et humaines, entre les normes et les valeurs, quoique cette distinction soit parfois récusée, par exemple, par l'éthique située (Dewey, 2011). La sociologie de l'éthique (Isambert *et al.*, 1978) privilégie la notion d'éthique à celle de morale, non seulement pour se prémunir des excès du moralisme, mais également parce que l'éthique apparaît comme une notion plus large et dynamique – la morale désignant au contraire des systèmes rigides de normes rattachées à des valeurs. Néanmoins, le terme «éthique» contient également, pour le sens commun, une dimension déontologique (ou normative).

L'éthique appliquée, courant de la philosophie morale, prend la forme d'une sorte de science sur la morale à propos des affaires humaines, ou non humaines, dont le contenu revêt un caractère quelquefois doctrinal. Elle se caractérise par un ensemble fragmenté de champs disciplinaires (bioéthique, éthique animale, éthique environnementale, etc.) dont les approches sont, pour la plupart, normatives à priori. On peut considérer que l'essor de l'éthique appliquée participe, plus largement, d'une inflation de l'éthique dans les sociétés occidentales, symptôme d'une moralisation des divers domaines d'activités humaines. Sous prétexte qu'il n'y aurait plus, ou pas assez, de morale dans l'organisation de ces activités, des comités d'éthiques, des chartes éthiques, des labels éthiques et des guides de bonnes pratiques se multiplient depuis plusieurs années, pour y réintroduire des règles morales. L'agriculture, comme l'alimentation, n'échappe pas à ce processus de rationalisation morale.

Il n'y aurait donc, à priori, pas lieu de maintenir ou de renforcer une distinction entre ces deux termes. Leurs sens tendent à se confondre, et leur emploi peut se faire de manière indifférenciée (Canto-Sperber et Ogien 2004 ; Pharo, 2004).

Dans ce chapitre, toutefois, nous nous appuyons sur la distinction proposée par Ricœur, pour rendre compte de la place respective de l'éthique et de la morale dans l'émergence d'une proposition innovante, celle de l'abattage à la ferme. Pour Ricœur (1990), l'éthique renvoie à un objectif, à la fois commun et individuel, d'une vie bonne et juste, c'est-à-dire à [...] *une visée de la vie bonne, avec et pour les autres, dans des institutions justes.* La morale, quant à elle, est [...] *l'articulation de cette visée dans des normes caractérisées à la fois par la prétention à l'universalité et par un effet de contrainte* (Ricœur, 1990). L'éthique est une intention, la morale une praxis. Ricœur établit une primauté de l'éthique sur la morale, ainsi que la nécessité pour l'éthique de passer par la morale. De son point de vue, [...] *la morale ne constituerait qu'une effectuation limitée, quoique légitime et même indispensable, de la visée éthique, et l'éthique en ce sens envelopperait la morale* (Ricœur, 1990). L'éthique peut donc être vue comme un projet de société, un projet de vie en commun, la morale représentant les moyens de concrétiser ce projet en matière de valeurs appuyées sur les notions de bien et de mal, de juste et d'injuste.

## ▸▸ Morale et innovation

L'un des principaux débats sur les innovations dans le domaine agroalimentaire, comprenant des innovations technologiques controversées telles que les organismes génétiquement modifiés, porte sur leur évaluation éthique (Reber, 2011). L'évaluation éthique vise à infléchir la rationalité instrumentale des innovations par la restauration d'une rationalité morale, de manière à réduire leurs conséquences sensibles négatives sur l'environnement, humain ou non humain. Autrement dit, elle vise à réguler le travail par la morale (Habermas, 1990) et peut donc être vue comme un instrument de moralisation des innovations (voir le chapitre 2).

Comment juger du caractère «bon», ou «à moindre risque», d'innovations techniques? Investir la question de l'évaluation éthique des innovations, c'est s'intéresser aux formes de jugements et de systèmes de valeurs qui participent d'un processus d'innovation, c'est-à-dire aux processus par lesquels des inventions techniques deviennent des innovations moralement acceptables. L'évaluation se complexifie, à la fois sur un plan éthique et politique, lorsqu'elle prend une forme inclusive. L'inclusion d'acteurs de la société civile dans les processus d'évaluation des innovations trouve son origine dans une crise de légitimité des sciences à gérer seules les innovations, y compris à les évaluer sur un plan éthique. Elle traduit une remise en cause de l'hégémonie des experts (Reber, 2011; Pellé et Reber, 2016) dans les innovations et dans les débats sur l'éthique. Par exemple, la définition des normes relatives au bien-être animal, tant dans le domaine de l'agroalimentaire que dans celui de la recherche biomédicale, résulte en grande partie de l'influence d'experts. Des groupes de chercheurs, d'horizons disciplinaires divers, se sont vu confier la tâche de clarifier les problèmes moraux que pose l'utilisation d'animaux d'élevage et d'expérimentation et de proposer aux institutions publiques des pistes de réflexion et d'action dans leurs prises de décision.

Il est nécessaire de prendre en compte la pluralité des dimensions dans les jugements moraux, et les distinctions qui peuvent être opérées. Des distinctions peuvent être faites, par exemple, entre le jugement moral qui porte sur le processus d'innovation et celui qui porte sur l'innovation elle-même. Par exemple, si on doit évaluer, d'une part, l'utilisation de plantes génétiquement modifiées dans l'acquisition de connaissances sur la croissance des plantes et, d'autre part, la culture d'organismes génétiquement modifiés en plein champ, on peut opérer une distinction de jugement moral ou, au contraire, ne pas l'intégrer et placer les deux phénomènes sur la même échelle morale, en considérant que, quels que soient le but et les conséquences possibles de l'innovation, c'est déjà un mal en soi que de manipuler le vivant.

Si l'innovation doit passer par la morale – ce que souligne l'importance de l'évaluation –, la morale serait aussi source d'innovation. Elle en serait un ressort essentiel. C'est du moins ce que laissent entendre certains discours pour répondre aux enjeux environnementaux, appelant à la mise au point de technologiques «vertes», fondées, par exemple, sur l'utilisation de l'énergie solaire ou éolienne pour lutter contre le réchauffement climatique. Ces innovations technologiques sont également motivées par des raisons économiques et politiques. Mais elles donnent du poids à la rationalité morale et non plus seulement à la rationalité économique. C'est aussi ce que révèlent, d'une autre manière, des innovations agroalimentaires fondées sur le commerce équitable (Ferrando Y Puig et Giamporcaro-Saunière, 2005; Le Velly, 2017). Ce type de commerce s'est mis en place en réponse à une prise de conscience des inégalités sociales entre les consommateurs des pays industrialisés et les producteurs des pays en développement. La solidarité est le ciment éthico-social des relations du réseau d'acteurs sur lequel repose cette innovation.

La transformation du statut moral des animaux dans nos sociétés industrialisées entraîne toute une série (ou grappe) d'innovations qui s'inscrivent dans des économies de production et de service (Porcher, 2011 et 2017). Ces innovations sont inclusives ou exclusives, selon qu'elles contribuent à maintenir les animaux dans le champ du travail, ou à les en exclure. Les premières revalorisent le travail des animaux, offrent de nouveaux services (assurance pour animaux, retraite…), créent des labellisations (mentionnant la prise en compte du bien-être animal ou de l'éthique), mettent en place de nouvelles organisations du travail (abattage à la ferme) ou modifient la nature même des contributions animales (thérapie assistée par les animaux, ou zoothérapie). Les secondes, au contraire, répondent à des logiques de substitution d'artefacts et d'ersatz (robots ou humains « augmentés », substituts alimentaires ou viande produite *in vitro*) aux animaux ou aux produits d'origine animale.

Des innovations de substitution émergent dans un contexte de controverses autour de l'alimentation carnée, dans lesquelles la responsabilité morale à l'égard des animaux et, plus largement, à l'égard de la nature, tient une place centrale. La substitution prend la forme d'un processus d'indépendance croissante des humains envers les animaux d'élevage, indépendance dont on peut considérer qu'elle nécessite des innovations agroalimentaires majeures. La production de laits végétaux, d'aliments simili-carnés, de compléments alimentaires végétaux (spiruline, par exemple), ainsi que l'essor de systèmes agricoles bio-végétaliens (agriculture sans élevage) participent d'un processus de transformation de l'agriculture et de l'alimentation axé sur le tout végétal, dans lequel l'animal n'a plus sa place. La substitution des protéines végétales aux protéines animales est vue comme un remède à la violence subie par les animaux d'élevage et à leur souffrance. Par ailleurs, les recherches sur l'entomophagie (production et consommation d'insectes), ainsi que sur la viande *in vitro* (culture de cellules musculaires prélevées chez des animaux vivants), visent à substituer la production et la consommation de protéines « indemnes de souffrances » à celles de produits animaux. Ces innovations substitutives résultent non seulement de la critique venue des mouvements de défense de la cause animale à l'encontre de l'utilisation d'animaux pour l'alimentation humaine, mais aussi de stratégies adaptatives d'acteurs économiques des filières industrielles agroalimentaires. Autrement dit, la substitution a donc au moins autant à voir avec le capitalisme qu'avec le véganisme (Porcher, 2013 ; Porcher, à paraître).

Après avoir évoqué brièvement ces innovations alimentaires visant à exclure les animaux de notre alimentation, nous allons nous intéresser plus particulièrement à une innovation inclusive et montrer, à travers l'exemple d'une recherche-action-innovation sur l'abattage à la ferme, comment la responsabilité morale à l'égard des animaux constitue le cœur d'une démarche d'innovation pour un élevage durable. Cela requiert dans un premier temps de revenir rapidement sur quelques éléments clés de la dynamique d'industrialisation de l'élevage.

## ▸▸ Quand l'abattoir vient à la ferme : une recherche-action pour l'innovation fondée sur des valeurs morales

Les abattoirs, petits ou grands, tels qu'ils fonctionnent actuellement sont remis en cause par de nombreux éleveurs, en raison de leur opacité et de leur violence, potentielle ou avérée, envers les animaux. Les doutes que ces abattoirs génèrent sont cause de souffrance morale chez les éleveurs, notamment chez ceux qui travaillent en vente directe ou en circuits courts et se revendiquent d'une agriculture paysanne

(Porcher *et al.,* 2014). Un nombre croissant d'éleveurs, avec le soutien informé de leurs clients, choisissent donc d'abattre leurs animaux à la ferme, de façon illégale, risquant ainsi six mois de prison, 15 000 € d'amende, et la perte des aides agricoles, entre autres.

L'ancrage de la relation de travail entre éleveurs et animaux, et plus largement celui de nos relations domestiques avec les animaux, dans le triptyque du don selon Mauss (2007) – donner – recevoir - rendre –, permet de comprendre cette transgression de la réglementation. Élever des animaux, ce n'est pas seulement produire selon des critères d'efficacité technique et économique. C'est aussi, et surtout, vivre ensemble entre humains et animaux. La rationalité morale de la relation de travail en élevage est fondée sur un don d'une *vie bonne* (pour reprendre l'expression de Ricœur) aux animaux. Ce don est autant un acte de légitimation de leur mise à mort à des fins alimentaires (Porcher, 2002b) qu'un geste de gratitude à leur égard, pour la vie qu'ils donnent aux humains, puisque […] *se nourrir, c'est vivre* (Mouret, 2012b). C'est dans le cadre de ces rapports de don que la mort des animaux prend son sens et que la critique des éleveurs à l'égard des abattoirs peut être comprise.

## Donner une bonne vie, donner une bonne mort

Le don d'une *vie bonne* participe d'une attention morale des éleveurs à l'égard de leurs animaux, qui ne s'arrête pas aux portes des abattoirs. L'intention éthique des éleveurs qui résistent à la contrainte réglementaire de conduire les animaux à l'abattoir est de donner également une bonne mort à leurs animaux. La mort représente le terme, et non le but, de leurs relations de travail avec les animaux et de leur investissement pour leur donner une bonne vie. La mort des animaux ne peut être bonne qu'à condition que leur vie ait été aussi bonne que possible et que l'abattage s'opère dans des conditions respectueuses des animaux. Or, l'abattoir, du fait de son caractère majoritairement industriel, ne permet pas de donner cette bonne mort. La visée éthique de donner une bonne mort étant prioritaire pour ces éleveurs, ceux-ci mettent en place diverses pratiques (abattage *in situ* dans une salle dédiée, abattage au pré, achat sur internet d'équipements *ad hoc,* comme un matador) qui contreviennent à la législation en vigueur, mais qu'ils estiment appropriées et indispensables sur un plan moral, en l'absence d'autres alternatives plus propices à l'accomplissement de la visée d'une bonne mort.

Donner une bonne mort, c'est donc faire des choix moraux. C'est tout d'abord assumer sa responsabilité dans le fait de donner la mort, c'est-à-dire ne pas abandonner les animaux. Cela ne veut pas dire nécessairement donner la mort soi-même, mais mettre en place les conditions de possibilités de l'exercice de sa responsabilité. Donner une bonne mort, c'est aussi éviter toute souffrance aux animaux, que celle-ci soit relative à l'accomplissement pratique des gestes techniques que sont l'étourdissement et la saignée ou qu'elle soit due, avant leur passage de vie à trépas, au retrait des bêtes de leur environnement social d'appartenance, à savoir leur troupeau. C'est pourquoi l'abattage au pré, à la bergerie ou à l'étable, au milieu des autres animaux, est considéré comme une bonne pratique. Donner une bonne mort, c'est aussi donner la mort pour de bonnes raisons. C'est pourquoi le gâchis qui est fait à l'abattoir, d'une partie non négligeable des carcasses, est considéré comme immoral. L'animal ne doit pas être mort pour rien. Cela signifie que sa carcasse doit être utile de la tête aux pieds. Ainsi que l'exprime une éleveuse : «on ne gaspille pas, ça a coûté une vie».

## Innover pour répondre à un problème moral

Comment favoriser les innovations en matière d'abattage des animaux en s'appuyant sur les enjeux moraux portés par les relations entre humains et animaux ? Comment générer un processus d'innovation qui vise à rendre légales des pratiques aujourd'hui illégales, et pourtant fondées sur des valeurs morales ?

En 2005, à la suite d'enquêtes auprès d'éleveurs et de travailleurs en abattoir, mettant en évidence la force des enjeux moraux dans la problématique des abattoirs, avait été publié un article proposant un concept de camion abattoir, élaboré avec l'aide d'un étudiant designer (Porcher et Daru, 2005). Les résultats des enquêtes mettaient en évidence, d'une part, chez les travailleurs en abattoir, le regret de faire un mauvais boulot dans le traitement des animaux mais également dans le traitement de la viande («vite fait, mal fait») et, d'autre part, les résistances latentes des éleveurs à déléguer l'abattage de leurs animaux à des abattoirs peu respectueux des animaux. Cette proposition en 2005 était apparemment prématurée et son auteure a été invitée par la direction générale de l'Alimentation à cesser de promouvoir de tels outils, compte tenu qu'ils étaient interdits par la réglementation.

Presque dix ans plus tard, en 2013, suite à de nouveaux résultats d'enquêtes auprès d'éleveurs, notamment en vente directe et en circuits courts, témoignant de l'actualité persistante de la résistance des éleveurs à l'usage de l'abattoir, voire de sa cristallisation dans des refus plus affirmés, nous avons organisé des enquêtes collectives auprès d'éleveurs. Ces enquêtes ont donné lieu à l'édition d'un ouvrage (Porcher *et al.,* 2014) présentant non seulement une synthèse critique des abattoirs mais aussi des propositions alternatives des éleveurs, comme l'abattage à la ferme grâce à un abattoir mobile, ou la reprise d'abattoirs de proximité. Considérant que les verrous à la mise en place de ces alternatives étaient réglementaires, nous avons adressé l'ouvrage à une centaine de députés et de sénateurs concernés par les questions agricoles. Nos envois sont restés sans réponse. En 2014 également, nos propositions pour une dynamique d'innovation dans l'abattage des animaux sont donc restées dans les placards.

En 2015, la Fédération associative de l'emploi agricole et rural (Fadear), suite à nos enquêtes et dans la dynamique de mobilisation que nous avions amorcée, a déposé un projet Casdar[3], qui a été rejeté. Il a été redéposé en 2016, et rejeté à nouveau, en dépit du contexte médiatique critique des abattoirs.

Nous avons alors décidé de mettre en place une recherche-action pour l'innovation[4], en marge de ce qui est désigné aujourd'hui sous le terme de *living labs*. Pour innover dans ce domaine de l'abattage des animaux et pour convaincre les pouvoirs publics, les demandes morales des seuls éleveurs ne suffisaient visiblement pas, il fallait leur

---

3. Projets pour le développement agricole et rural financés par le ministère de l'Agriculture.
4. Il s'agit d'une recherche-action finalisée dès son origine par un objectif d'innovation.

adjoindre les demandes morales d'autres acteurs, tels que des consommateurs, des associations de protection des animaux, des vétérinaires, des bouchers…, et passer par d'autres canaux que le livre ou le dépôt de projets de recherche et développement. Cette recherche-action pour l'innovation a pris forme dans un collectif, puis dans une association dénommée « Quand l'abattoir vient à la ferme »[5], et a été rendue visible *via* un site internet et une page Facebook[6]. Le collectif est composé d'éleveurs et de collectifs d'éleveurs, de chercheurs, d'associations de protection animale, d'associations de consommateurs (BioWhere, Nature et Progrès, Demeter), de vétérinaires (appartenant au Groupement d'interventions et d'entraide Zone verte et vétérinaires indépendants), de bouchers, de journalistes, de cinéastes, et de citoyens sans appartenance spécifique. Par ailleurs, près de 1 300 personnes[7] ont affiché *via* internet leur soutien à ce collectif[8]. L'objectif premier de cette recherche-action pour l'innovation est de faire lever les verrous réglementaires qui empêchent les éleveurs intéressés d'expérimenter, de façon autonome, l'usage d'équipements permettant l'abattage des animaux à la ferme. Alors que notre action prenait lentement corps dans l'espace public, l'impact dans les médias de vidéos dénonçant l'élevage, produites par des associations abolitionnistes et largement diffusées, a accéléré notre propre impact et a permis d'opposer aux injonctions morales des militants prônant l'abolition de l'élevage des pistes de réflexion plus complexes.

Le buzz médiatique entretenu autour de ces vidéos a notamment permis la mise en place d'une commission de l'Assemblée nationale portant sur les abattoirs. Nous avons pu au sein de cette commission[9], en tant que collectif portant une innovation majeure en élevage, être auditionnés et montrer l'articulation entre les positions morales implicites des éleveurs, leur déontologie et leurs pratiques d'abattage, illégales mais morales de leur point de vue. Nous avons aussi pu montrer qu'il existait des alternatives viables aux méthodes d'abattage actuelles.

## Innover, c'est faire l'exercice de la critique

Pour les éleveurs, s'engager dans un processus d'innovation illégal constitue un acte de désobéissance civile (Ogien et Laugier, 2011). La transgression à la réglementation qui encadre l'abattage des animaux d'élevage traduit un refus de la part des éleveurs, exprimé de façon non violente, collective et publique, de se conformer à la loi, parce qu'ils la jugent indigne et illégitime, et parce qu'elle ne leur permet pas de répondre à la visée éthique inhérente à leur relation de travail aux animaux.

Cette opposition à la loi se caractérise par une profonde asymétrie des positions des acteurs dans ce rapport de force qui oppose, d'un côté, un collectif porteur d'une

---

5. Cette action a débuté en septembre 2015 à l'initiative de Jocelyne Porcher et de Stéphane Dinard, éleveur en Dordogne.

6. https://fr-fr.facebook.com/Quand-labattoir-vient-%C3%A0-la-ferme-1684101585156112/; https://abattagealternatives.wordpress.com/

7. Chiffre d'avril 2018.

8. Du fait de son succès, le collectif « Quand l'abattoir vient à la ferme » a pris, depuis septembre 2017, un statut d'association, ce qui lui permet de recevoir des dons et des financements, publics ou privés.

9. La commission de l'Assemblée nationale sur les conditions d'abattage des animaux de boucherie, présidée par M. Olivier Falorni, a auditionné Mme Jocelyne Porcher (Institut national de la recherche agronomique) et M. Stéphane Dinard (agriculteur) le 16 juin 2016.

proposition innovante – l'abattage à la ferme – et, de l'autre, l'appareil législatif en charge de l'encadrement de l'abattage des animaux d'élevage. Cette asymétrie révèle, *a contrario*, la puissance des engagements moraux des éleveurs à l'égard de leurs animaux. Car cet engagement moral a un prix. Il constitue un risque juridique et économique. Ces éleveurs peuvent tout perdre, sauf leur dignité. Car ce qui est légal c'est le modèle industriel, comme le rappelle un député à Stéphane Dinard, lors de son audition à la commission « abattoirs » de l'Assemblée nationale : « Nous sommes à l'Assemblée nationale, là où on fait la loi. Or, vous venez nous dire que vous travaillez dans l'illégalité, et vous mettez en cause ceux qui travaillent dans la légalité selon un autre modèle, industriel certes, mais que la société a voulu à un moment donné[10] ». À quoi Stéphane Dinard répond : « Il faut changer la loi. ».

Le dispositif de recherche-action pour l'innovation par lequel s'opère ce processus d'innovation vise à mettre en partage, et sur la place publique, des épreuves existentielles (Boltanski, 2009), marquées par les expériences douloureuses d'éleveurs confrontés à l'impossibilité de donner une bonne mort à leurs animaux, voire de continuer à exercer leur métier. La recherche-action pour l'innovation a permis non seulement de formuler ces expériences douloureuses des éleveurs à partir du thème de la souffrance éthique au travail (Dejours, 1998), mais aussi de rassembler les volontés de changement de ces acteurs, donc de rendre visible ce qui était dispersé et invisible. Le collectif constitué sert d'appui aux éleveurs pour qu'ils s'engagent dans une opération critique et portent des revendications relatives à l'abattage à la ferme.

Pour les chercheurs, il s'agit de faire du questionnement moral des éleveurs et des autres acteurs impliqués une question de recherche portant sur les dynamiques d'innovation générées par des questions morales. Mais ce questionnement, hors du cadre ordinaire des systèmes dominants acceptés comme tels, est entaché et suspecté de non scientificité.

De notre point de vue, pour innover en matière d'abattage des animaux dans le sens de la volonté éthique des éleveurs qui désirent retrouver la maîtrise de leur travail, il faut donc en premier lieu désobéir. Désobéir à la loi, désobéir à l'injonction de neutralité axiologique et politique de la recherche. Il faut le rappeler, si la loi était respectée de tout temps et par tout le monde, rien ne changerait jamais. C'est parce qu'il y a, à un moment donné, des personnes qui désobéissent à la loi et mettent en évidence ses défauts, que la loi peut changer. Cela vaut pour la loi, dans son sens juridique, et aussi pour les règles appliquées dans une profession appuyée sur un consensus implicite.

## Une innovation et une recherche responsables

La recherche-action pour l'innovation sur l'abattage à la ferme, telle que présentée dans cet article, peut être considérée comme une recherche et une innovation responsables. La responsabilité morale est au cœur même de ce dispositif d'innovation. Cette dernière revêt différentes formes. Pour les éleveurs, comme pour les autres

---

10. Audition du 16 juin 2016, par la commission de l'Assemblée nationale sur les conditions d'abattage des animaux de boucherie.

acteurs du collectif (chercheurs, consommateurs, militants de la protection animale, vétérinaires, etc.), il s'agit non seulement de répondre à «l'appel» des animaux, que l'abattage industriel plonge dans la souffrance, mais aussi de répondre de la vie et de la mort de ces animaux, envers lesquels ils se sentent moralement obligés. Pour un nombre croissant de citoyens, manger de la viande devient un problème moral (Neron de Surgy et Porcher, 2017). La souffrance des animaux et leur mise à mort sont les deux nœuds de ce problème moral.

Par ailleurs, la critique construite par l'intermédiaire de ce dispositif de recherche-action contraste avec la critique des rapports entre humains et animaux faite par les animalistes, qui imprègne le débat contemporain sur ce qu'il est convenu d'appeler la «question animale». Envers quels êtres de la nature notre responsabilité morale doit-elle se tourner? Comment être moralement responsables à leur égard? La réponse à ces questions se fait essentiellement à partir des sciences, sur fond de moralisme (Hache et Latour, 2009). Philosophes et juristes se voient confier la tâche, quand ils ne s'en emparent pas d'eux-mêmes pour la confisquer, de statuer sur la valeur morale des êtres non humains, donc de définir le périmètre de notre responsabilité morale et ses variations internes. L'influence de l'éthique animale (Jeangène Vilmer, 2008) dans le débat sur la question animale témoigne de ce découpage des faits et des valeurs. Les approches normatives à priori de cette discipline – et plus largement les approches des *Animal Studies* – sont détachées de la réalité morale des relations entre humains et animaux, donc de la relation de travail entre éleveurs et animaux.

Par son caractère inclusif, le dispositif de recherche-action pour l'innovation dont il a été question ici permet de restaurer les savoirs de sens commun sur la morale, donc d'infléchir le moralisme. L'inclusion des éleveurs permet de donner du poids et de l'importance à la manière dont des profanes investissent la question du bien et du mal, du juste et de l'injuste, à propos de la vie et de la mort des animaux. Le dispositif de la recherche-action pour l'innovation transforme les conditions, à la fois sociales et politiques, d'exercice de leur sens critique, donc de leur sens moral.

## ▸▸ Conclusion

Prendre en compte l'éthique et la morale dans les dynamiques d'innovation en agriculture et dans l'évaluation de leurs propriétés est une nécessité car, d'une manière explicite ou non, chercheurs et acteurs du monde agricole sont, comme tous les acteurs sociaux, bien souvent mus par des ressorts moraux (Mauss, 2007). Or, en agriculture, les mobiles moraux, pas plus que les mobiles affectifs, ne sont évidents à exprimer, ni évidents à entendre. C'est pourquoi ils restent souvent dans l'ombre. L'éthique et la morale ne sont pourtant pas des domaines réservés aux experts de l'éthique; au contraire, pourrait-on dire, elles sont trop importantes pour rester entre leurs seules mains. Vivre, travailler, c'est philosopher. Ce que montre avant tout la recherche-action pour l'innovation «Quand l'abattoir vient à la ferme», c'est que philosopher est une activité bien mieux partagée que ne le pensent les experts. Et c'est alors dans un processus ascendant qu'il faudrait reconsidérer la place de l'éthique et de la morale dans les innovations en agriculture. De plus, ce chapitre montre que plutôt que de partir d'une définition à priori de la notion d'innovation responsable, démarche aujourd'hui suivie dans les évaluations de l'innovation, il convient de partir de la notion de responsabilité morale et, plus largement, de morale, telle qu'elle se déploie dans le cours de la vie sociale, pour comprendre, à l'appui d'une approche sociologique, comme l'illustre la recherche-action pour l'innovation, son rôle dans les processus d'innovation.

## ▸▸ Références bibliographiques

Boltanski L., 2009. *De la critique. Précis de sociologie de l'émancipation*. Gallimard.

Canto-Sperber M., Ogien R., 2004. *La philosophie morale*, Presses Universitaires de France, Paris.

Dejours C., 1998. *Souffrance en France. La banalisation de l'injustice sociale*, Seuil, Paris.

Dewey J., 2011. *La formation des valeurs*, La Découverte, Paris.

Ferrando Y Puig J., Giamporcaro-Saunière S., 2005. *Pour une «autre» consommation. Sens et émergence d'une consommation politique*, L'Harmattan, Paris.

Habermas J., 1990. *La technique et la science comme idéologie*. Gallimard, Paris.

Hache E., Latour B, 2009. Morale ou moralisme ? Un exercice de sensibilisation. *Raisons politiques*, 2(34), 143-165.

Isambert F-A., Ladrière P., Terrenoire J-P., 1978. Pour une sociologie de l'éthique. *Revue française de sociologie*, 19(3), 323-339.

Jeangène Vilmer J-B., 2008. Éthique animale, Presses Universitaires de France, Paris.

Jonas H., 1990. *Le principe de responsabilité : une éthique pour la civilisation technologique*, Champs Flammarion.

Le Velly R., 2017. *Sociologie des systèmes alimentaires alternatifs. Une promesse de différence*, Presses des Mines, Paris.

Mauss M., 2007/1923. *Essai sur le don*, Presses Universitaires de France, Paris.

Mouret S., 2010. Détruire les animaux inutiles à la production : une activité centrale du point de vue de la souffrance éthique des salariés en production porcine industrielle. *Travailler*, 24(2), 73-91.

Mouret S., 2012a. Élever et tuer des animaux, Presses Universitaires de France.

Mouret S., 2012b. La valeur morale d'un animal. Esquisse d'un tableau en forme de dons de vie et de mort. Le cas des activités d'élevage. *Revue du Mauss,* 39, 465-486.

Neron de Surgy O., Porcher J., 2017. *Encore carnivores demain ? Quand manger de la viande pose question au quotidien*, Éditions Quæ, Versailles.

Ogien A., Laugier S., 2011. *Pourquoi désobéir en démocratie ?* La Découverte.

Pellé S., Reber B., 2016. Éthique de la recherche et innovation responsable, Iste Éditions.

Pharo P., 2004. *Morale et sociologie. Le sens et les valeurs entre nature et culture*, Gallimard.

Porcher J. (coord), 2017. *Travail animal, l'autre champ du social*. Écologie et politique, 54, Éditions Le Bord de l'eau.

Porcher J., 2002a. Éleveurs et animaux, réinventer le lien, Presses universitaires de France, Paris.

Porcher J., 2002b. L'esprit du don, archaïsme ou modernité de l'élevage : éléments pour une réflexion sur la place des animaux d'élevage dans le lien social. *Revue du Mauss*, 20, 245-262, <http://www.cairn.info/revue-du-mauss-2002-2-page-245.htm> (consulté le 10 mars 2018).

Porcher J., 2011/2014. *Vivre avec les animaux, une utopie pour le xxie siècle*, La Découverte, Paris.

Porcher J., 2013. Ce que les animaux domestiques nous donnent en nature. *Revue du Mauss*, 2(42), 49-62.

Porcher J., à paraître. *Cause animale, cause du capital*, Éditions Le Bord de l'eau.

Porcher J., Daru E., 2005. Concevoir des alternatives à l'organisation industrielle du travail en élevage. Un camion pour le transport et l'abattage des animaux. Inra-Sad, *FaçSade*, 23.

Porcher J., Lecrivain E., Savalois N., Mouret S., 2014. *Livre blanc pour une mort digne des animaux*, Éditions du Palais.

Reber B., 2011. *La démocratie génétiquement modifiée. Sociologies éthiques de l'évaluation des technologies controversées*, Presses de l'Université de Laval.

Ricœur P., 1990. *Soi-même comme un autre*, Seuil.

Von Schomberg R., 2011. *Towards Responsible Research and Innovation in the Information and Communication Technologies and Security Technologies Fields*, Commission européenne, Bruxelles, 217 p.

# Chapitre 14

# Comment évaluer les impacts des innovations en agronomie?

AGATHE DEVAUX-SPATARAKIS ET SYLVAIN QUIÉDEVILLE

**Résumé.** Depuis les années 2000, les chercheurs engagés dans une démarche d'innovation doivent répondre à des impératifs d'évaluation émanant de bailleurs de fonds, d'agences nationales de recherche et de développement, ou de la société civile. Afin de satisfaire cette demande, les chercheurs, dans le champ de l'agronomie, doivent mobiliser des méthodes et des outils leur permettant de rendre compte des effets de leurs propositions non seulement sur le plan agronomique, mais aussi sur les plans économique, social ou environnemental. Ce chapitre présente les différentes méthodes d'évaluation pouvant être mobilisées, ainsi que les arbitrages à effectuer afin de choisir l'approche la plus adaptée à l'innovation étudiée ainsi qu'aux questions posées par l'évaluation. Deux études de cas portant sur l'utilisation de méthodes d'évaluation de l'impact de la recherche, conduites dans le cadre des projets ImpresS et Impresa, sont présentées et discutées.

Dès le début du XXe siècle, on recense des travaux de chercheurs en agronomie ayant eu pour préoccupation d'évaluer rigoureusement les impacts des innovations qu'ils proposaient (Fisher, 1926). Alors que ces évaluations se concentraient principalement sur les impacts agronomiques des innovations, aujourd'hui les chercheurs doivent aussi se munir de méthodes d'évaluation à même de rendre compte des impacts sociaux, culturels ou économiques de leurs innovations. En effet, depuis le début des années 2000, les bailleurs de fonds, les organisations internationales et les agences nationales de recherche ou de développement ont affirmé leur volonté de financer en priorité les innovations ayant partiellement fait leurs preuves sur le terrain, c'est-à-dire ayant reçu une évaluation positive de leurs premiers impacts, tant agronomiques que sociaux (Naudet et Delarue, 2007 ; Evaluation Gap Working Group, 2006).

Ce nouvel impératif évaluatif enjoint les chercheurs du secteur agricole à se doter de méthodologies d'évaluation s'inscrivant dans les standards internationaux et se rapprochant des méthodes utilisées dans le cadre de l'évaluation de programmes publics ou de projets. Dès lors, l'évaluation s'écarte d'une entreprise scientifique d'estimation des effets agronomiques d'un projet et se rapproche de l'évaluation telle que définie par l'Organisation de coopération et de développement économiques (OCDE, 2002), c'est-à-dire […] *l'appréciation systématique et objective d'un projet, d'un programme ou d'une politique, en cours ou terminé, de sa conception, de sa mise en œuvre et de ses résultats. Le but est de déterminer la pertinence et l'accomplissement des objectifs, l'efficience en matière de développement, l'efficacité, l'impact et la durabilité.*

Bien que la recherche agricole puisse s'appuyer sur un corpus conséquent de méthodologies d'évaluation de programmes (Shadish *et al.*, 1991 ; Weiss 1972 ; Patton, 2001), l'application des méthodes d'évaluation des impacts à des processus d'innovation parfois complexes soulève des défis méthodologiques spécifiques. À ce titre, plusieurs instituts de recherche en agriculture, en France et en Europe, ont engagé des projets de recherche dédiés à l'élaboration d'une approche d'évaluation adaptée. Il en est ainsi des projets d'analyse des impacts de la recherche publique agronomique (Asirpa) menés par l'Institut national de la recherche agronomique (Inra), d'analyse de l'impact des recherches au Sud (ImpresS) effectuée par le Centre de coopération internationale en recherche agronomique pour le développement (Cirad), ou du projet européen *Impact of Research on EU Agriculture* (Impresa) regroupant plusieurs instituts, dont l'Institut de recherche de l'agriculture biologique (FiBL[1]). Ces initiatives avaient comme défi commun d'élaborer des approches, des outils et des instruments à même de comprendre et de rendre compte des impacts de ces processus d'innovation sur la société.

Ce chapitre présente dans un premier temps les méthodes, les outils et les instruments d'évaluation utilisés dans d'autres domaines que la recherche agronomique, mais sur lesquels elle peut s'appuyer. Dans un deuxième temps, nous illustrons de manière comparative deux approches d'évaluation d'innovations étudiées au sein des projets de recherche ImpresS et Impresa. Enfin, nous discuterons les apprentissages issus de ces deux expériences.

## ▸▸ Comment choisir une méthode d'évaluation ?

Afin de comprendre les enjeux autour d'une méthodologie d'évaluation des impacts des innovations, il nous faut présenter d'abord la diversité des méthodes d'évaluation et les questions que chacune d'entre elles soulève.

### L'évaluation : une pratique plurielle

*L'évaluation – plus que n'importe quelle science – est ce que les gens disent qu'elle est, et les gens sont en train de dire que ce peut être beaucoup de choses différentes*

---

1. Le FiBL est basé en Suisse, en Allemagne, en Autriche, ainsi qu'en Belgique (à Bruxelles), pour assurer la coordination et soutenir les instituts nationaux dans leurs efforts de recherche et de vulgarisation concernant l'agriculture biologique et le développement durable.

(Shadish *et al.*, 1991). Ce constat d'universitaires américains témoigne de la difficulté d'appréhender l'évaluation. Cette diversité s'explique par la multiplicité des raisons du recours à l'évaluation, par le degré variable d'ouverture à différents acteurs de l'évaluation, ainsi que par les utilisations différentes de ses résultats.

## Pourquoi évaluer ?

Un premier objectif justifiant le recours à l'évaluation relève de la production d'informations en vue de la programmation d'un projet ou d'un dispositif. Ce type d'évaluation est conduit de manière *ex ante*, c'est à dire en amont de l'intervention. Il s'agit alors d'estimer les impacts d'une intervention future, de construire des scénarios permettant d'arbitrer entre différentes options, d'anticiper les risques potentiels dans sa mise en œuvre afin d'ajuster l'intervention, mais aussi de comprendre les mécanismes par lesquels le programme peut produire les impacts envisagés.

Un deuxième objectif relève de la volonté d'identifier des points d'amélioration pour de futures interventions. Il consiste en la production de connaissances sur les processus et les mécanismes constituant des freins ou des leviers au bon déroulement de l'intervention pour produire des impacts. Ce type d'évaluation peut être réalisé après la mise en place du dispositif d'intervention, en vue de la programmation d'une prochaine intervention. Il peut être aussi conduit de manière *in itinere*, c'est-à-dire au cours de la mise en œuvre du dispositif, afin d'estimer l'atteinte des premiers effets intermédiaires, d'identifier les forces et les faiblesses de l'intervention, et d'ajuster celle-ci au plus vite. Ce type de démarche évaluative exige un appareillage à même d'appréhender les mécanismes causaux en jeu. Contrairement à un dispositif de suivi (ou *monitoring*), pouvant également être mis en place pendant l'intervention, l'évaluation interroge ici non seulement la logique et la pertinence des hypothèses guidant l'intervention, mais aussi la manière dont elle s'insère dans son environnement.

Le troisième objectif relève de ce qui est désigné en anglais comme l'*accountability*, c'est-à-dire de la nécessité ou de l'obligation de rendre des comptes sur l'action conduite, au regard des attentes fixées par le commanditaire de l'évaluation. On peut s'intéresser à l'efficience de l'action (mesurée par le ratio dépenses en ressources / résultats), à son utilité (répond-elle aux besoins des bénéficiaires ?), à son efficacité (a-t-elle atteint ses objectifs ?), mais aussi à sa cohérence (son articulation avec d'autres dispositifs) ou à sa pertinence (est-ce la meilleure solution pour résoudre le problème identifié au départ ?). Bien entendu, les réponses à ces questionnements peuvent aussi apporter des éléments de réponse au deuxième objectif présenté précédemment. Le diagramme ci-dessous (figure 14.1) présente ces différents registres de l'évaluation et les dimensions qu'ils questionnent.

Une même évaluation peut poursuivre plusieurs de ces objectifs. Ainsi, une évaluation ayant vocation à rendre compte des résultats peut aussi vouloir comprendre la nature des processus influençant le déroulement de l'action, afin d'ajuster celle-ci. Également, il est possible pour une même intervention de prévoir trois temps d'évaluation, en estimant d'abord les impacts à priori, en effectuant ensuite un point à mi-parcours pour ajuster la mise en œuvre, et enfin en comparant les résultats finaux à ceux espérés, grâce à une évaluation à posteriori.

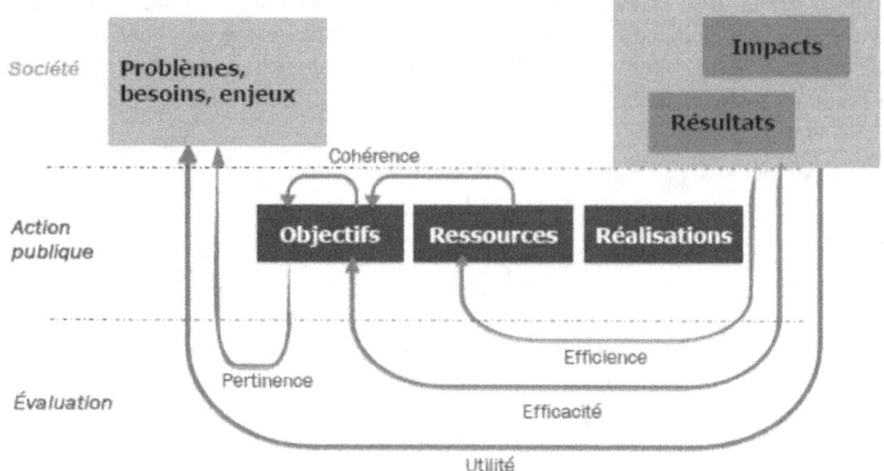


**Figure 14.1.** Les registres de l'évaluation et les dimensions questionnées (source : Quadrant-Conseil).

Lorsqu'une question d'évaluation questionne par exemple la production de résultats au regard des ressources, elle s'inscrit dans le registre de l'efficience.

## L'évaluation, pour qui et par qui ?

Les méthodes d'évaluation se définissent aussi par leur ouverture à la participation de différents types d'acteurs. D'abord, une évaluation peut être conduite soit par une personne appartenant aux institutions mettant en œuvre l'intervention évaluée, soit en externe, par des personnes indépendantes. La tendance veut que dans les exercices d'évaluation ayant vocation à rendre compte des résultats, il soit prioritairement fait appel à des évaluateurs externes, alors que des évaluations tournées vers l'apprentissage font appel à des évaluateurs internes, plus à même de cerner les enjeux de l'intervention (Conley-Tyler, 2005).

Ensuite, l'équipe responsable de la conduite de l'évaluation peut associer à ce processus d'autres personnes, comme les financeurs, les organismes de tutelle, des opérateurs de terrain, des bénéficiaires directs ou indirects de l'intervention, voire d'autres citoyens. On distingue plusieurs degrés de participation, en caractérisant sa « largeur » (fonction de la diversité des parties prenantes) (tableau 14.1) et sa « profondeur » (fonction du rôle joué par chaque partie prenante dans la conduite de l'évaluation) (Baron et Monnier, 2003).

L'évaluation est dite managériale, ou coproduite, lorsque la « largeur » de la participation reste de niveau 1 ou 2. Elle s'inscrit dans une dimension participative, et sa « largeur » atteint alors le niveau 3, à partir du moment où les bénéficiaires directs participent aux activités d'évaluation. Il faut cependant distinguer la simple consultation de la participation. Le fait que l'opinion des parties prenantes soit prise en compte lors de la collecte de données, par des entretiens ou des questionnaires, ne constitue pas une dimension participative à proprement parler. Pour que l'évaluation s'inscrive réellement dans une démarche participative, les parties prenantes doivent contribuer directement à une ou plusieurs activités d'évaluation.

Baron et Monnier (2003) identifient les activités d'évaluation suivantes :
– la définition des enjeux et des questions d'évaluation ;
– la validation de la méthode d'évaluation ;
– le pilotage des travaux d'évaluation ;
– l'analyse et l'interprétation des données de l'évaluation ;
– la formulation des recommandations suite aux résultats de l'évaluation.

La «profondeur» de la participation est décidée, selon les besoins, par l'équipe d'évaluation, qui peut choisir d'ouvrir différentes activités d'évaluation à des groupes distincts de parties prenantes. Afin de favoriser l'appropriation des résultats de l'évaluation, il est conseillé d'inclure dans les activités énumérées ci-dessus les parties prenantes reconnues comme étant de futurs utilisateurs de ces résultats. Au minimum, elles doivent participer aux instances de pilotage de l'évaluation, voire à la définition des questions et du champ de l'évaluation (Patton, 1997). C'est uniquement lorsque des acteurs de niveau 3, 4, ou 5 (tableau 14.1) participent à la définition des questions ou aux enjeux de l'évaluation ainsi qu'à l'ensemble des tâches évaluatives que l'on peut parler d'évaluation émancipatrice (*empowerment evaluation*) (Fetterman *et al.*, 2015).

Les questionnements présentés ci-dessus sont communs à toutes les démarches d'évaluation. Nous présentons maintenant les problématiques propres à l'évaluation des impacts des innovations.

**Tableau 14.1.** Les cinq niveaux de «largeur» de la participation à l'évaluation d'une intervention.

| «Largeur» de l'évaluation | Participants à l'évaluation |
| --- | --- |
| Niveau 1 | Les commanditaires et les principaux opérateurs de l'intervention évaluée (par exemple, les chercheurs et les bailleurs) |
| Niveau 2 | Les participants du niveau 1 + les opérateurs de la mise en œuvre (par exemple, les partenaires de la recherche et les techniciens) |
| Niveau 3 | Les participants du niveau 2 + les bénéficiaires directs (par exemple, les producteurs agricoles expérimentant l'innovation) |
| Niveau 4 | Les participants du niveau 3 + les bénéficiaires indirects ou potentiels (par exemple, les producteurs situés dans la même zone que les expérimentateurs et potentiellement impactés par l'intervention) |
| Niveau 5 | Les participants du niveau 4 + les citoyens ou leurs représentants |

## Les particularités de l'évaluation des impacts des innovations

L'évaluation des impacts consiste, d'une part, à apprécier qualitativement ou quantitativement les changements à long terme survenus suite à l'innovation et, d'autre part, à vérifier que ceux-ci soient bien imputables à l'innovation et non à d'autres évènements. Les effets de l'innovation peuvent être positifs ou négatifs, directs ou indirects, prévus ou imprévus.

En conséquence, l'évaluation des impacts appelle à la mobilisation de méthodes permettant d'analyser les relations entre l'innovation et les effets observés.

Deux approches se distinguent pour assurer cette démonstration : d'une part, une analyse de l'attribution, en comparant les résultats de l'innovation à un scénario contrefactuel, et, d'autre part, une analyse de la contribution, en décomposant le processus d'innovation en différentes étapes et en vérifiant et explicitant les liens de causalité entre chacune de ces étapes et les changements observés.

## Les méthodes de démonstration des impacts par l'usage d'un scénario contrefactuel

Ces méthodes d'évaluation proposent un protocole de démonstration s'appuyant sur la comparaison de deux situations, l'une avec innovation, et l'autre, sans. On appelle cette démarche une analyse d'attribution. L'enjeu méthodologique est de s'assurer de la plus grande similarité possible entre les deux groupes, constitués des unités que l'on souhaite observer (par exemple, des individus), qui servent à la comparaison, afin qu'ils ne se distinguent que par l'absence ou la présence de l'innovation. Le scénario contrefactuel, c'est-à-dire la situation sans intervention innovatrice, est alors assimilable à ce qu'aurait été la situation du groupe faisant l'objet de l'évaluation s'il n'avait pas participé à l'innovation.

Le groupe servant de contrefactuel peut être reconstitué par l'équipe d'évaluation de manière quasi expérimentale, avec des méthodes statistiques comme les méthodes d'appariement de groupes de comparaison interne ou externe ou la méthode des doubles différences. Il peut aussi être reconstitué par le biais de la modélisation, pour obtenir une situation contrefactuelle modélisée (SFE, 2011). Les groupes de comparaison peuvent aussi être constitués par tirage au sort parmi les potentiels bénéficiaires d'une innovation qui doit être mise en œuvre, les uns étant inclus dans un groupe test, qui sera effectivement concerné par l'innovation, et les autres étant inclus dans un groupe témoin, qui ne le sera pas et servira de groupe contrefactuel, dans le cadre d'une expérimentation par assignation aléatoire (Duflo, 2005).

Ce type de démonstration est adapté à des innovations simples dont la diffusion repose sur le modèle du transfert de technologies. Il requiert que l'innovation soit stable dans le temps et ne nécessite pas d'importantes adaptations lors de sa mise en œuvre par des acteurs de terrain (Devaux-Spatarakis, 2014a). On peut appeler ces innovations des programmes « tunnels », au sens où ils suivent une causalité linéaire simple et sont peu sujets aux interventions des parties prenantes (Naudet *et al.*, 2012).

## Les méthodes de démonstration de la causalité par une analyse de contribution

Cette seconde approche s'appuie sur la décomposition du processus d'innovation ainsi que sur une analyse des différents liens de causalité en jeu. Il s'agit d'une analyse de contribution (Mayne, 2001). Elle théorise le lien non pas entre un effet et une cause unique, mais entre un effet et un faisceau causal réunissant un ensemble de causes, dont chacune ne peut à elle seule provoquer l'effet final, mais dont la synergie avec les autres causes est susceptible de créer l'effet en question (Befani, 2012). De fait, l'innovation évaluée n'est qu'une contribution parmi d'autres au changement observé. L'enjeu de l'évaluation tient à quantifier et à qualifier de quelle manière et dans quelle mesure l'innovation a contribué aux changements observés.

Une telle évaluation s'inscrit dans la famille des méthodes qualifiées de « basées sur la théorie » (*theory-driven*). Cette approche décompose l'innovation en une succession d'hypothèses sur les changements qu'elle devrait générer auprès des différents acteurs, hypothèses qui sont questionnées lors de la collecte de données dans le cadre de l'évaluation (Devaux-Spatarakis, 2014b). Cet outil central de l'analyse peut être appelé la théorie du changement, le diagramme logique d'impact ou le chemin de l'impact (Douthwaite *et al.,* 2003). Il rend compte non seulement de l'innovation, mais aussi de son interaction avec les différentes parties prenantes et de l'influence du contexte sur celle-ci.

Cette démarche s'adapte à l'évaluation de l'impact d'innovations complexes, dont le déploiement s'accompagne de processus évolutifs, notamment suite au jeu des acteurs. Elle permet de mettre au jour les différentes hypothèses sous-tendant l'intervention innovatrice et d'identifier les points critiques liés aux interactions entre les différentes parties prenantes qui participent à l'innovation.

Il n'existe donc pas de méthode d'évaluation standard. Une appréciation des objectifs de l'évaluation, du rôle que l'on veut donner aux différentes parties prenantes, ainsi que du type de processus d'innovation étudié, est un préalable au choix de la démarche générale et de l'ensemble des outils utilisés pour évaluer (tableau 14.2).

**Tableau 14.2.** Choix des approches d'évaluation de l'impact en fonction du type d'innovation à évaluer.

| Caractéristiques de l'innovation et approches d'évaluation adaptées | Innovation simple / transfert de technologie | Système d'innovation complexe |
|---|---|---|
| Processus d'innovation | Nouvelle technologie, pratique ou norme, dont les initiateurs contrôlent la mise en œuvre | Technologie, pratique ou norme sans cesse sujettes à des adaptations par les acteurs qui s'en emparent |
| Acteurs de l'innovation | Définis en amont, faisant l'objet d'un suivi tout au long de la mise en œuvre | Évoluant au cours de l'innovation |
| Objectifs de l'innovation | Définis en amont | Pouvant être redéfinis au fur et à mesure des adaptations de l'innovation |
| Démarches d'évaluation | Méthodes expérimentales ou quasi expérimentales | Approches basées sur la théorie du changement (chemin d'impact) |
| Méthode de démonstration de la causalité | Analyse d'attribution | Analyse de contribution |

# ▸▸ Présentation d'une démarche d'évaluation pour des innovations complexes

La démarche d'analyse de contribution pour l'évaluation d'innovations complexes peut être illustrée à partir de deux cas d'étude concernant la recherche agronomique et tirés des projets ImpresS et Impresa. Nous comparerons les démarches ayant été appliquées dans ces deux cas et en tirerons des conclusions en matière de méthodes, d'outils et d'instruments pour l'évaluation de l'impact de la recherche agricole.

Le projet ImpresS[2] (Impact de la recherche dans les pays du Sud), porté par le Centre de coopération internationale en recherche agronomique pour le développement (Cirad), a pour objectif d'élaborer et de mettre en œuvre une démarche d'évaluation de l'impact favorisant la culture de l'impact au sein de cette institution. Il s'agit, d'une part, de rendre compte des impacts des innovations soutenues par le Cirad et ses partenaires du Sud et, d'autre part, de générer des connaissances sur le rôle de la recherche dans ces processus innovants, afin d'améliorer les interventions. Treize études de cas, embrassant une diversité d'innovations, ont été réalisées de 2015 à 2016. Nous présenterons succinctement ici une innovation qui concerne la mise en place d'une indication géographique dénommée «*Vales da Uva*, Goethe» auprès des producteurs de vins de l'État de Santa Catarina, dans le Sud du Brésil, de 2004 à 2014[3], allant de la préparation du dossier pour la reconnaissance de l'indication géographique jusqu'à la commercialisation du vin sous cette appellation.

Le projet Impresa[4] suit le même type de démarche, mais avec quelques spécificités. Ce projet a pour mission générale de mesurer, d'évaluer et de comprendre les impacts de toute forme de recherche scientifique européenne agricole. Une partie du projet consistait en l'étude des causalités complexes du chemin de l'impact allant de la recherche au développement d'innovations agricoles puis aux effets induits sur la société. Nous illustrons cette démarche *via* l'exemple de la transition vers des systèmes rizicoles bio, dans le cadre d'un programme de recherche pour le déploiement de l'agriculture biologique en Camargue, initié en 2000 par l'Institut national de la recherche agronomique et ses partenaires. Il s'agissait de répondre au dilemme posé entre, d'une part, la nécessité de produire du riz pour dessaler les sols et ainsi préserver l'activité agricole sur le territoire et, d'autre part, l'obligation de réduire les impacts environnementaux de la production rizicole.

Ces évaluations ont fait appel à une démarche participative, en réunissant les bénéficiaires directs et les bénéficiaires indirects de l'innovation, (soit respectivement les niveaux 3 et 4 en «largeur» de participation, définis dans le tableau 14.1).

## Reconstruire de manière participative le chemin d'impact de l'innovation

Ces deux démarches d'évaluation ont eu recours à une analyse de causalité, en faisant appel à la reconstruction du chemin de l'impact, allant de l'intervention de la recherche aux impacts sur les processus d'innovation puis sur les bénéficiaires et la société. Le chemin de l'impact est représenté graphiquement, montrant le processus causal de l'innovation (figure 14.2).

La démarche ImpresS prévoit de débuter l'évaluation de l'impact par un atelier participatif réunissant les parties prenantes de l'innovation, afin de retracer le récit de l'innovation de manière chronologique et de mettre en lumière certaines parties du

---

2. http://impress-impact-recherche.cirad.fr
3. Cette innovation a été menée par Claire Cerdan, de l'unité mixte de recherche «Innovation» (Montpellier), ainsi que par l'*Universidade Federal de Santa Catarina* (UFSC), l'*Empresa de Pesquisa Agropecuária e Extensão Rural de Santa Catarina* (Epagri) et les producteurs de l'association ProGoethe, au Brésil.
4. www.impresa-project.eu

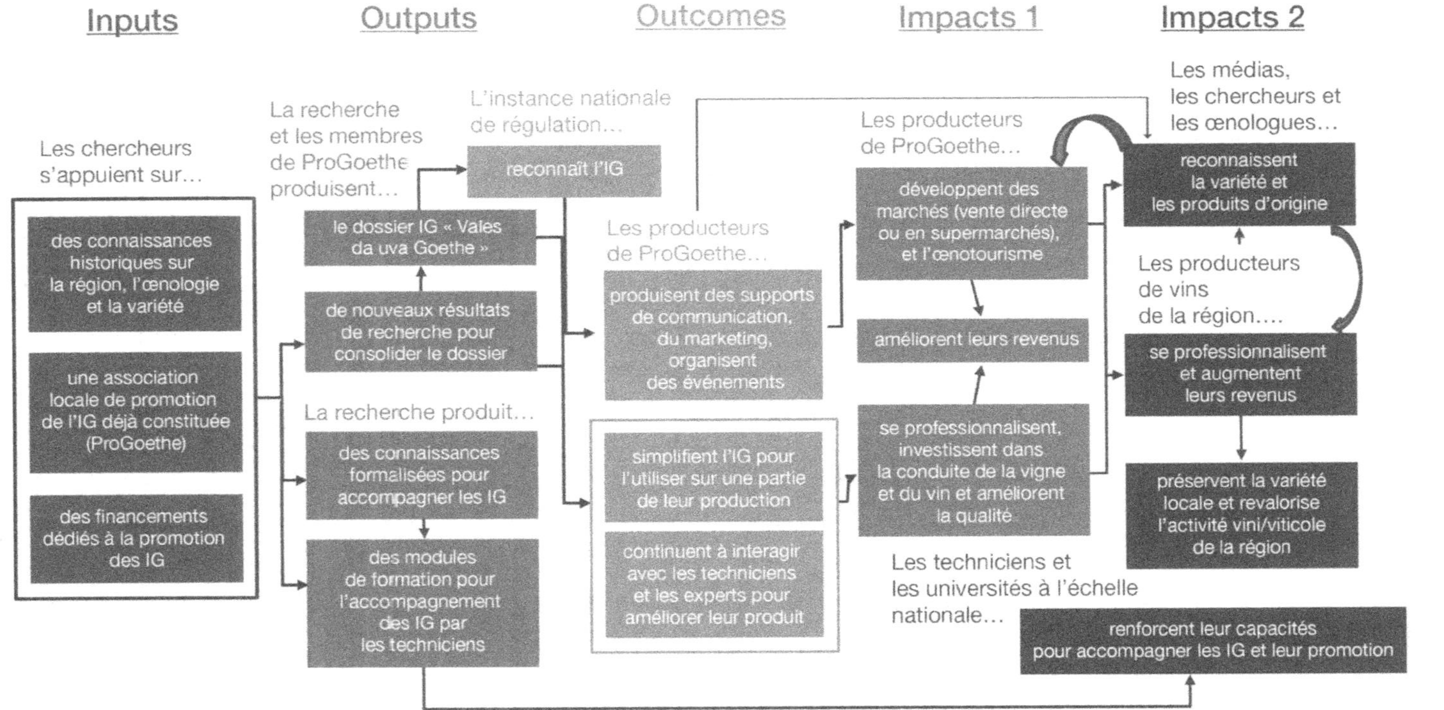


**Figure 14.2.** Chemin d'impact de l'innovation concernant l'indication géographique « *Vales da uva*, Goethe » (constitué avec l'équipe de recherche de Claire Cerdan).

217

processus moins connues. À partir de ce travail, l'équipe d'évaluation a pu élaborer le chemin d'impact retraçant les relations causales de l'innovation.

On trouve sur ce chemin d'impact :
– les ressources utilisées par la recherche (*inputs*) ;
– les produits de la recherche (*outputs*) ;
– leur appropriation et leur transformation par les producteurs membres de l'association de promotion de l'indication géographique (IG ProGoethe), notamment en dispositifs sociotechniques (*outcomes*) ;
– les impacts de premier niveau, auprès des acteurs interagissant avec la recherche (les membres de l'IG ProGoethe) ;
– mais aussi les impacts de deuxième niveau, auprès d'autres acteurs, bénéficiaires indirects de l'innovation, comme les autres producteurs de la région n'ayant pas recours à l'indication géographique.

Nous voyons toute la complexité du chemin d'impact, due à des processus dynamiques et non linéaires. Il témoigne d'un processus d'innovation complexe, multi-acteurs, et composé de causalités multiples pouvant interagir entre elles.

Dans le cadre de l'évaluation du programme sur le riz biologique de Camargue, le chemin de l'impact du programme de recherche a été reconstitué et dessiné de manière participative, avec les différentes parties prenantes, au cours d'un atelier[5] (Quiédeville *et al.*, 2017). Les parties prenantes ont tout d'abord identifié les différents changements liés à la transition vers l'agriculture biologique en Camargue depuis 2000. Ensuite, ils ont cherché à définir comment, quand, et où ces changements se sont produits. Puis ils ont dessiné le chemin de l'impact, tenant compte de la nature complexe et dynamique des innovations en jeux. Un travail particulier a aussi été effectué sur la nature et l'intensité des liens reliant les étapes entre elles, afin de mieux y déterminer le rôle de la recherche. De plus, une analyse du réseau social a permis d'interroger le véritable rôle joué par les différents instituts de recherche dans la transition vers le bio et ainsi de confirmer les dires d'acteurs.

Pour établir dans quelle mesure les impacts sont imputables à l'innovation, d'une part, et à l'intervention de la recherche, d'autre part, il est nécessaire de mener un travail de triangulation des informations à partir de différentes sources d'information. Il s'agit de combiner l'analyse de documents, de statistiques ou d'études existantes (constituant des données secondaires), ainsi que de réaliser des enquêtes par questionnaires, entretiens individuels ou entretiens collectifs.

## Identifier et mesurer les impacts

L'évaluation fondée sur le chemin de l'impact requiert un travail spécifique afin d'identifier et de mesurer les impacts de l'innovation. Les deux exemples de démarches choisis sont exploratoires et participatifs, afin de répertorier les impacts du processus d'innovation. Dans le cadre de l'évaluation en Camargue, ce sont

---

5. Étaient présents à cet atelier : deux chercheurs de l'Inra et trois du Centre français du riz (CFR), deux personnes de la SARL Thomas (entreprise collectant et commercialisant le riz biologique de Camargue) et une de Biocamargue (entreprise collectant, transformant et valorisant le riz biologique de Camargue), un modérateur, un animateur, sept agriculteurs, et deux assistants.

des entretiens individuels qui ont permis de révéler les impacts. Dans le cadre de l'évaluation de l'indication géographique au Brésil, l'atelier participatif réunissait les différents opérateurs et bénéficiaires de l'innovation, qui ont par petits groupes identifié des descripteurs d'impact, c'est-à-dire les effets perçus de l'innovation sur leurs activités et leur environnement. Ces impacts peuvent être positifs ou négatifs, et prévus ou non. Ils peuvent être complétés par les impacts espérés par les équipes de recherche, tels que la préservation de la biodiversité (cas de la Camargue), par exemple. Au Brésil, les acteurs ont noté un impact inattendu de l'indication géographique sur l'économie locale dans son ensemble, et ce, bien au-delà des seuls producteurs qui utilisent cette indication, ce qui donne ainsi une autre ampleur à l'innovation initiale.

Une fois les impacts identifiés, l'équipe d'évaluation recherche des indicateurs. Pour ce faire, elle peut s'appuyer sur une étude de la littérature, mais aussi sur les descripteurs d'impacts formulés par les bénéficiaires. À titre d'exemple, au Brésil, pour estimer l'impact de l'indication géographique sur la professionnalisation des producteurs de vins artisanaux et coloniaux, les indicateurs choisis sont l'évolution de la qualité des vins évaluée lors des concours locaux, le nombre de visiteurs à la fête du vin bénéficiant de l'indication géographique «*Vales da uva*, Goethe», en 2015, et l'évolution de la vente directe et de la vente totale de vin sous indication géographique par les producteurs.

Lorsque les indicateurs ont été trouvés, l'équipe d'évaluation conduit alors une collecte de données afin de les renseigner et d'estimer dans quelle mesure les impacts identifiés sont en effet vérifiables sur le terrain.

## ⇥ Retour d'expériences sur l'apport de l'évaluation pour la compréhension de l'innovation

### Une meilleure compréhension des mécanismes causaux des processus d'innovation

Ces deux études de cas permettent d'enrichir la compréhension du processus d'innovation, et notamment celle des processus causaux le sous-tendant. L'outil que constitue le chemin d'impact permet d'organiser les informations, et notamment de mieux comprendre les relations causales entre le travail de la recherche, son appropriation et son adaptation par d'autres acteurs et, enfin, les impacts produits. Il permet aussi d'imputer les impacts observés et de distinguer ce qui relève de l'innovation étudiée ou de son environnement et d'autres programmes.

L'analyse fine du chemin de l'impact permet aussi de savoir où et quand la recherche joue un rôle clé dans le processus d'innovation. Dans le cas de la Camargue, ce sont les dires d'acteurs pendant l'atelier qui ont permis de constituer les hypothèses sur le processus d'innovation, en partant du début du programme de recherche et en allant jusqu'aux impacts. Ces hypothèses ont ensuite pu être confirmées, ou réfutées, par les évaluateurs (*process tracing*), sur la base des documents officiels, des observations concrètes qu'ils ont effectuées sur le terrain, des dires d'acteurs à partir d'entretiens individuels, de statistiques, ainsi que sur la base de l'analyse du réseau social, pour les changements en matière de relations entre individus et/ou institutions. Dans le cas de l'indication géographique au Brésil, l'équipe a estimé que le travail autour du chemin de l'impact a permis de mettre en cohérence l'ensemble des activités des différents acteurs de l'innovation. Cet outil l'a aussi amenée à expliciter les activités par lesquelles les acteurs de terrain s'étaient approprié (ou non) les productions des équipes de recherche (Cerdan, 2016).

Afin de renforcer la rigueur de l'analyse, l'évaluateur peut aussi chercher de possibles explications alternatives vis-à-vis des différentes causalités du chemin de l'impact (leur exactitude est aussi vérifiée par le *process tracing*). Cette analyse approfondie du chemin de l'impact, à charge de l'imputabilité des impacts observés à l'innovation, permet de compenser l'absence d'une comparaison avec un groupe témoin (Mayne, 2001). Cette analyse peut toutefois être renforcée, comme dans le cas camarguais, à l'appui de questions posées au cours d'entretiens individuels, du type de celle-ci : « En l'absence de l'activité X du programme, que se serait-il passé ? ». Ces questions permettent de mieux cerner ce qu'aurait pu être la situation contrefactuelle, c'est-à-dire la situation sans l'intervention de la recherche. Dans le même esprit, nous avons demandé aux acteurs d'estimer l'importance de chaque événement identifié sur le chemin de l'impact, par rapport à leur influence sur les événements qui ont suivi, ce qui a permis d'améliorer notre compréhension du rôle et de la contribution de la recherche aux innovations, puis de la contribution de ces innovations aux impacts sur les bénéficiaires et la société.

## Utilité de l'évaluation pour les acteurs de l'innovation

Ces démarches d'évaluation d'impact ont été une source d'apprentissage pour la recherche et les autres acteurs de l'innovation. Des ateliers de restitution ont été organisés dans les deux cas d'étude, donnant l'occasion aux acteurs de commenter les résultats d'évaluation.

Dans le cas de la Camargue, l'évaluation du programme de recherche a permis d'identifier les leviers et les barrières à la transition vers le bio pour les agriculteurs. Les acteurs ont aussi pu exprimer le souhait que les expérimentations scientifiques soient menées en plus étroite collaboration avec les agriculteurs, afin que leur efficacité en soit améliorée. Par ailleurs, l'évaluation a rendu compte d'un trop grand optimisme des chercheurs quant à l'utilisation de leur recherche par les bénéficiaires. Elle a montré que le programme de recherche a produit des effets positifs, mais que son influence n'a pas été décisive, en ce sens que d'autres facteurs importants (cadre institutionnel, facteurs économiques et politiques, etc.) ont également joué un rôle. La recherche a commencé à prendre ces éléments en considération ; l'Institut national de la recherche agronomique et le Centre français du riz ont notamment amorcé des discussions plus profondes sur la manière de collaborer ensemble et de mieux impliquer les agriculteurs dans l'élaboration des objectifs et dans la mise en œuvre des travaux de recherche, notamment en matière d'expérimentations de pratiques agricoles.

Dans le cas brésilien, l'évaluation a ouvert des pistes de réflexion pour la mise en place de nouvelles indications géographiques. La phase de l'appropriation et de la transformation des résultats de la recherche par les autres acteurs est apparue comme le moment le plus déterminant pour la production d'impacts. Suite à cette évaluation, l'équipe de recherche envisage d'adopter une nouvelle approche pour promouvoir de nouvelles indications géographiques, en travaillant en plus étroite collaboration avec les producteurs, notamment pour produire différents outils, comme des guides simplifiés, utiles aux acteurs impliqués dans la création des indications géographiques. Il est aussi envisagé d'appliquer la méthode d'évaluation ImpresS à des projets de nouvelles indications géographiques en cours, pour une évaluation *in itinere*, s'intéressant notamment aux risques et aux opportunités à prendre en compte lors de l'élaboration de l'innovation.

# ▸▸ Conclusion : pour une culture de l'impact au service de l'apprentissage de la recherche

Une diversité de méthodes, d'outils et d'instruments sont à disposition du chercheur pour évaluer les innovations auxquelles il participe. Le choix d'une méthode pertinente nécessite de bien définir en amont le champ et les objectifs de l'évaluation ainsi que son degré d'ouverture aux parties prenantes de l'innovation considérée. L'évaluation de l'impact des innovations demande en outre de se questionner sur la nature du processus d'innovation à évaluer. Il est nécessaire de s'assurer que la méthode choisie pour l'évaluation soit adaptée au processus d'innovation étudié.

Les processus d'innovation complexes appellent à privilégier une démarche s'appuyant sur l'élaboration du chemin de l'impact et sur l'étude des liens de causalité. Le chemin de l'impact peut à la fois aider à construire un consensus des parties prenantes sur le processus d'innovation, permettre d'identifier les liens de causalité qui mènent à l'impact, structurer une collecte d'information sur les impacts, et favoriser un apprentissage des différents acteurs. L'enjeu réside ensuite dans l'usage des connaissances acquises et dans la valorisation des apprentissages pour guider l'action. La promotion d'une culture de l'impact dans les institutions de recherche n'a pas uniquement pour objet de rendre des comptes aux tutelles de ces institutions ; elle peut permettre une meilleure programmation des recherches pour viser l'impact, mais elle peut aussi être au service de l'apprentissage des chercheurs afin qu'ils interrogent leurs pratiques en matière d'appui aux processus d'innovation auxquels ils participent.

# ▸▸ Références bibliographiques

Baron G., Monnier E., 2003. Une approche pluraliste et participative : coproduire l'évaluation avec la société civile. *Informations sociales*, 110.

Befani B., 2012. Models of Causality and Causal Inference. *In: Broadening the Range of Designs and Methods for Impact Evaluation* (Stern E., Stame N., Mayne J., Forss K., Davies R., Befani B., eds). Department For International Development, London, Working paper, 38.

Cerdan C., 2016. *Une valeur ajoutée des produits de l'agriculture familiale du Brésil à explorer : les indications géographiques. Étude de cas ImpresS*, Cirad, Montpellier.

Conley-Tyler M., 2005. A fundamental choice: internal or external evaluation? *Evaluation Journal of Australasia*, 4(1, 2), 3-11.

Devaux-Spatarakis A., 2014a. La méthode expérimentale par assignation aléatoire : un instrument de recomposition de l'interaction entre sciences sociales et action publique en France ?, thèse de doctorat en science politique, université de Bordeaux.

Devaux-Spatarakis A., 2014b. L'évaluation basée sur la théorie entre rigueur scientifique et contexte politique. *Politiques et Management Public,* 31(1), 75-91.

Douthwaite B., Kuby T., van de Fliert E., Schultz S., 2003. Impact pathway evaluation: an approach for achieving and attributing impact in complex systems. *Agricultural Systems,* 78, 243-65.

Duflo E., 2005. Évaluer l'impact des programmes d'aide au développement : le rôle des évaluations par assignation aléatoire. *Revue d'économie du développement,* 19(2), 185-226.

Evaluation Gap Working Group, 2006. When Will We Ever Learn? Improving Lives Through Impact Evaluation, report of the Center for Global Development.

Fetterman D.M., Kaftarian S.J., Wandersman A. (eds), 2015. *Empowerment evaluation: knowledge and tools for self-assessment, evaluation capacity building, and accountability,* second edition, Sage Publications, Los Angeles.

Fisher R.A., 1926, The arrangement of field experiments. *Journal of Ministry of Agriculture,* XXXIII, 503-23.

Mayne J., 2001. Addressing Attribution Through Contribution Analysis: Using Performance Measures Sensibly. *The Canadian Journal of Program Evaluation,* 16(1), 1-24.

Naudet J.-D., Delarue J., 2007. Promouvoir les évaluations d'impact à l'Agence française de développement : renforcer l'appropriation et l'apprentissage institutionnels. 02. Série Notes méthodologiques Ex Post, Département de la Recherche, Division Évaluation et capitalisation, Agence française de développement.

Naudet J.-D., Delarue J., Bernard T., 2012. Évaluations d'impact : un outil de redevabilité ? Les leçons tirées de l'expérience de l'AFD. *Impact Evaluations: a tool for accountability? Lessons from experience at AFD. Revue d'économie du développement,* 20, 27-48.

OCDE, 2002. *Glossaire des principaux termes relatifs à l'évaluation et la gestion axée sur les résultats,* OECD Publishing, Paris, <http://www.oecd.org/development/peer-reviews/2754804.pdf> (consulté le 13 mars 2018).

Patton M.Q., 1997. *Utilization-Focused Evaluation: The New Century Text,* Thousand Oaks / Sage Publications, London, New Delhi.

Patton M.Q., 2001. *Qualitative Evaluation and Research Methods,* 2nd Edition, Sage Publications, Thousand oaks, CA.

Quiédeville S., Barjolle D., Mouret J.-C., Stolze M., 2017. Ex-Post Evaluation of the Impacts of the Science-Based Research and Innovation Program: A New Method Applied in the Case of Farmers' Transition to Organic Production in the Camargue. *Journal of Innovation Economics and Management,* 22(1), 145-145.

Quiédeville S., Barjolle D., Stolze M., 2018. Using Social Network Analysis to Evaluate the Impacts of the Research: On the Transition to Organic Farming in the Camargue. *Cahiers Agricultures,* 27(1), 1-9.

SFE, 2011. L'évaluation des impacts des programmes et services publics. Société française d'Évaluation, *Les cahiers de la SFE,* 6.

Shadish W.R., Cook T.D., Leviton L.C., 1991. Social Program Evaluation: Its History, Tasks, and Theory. *In: Foundations of Program Evaluation: Theories ofPractice* (W.R. Shadish, T.D. Cook, L.C. Leviton, eds), Sage Publications, Newbury Park, Calif, 19-35.

Weiss C.H., 1972. *Evaluation research: methods for assessing program effectiveness,* Prentice-Hall methods of social science series, Prentice-Hall, Englewood Cliffs, N.J.

# Chapitre 15

# Évaluer les impacts des innovations : intérêts et enjeux d'une approche multicritères et participative

JEAN-MARC BARBIER ET YUNA CHIFFOLEAU

**Résumé.** Pour accompagner les acteurs dans les transitions vers des systèmes alimentaires plus durables, l'enjeu est de disposer d'outils d'évaluation multicritères pour explorer les effets et les impacts d'innovations techniques et organisationnelles. Dans ce chapitre, nous présentons deux constructions et usages possibles de tels outils : le premier concerne l'appui à la transition agro-écologique dans les exploitations agricoles et le second vise à comparer deux modèles de chaînes alimentaires, l'une, locale, et l'autre, globale. Ces deux exemples nous permettent d'aborder et de discuter trois fronts méthodologiques : la prise en compte des multiples dimensions et propriétés des systèmes durables, dans une recherche de complétude entre les dimensions environnementales, économiques et sociales ; la participation des acteurs à l'élaboration des critères et des indicateurs d'évaluation ; et la manière d'aboutir à une appréciation finale à travers le choix de méthodes de mesure, de fixation de scores, de pondération et d'agrégation des indicateurs ou de calcul de performances.

Si l'innovation est un processus par lequel une idée, un concept ou un objet nouveaux devient un système opératoire approprié et maîtrisé par des acteurs (ici, des parties prenantes des chaînes alimentaires, c'est-à-dire des chaînes reliant la production agricole, la transformation de matières premières, la commercialisation et la consommation de produits alimentaires), alors il faut admettre que les changements réellement mis en œuvre, mais aussi les effets et les impacts[1] du processus, peuvent

---

1. Nous considérons ici les impacts comme des effets directs des pratiques sur les états des biens, des personnes et des ressources ; les effets sont des réorganisations à l'intérieur du système (pouvant affecter différents sous-systèmes), dont il est difficile en première instance d'apprécier la nature et les conséquences à terme sur les états des objets précédemment évoqués.

rarement être connus à l'avance. D'une part, le concept ou l'objet initial est décliné et adapté de manière différenciée selon les individus ; d'autre part, les interactions au sein des systèmes de production dans lesquels l'innovation s'inscrit conduisent à des réorganisations dont la nature est difficile à prévoir, notamment aux échelles qui dépassent celles de la mise en œuvre du concept ou de l'objet (Flichy, 2003). Enfin, il n'est pas toujours simple pour les acteurs engagés dans le processus d'innovation de se projeter dans des effets de moyen ou long terme et de longue distance.

Il a ainsi été montré que la diffusion d'un système technique de production tel que l'agriculture biologique, pourtant réputé intrinsèquement vertueux au regard de ses impacts sur l'environnement, pouvait conduire à des configurations régionales d'usage des sols jugées peu durables par les mêmes acteurs initialement promoteurs du dit système (Delmotte *et al.*, 2016). Ceci montre les contradictions potentielles que porte tout processus d'innovation. De plus, le point de vue sur un même processus d'innovation est souvent différent d'un acteur à l'autre. L'enjeu est alors non seulement de se doter d'une liste de critères et d'indicateurs[2], pour évaluer une innovation dans plusieurs dimensions, mais aussi de permettre à différents types d'acteurs, au-delà des chercheurs, de participer à la définition de ces indicateurs, pour que divers points de vue soient pris en compte.

Les évolutions de l'agriculture ont stimulé l'immixtion de la société, et plus exactement de la sphère citoyenne (consommateurs, associations environnementales, par exemple), dans la gestion des affaires agricoles (Pujol et Dron, 1999). La montée en puissance de la société civile sur ces questions, l'exacerbation de crises agricoles en lien avec des scandales, qui sont sanitaires, alimentaires ou liés à certains modèles techniques, et la publicisation d'enjeux jusqu'ici peu reconnus (pollution par les particules fines, obésité…) ont fait de l'agriculture un secteur sous haute surveillance. Les acteurs concernés et les points de vue sont donc devenus nombreux et divers.

Dans la littérature agronomique, les démarches de conception, ou d'aide à la conception, de systèmes techniques innovants s'appuient sur des méthodes d'évaluation dans lesquelles les systèmes actuels aussi bien que les nouveaux systèmes imaginés (qu'ils viennent de la recherche ou s'inspirent des innovations portées par quelques acteurs pionniers) sont passés au crible d'un certain nombre d'indicateurs dits «de performance» (Lairez *et al.*, 2015). Cependant, souvent, ces méthodes d'évaluation présentent quelques faiblesses :
– centrées sur la dimension agro-environnementale, elles prennent peu en compte des critères sociaux ;
– soucieuses d'évaluer des impacts directs, elles examinent moins les effets de l'innovation sur la réorganisation des systèmes sociotechniques ;
– elles s'appuient peu sur le point de vue des acteurs et sur leurs critères de satisfaction.

Pour améliorer les méthodes d'évaluation, il peut s'agir alors de mieux prendre en compte le point de vue des producteurs directement concernés, par la remise en question de leurs pratiques usuelles, aussi bien que celui de leurs représentants et/

---

2. Un critère est une catégorie relativement large permettant de juger de l'état d'une dimension du système analysé (par exemple, l'endettement, pour évaluer la dimension économique de la durabilité d'une exploitation agricole). Concrètement, un critère est mesuré par un ou plusieurs indicateurs.

ou des personnes qui les accompagnent dans leurs changements de pratiques. Il peut s'agir aussi, plus largement, d'intégrer le point de vue d'autres acteurs concernés par les innovations autour de l'agriculture, tels que les metteurs en marché, les consommateurs ou bien encore les écologistes, les habitants locaux, les citoyens...

L'objectif de ce chapitre est de montrer, à partir de deux études de cas, les intérêts et les enjeux de méthodes d'évaluation multicritères des innovations, qui proposent une vision globale, s'appuient sur un concept de durabilité forte et impliquent divers acteurs.

Dans une première étude de cas, nous montrons comment un collectif d'experts, auquel nous avons participé, a cherché à renouveler une méthode d'évaluation de la durabilité des exploitations agricoles (la méthode IDEA) pour mieux appréhender la performance globale d'exploitations agricoles en transition plus ou moins avancée vers l'agro-écologie. Dans la seconde étude, nous présentons la construction participative d'une méthode d'évaluation visant à comparer deux modèles de chaînes alimentaires, l'une locale, l'autre globale. Dans chaque cas, nous soulignons certains aspects méthodologiques clés. Nous ouvrons ensuite la discussion sur le caractère co-construit et pluridisciplinaire de ces outils, en les resituant dans l'évolution des démarches d'évaluation multicritères en recherche agronomique (Sadok *et al.*, 2008), d'une part, et dans la perspective d'un régime démocratique d'évaluation des performances (Jany-Catrice, 2012), d'autre part.

# ▸▸ Un renouvellement de la méthode IDEA pour évaluer la transition agro-écologique de l'exploitation agricole

La définition des modalités d'accompagnement et d'appréciation de la transition agro-écologique dans les exploitations agricoles constitue aujourd'hui un enjeu majeur de développement agricole. Les méthodes de suivi et évaluation basées sur des listes de bonnes pratiques à repérer dans les exploitations agricoles en transition ne peuvent garantir la mise en place d'un système qui soit effectivement plus durable. Pour cela, il faut être en mesure d'apprécier la performance globale de la transition, à savoir les effets et les impacts potentiels, à différentes échelles et pour une gamme large de domaines de performance (environnemental, économique, social, éthique, bien-être et santé). À cette fin, nous avons transformé la méthode IDEA, une méthode déjà reconnue pour son caractère pédagogique et global.

## La méthode IDEA pour évaluer la durabilité d'une exploitation agricole

La méthode IDEA (Indicateurs de durabilité des exploitations agricoles) (Vilain, 2008) a été conçue pour servir l'enseignement académique ou professionnel et le monde de l'accompagnement des agriculteurs. Il s'agissait de mettre à disposition des enseignants et des conseillers agricoles un outil opérationnel permettant de décliner concrètement le concept de durabilité, et ce, pour l'ensemble de l'agriculture du territoire national français. Dans IDEA, l'agriculture durable est définie comme une agriculture écologiquement saine, économiquement viable, socialement juste et humaine (Zahm *et al.*, 2015). C'est la raison pour laquelle IDEA agrège des notes (ou scores) d'indicateurs pour aboutir à trois dimensions d'évaluation, agro-environnementale, socio-territoriale et économique. IDEA s'inscrit également dans le courant de la durabilité forte, où l'hypothèse de substituabilité des différentes formes de capital (capital manufacturé, humain et naturel, ainsi que le stock de connaissances et de savoir-faire) est rejetée. Ainsi, dans IDEA, il n'y a pas d'agrégation possible entre les trois piliers de la durabilité (économique, sociale et environnementale). L'évaluation finale de la performance de l'exploitation agricole en matière de durabilité repose ainsi sur trois notes juxtaposées (figure 15.1).

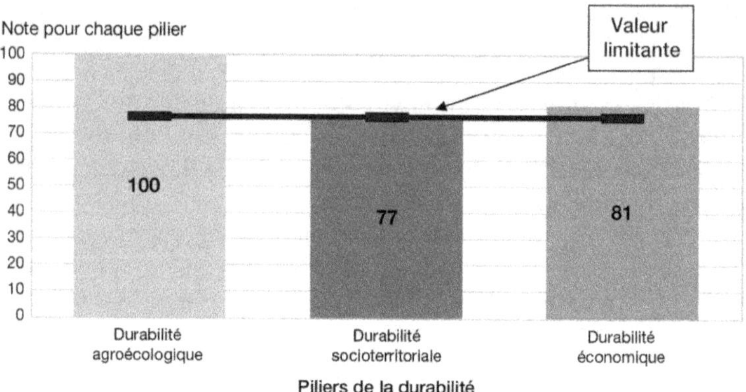


**Figure 15.1.** Exemple d'évaluation des performances d'une exploitation agricole selon les trois piliers de la durabilité.

La note maximale pour chaque pilier est de 100. Comme il n'y a pas de substituabilité, c'est la note la plus faible qui détermine le niveau de durabilité.

## Une méthode renouvelée pour évaluer innovations et transitions agro-écologiques

Dans une acception large de la définition de l'agro-écologie (Doré *et al.*, 2011), nous considérons que celle-ci questionne à la fois les nouvelles fonctions, agronomique et environnementale, que doit remplir l'agriculture, mais aussi des objectifs plus larges de contribution à la durabilité de la société dans son ensemble. Pour cela, la méthode IDEA se devait d'être repensée, car elle ne permettait de saisir ni les impacts de l'exploitation agricole sur les changements globaux (le changement climatique, par exemple) ni l'exacerbation des incertitudes en lien avec ces changements, pas plus qu'un certain nombre de concepts clés attachés à l'agro-écologie (autonomie, économie circulaire, sobriété) ou que la question alimentaire.

### Définir le champ des experts concernés

Une première étape a consisté à définir les participants à la construction de l'outil d'évaluation. Un groupe de projet a été constitué d'experts de différents métiers (chercheurs, enseignants, membres d'instituts techniques spécialisés), issus de différentes disciplines scientifiques (agronomie, zootechnie, sociologie, sciences de gestion, économie, etc.), couvrant de par leurs expériences la diversité des systèmes de production et des filières (grandes cultures, viticulture, élevage, etc.), et représentatifs des grandes régions agricoles françaises (méditerranéenne, de montagne, etc.). Le but assigné à ce groupe a été l'élaboration d'un outil didactique d'évaluation de la durabilité des exploitations agricoles, utilisable facilement en situation de formation et d'accompagnement des agriculteurs, valable pour toute l'agriculture française[3] et prenant en compte les nouveaux enjeux et les nouvelles connaissances liés à l'agro-écologie. Ce groupe a été mobilisé tout au long du processus de conception et pour toutes les étapes qui sont détaillées dans la suite.

## Affirmer les contours du système à évaluer à différentes échelles

Après s'être entendus sur une réactualisation des définitions des concepts de durabilité, d'agriculture durable et d'exploitation agricole durable s'inscrivant dans le champ de la durabilité forte, les experts ont été mis à contribution pour préciser les limites du système étudié et des échelles d'évaluation. Nous avons considéré, suivant Bossel (1998) et Terrier *et al.* (2013), que les critères à retenir devaient rendre compte de deux notions simultanément (figure 15.2) :
– d'une part, la pérennité de l'exploitation agricole, appelée ici «durabilité restreinte», qui implique que l'exploitation agricole doit être durable par et pour elle-même, grâce à des pratiques qui assurent la reproduction du système et de ses sous-systèmes ;
– d'autre part, la «durabilité étendue», qui signifie que l'exploitation agricole contribue à la durabilité de niveaux d'organisation englobants, qui peuvent être de niveau 1 (l'échelle locale ou territoriale, par exemple, dans la capacité à générer des

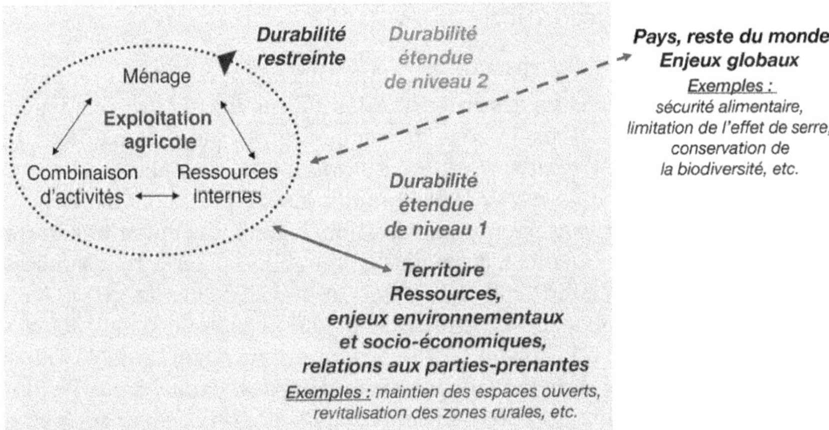


**Figure 15.2.** Le système analysé, les échelles d'évaluation et les différents niveaux de durabilité pris en compte dans la méthode IDEA (Terrier *et al.*, 2013).

---

3. Dans les faits, IDEA s'est révélé posséder une valeur beaucoup plus universelle, puisque la méthode a été abondamment utilisée et adaptée dans de nombreuses régions du monde (Tunisie, Maroc, Canada, Argentine, La Réunion…).

complémentarités locales entre les types de systèmes de production) ou de niveau 2 (l'échelle nationale, voire planétaire, notamment à travers les contributions au bilan de carbone ou de gaz à effet de serre). C'est cette posture qui a amené par exemple à regarder les choix d'alimentation du bétail au regard des conséquences en matière de déforestation en zone tropicale.

## Renouveler le cadre conceptuel

Dans une seconde étape, les experts se sont mobilisés pour s'accorder sur les manières de représenter la durabilité de l'agriculture et de l'exploitation agricole. Dans la nouvelle méthode IDEA deux voies ont été retenues :
– la durabilité comme une capacité à satisfaire ou à répondre à des objectifs, lesquels représentent, à un moment donné, un consensus sociétal sur les fonctions que l'agriculture doit remplir (préserver la biodiversité, assurer le bien-être et la santé des animaux, protéger les ressources en eau…) ;
– la durabilité comme un ensemble de propriétés ou d'attributs émergents d'un système durable (Lopez-Ridaura, 2002).

Ainsi, dans IDEA, cinq propriétés ont été retenues, les trois premières étant fortement dictées par l'innovation agro-écologique dans ce qu'elle embarque d'enjeux agronomiques et techniques ; ce sont :
– la capacité productive et reproductive ;
– la robustesse ;
– l'autonomie ;
– l'ancrage territorial ;
– la responsabilité globale (Zahm *et al.*, 2015).

## Définir critères et indicateurs et s'accorder sur la pondération et la méthode d'agrégation

En s'appuyant sur ce cadre conceptuel, l'étape suivante a consisté à redéfinir et à structurer l'édifice hiérarchisé des critères et des indicateurs qui les accompagnent[4]. Ce sont au final 54 indicateurs qui ont été retenus. Sur ce point, la méthode IDEA repose sur deux caractéristiques majeures, à savoir un mélange d'indicateurs quantitatifs et d'indicateurs qualitatifs et l'élaboration de barèmes, pour situer la valeur absolue d'un indicateur dans une gamme de valeurs possibles et pour transformer la valeur absolue en une note ou en des points de durabilité. Pour certains indicateurs qualitatifs, tels que la qualité de vie ou le stress au travail, la méthode IDEA repose sur une auto-évaluation par l'agriculteur, élargissant ainsi le panel des acteurs contribuant à l'évaluation. Lorsque les indicateurs sont quantitatifs, la valeur est évaluée au regard de références nationales ou régionales. Par exemple, l'indicateur d'utilisation de l'eau dans l'exploitation agricole compare la consommation annuelle déclarée à des valeurs statistiques nationales (moyennes et quantiles) établies pour chaque grand type de production (viticulture, arboriculture, élevage laitier…).

---

4. Un critère peut être évalué à partir de un ou plusieurs indicateurs. De même, l'indicateur est souvent composite et il est alors le résultat de la mesure de plusieurs sous-indicateurs. On obtient ainsi un arbre hiérarchique qui nécessite de se questionner sur la manière d'agréger les résultats obtenus à chaque niveau.

La méthode de pondération et d'agrégation des indicateurs (pour passer des sous-indicateurs aux indicateurs, puis aboutir aux critères et enfin aux cinq propriétés constituant la durabilité) est celle qui a été le plus soumise à débat. Au final, la méthode IDEA module peu le poids des indicateurs et des critères. Elle le fait très peu dans la dimension agro-écologique, où les experts n'ont pas voulu trancher entre l'importance accordée à la pollution des nappes phréatiques, à la pollution de l'air, à la fertilité des sols et au changement climatique, par exemple. La pondération est également assez inexistante dans la dimension territoriale, où la contribution au développement local compte autant que la qualité de vie et la relation au travail. En revanche, elle intervient un peu plus fortement dans la dimension économique, où certains indicateurs économiques et d'efficience globale de l'exploitation sont jugés plus importants que d'autres (par exemple, pour le critère d'autonomie économique et financière, la méthode accorde plus de poids aux indicateurs de la diversité des productions et des relations contractuelles qu'aux indicateurs des aides publiques perçues).

Nous allons montrer à présent comment une autre démarche, ciblée sur l'évaluation des chaînes alimentaires et des innovations associées, nous a également conduits à des débats autour des critères et des indicateurs, des enjeux liés à leur pondération ou leur hiérarchisation. Dans cette autre démarche, toutefois, les acteurs de l'innovation ont, eux aussi, participé aux débats.

# ▸▸ La construction participative d'une évaluation multicritères des chaînes alimentaires et des innovations associées

## Définir les objets d'analyse

Les circuits courts alimentaires sont-ils plus durables que les circuits longs ? Les acteurs ayant contribué à leur renouveau dans les pays industrialisés, dès les années 1970 au Japon, plus tardivement en France (Maréchal, 2008), en sont souvent convaincus. Pourtant, cette question suscite de nombreux débats, peu instrumentés jusque dans la période récente. Ces débats ne portent pas seulement sur les effets d'un nombre limité d'intermédiaires, selon la définition officielle des circuits courts en vigueur en France[5] ; ils opposent au moins deux modèles très différents de chaînes alimentaires que nous avons saisis, dans le cadre du projet de recherche européen Glamur[6], à travers les notions de chaîne alimentaire locale et de chaîne alimentaire globale. Chaînes locales et chaînes globales correspondent à priori à deux cas extrêmes de chaînes alimentaires, selon cinq facteurs que nous avons retenus dans le cadre du projet pour différencier les chaînes alimentaires en général :
– le nombre d'intermédiaires entre le producteur et le consommateur ;
– la distance géographique entre la production et la consommation ;

---

5. Modes de vente n'impliquant pas d'intermédiaire, ou en impliquant un seul, au maximum, entre le producteur et le consommateur (ministère de l'Agriculture, de l'Alimentation et de la Pêche, 2009).
6. L'acronyme Glamur correspond à *Global and Local food chain Assessment: a MUltidimensional performance-based approach*.

– l'origine et la nature des ressources utilisées dans la chaîne (matières premières, intrants, technologies…) ;
– la gouvernance de la chaîne ;
– le type d'attributs utilisés pour caractériser l'identité du produit.

Le projet Glamur visait alors à caractériser les chaînes locales et les chaînes globales dans chacun des pays et pour différents types de produits, pour en comparer les performances. Il est intéressant de noter que les chaînes locales étaient considérées comme innovantes pour certains partenaires du projet (par exemple, en Espagne et en Angleterre) alors que l'innovation relevait des chaînes globales pour d'autres (en Lettonie). Les chaînes alimentaires locales ou globales de dix produits ont ainsi été comparées par les partenaires du projet, au regard de cinq domaines de performances, considérés chacun en tant que dimension du développement durable c'est-à-dire les dimensions économique, sociale, et environnementale, l'éthique, et la santé.

Nous avons étudié deux produits en France illustrant un rapport différent entre local et global : le vin, lié à des territoires spécifiques (zones d'appellation…) mais souvent commercialisé à longue distance, et qui constitue en ce sens un produit à la fois local et globalisé, et la tomate, produit phare des circuits alimentaires de proximité. Le cas du vin ayant fait l'objet d'une publication (Touzard *et al.,* 2016), nous résumons ici l'étude menée sur les filières de la tomate, de façon à illustrer les principes d'une approche multicritères participative. Notre démarche a suivi le cadre général du projet Glamur (Brunori *et al.,* 2016), en l'adaptant aux spécificités de la France mais aussi en l'ancrant davantage dans les principes de la sociologie économique, à savoir que les activités économiques – ici, les pratiques agricoles et commerciales – sont considérées comme encastrées dans les structures sociales (réseaux, valeurs morales, institutions…) qui influencent leurs formes et leurs effets (Granovetter, 2000).

## Structurer différents niveaux de participation

La première étape de la recherche menée en France, commune avec l'étude sur le vin, a consisté à interroger une diversité d'experts sur les critères à prendre en compte pour analyser et comparer les performances de chaînes alimentaires, globales ou locales. Nous avons sélectionné une vingtaine d'experts, connus à l'échelle française pour leurs travaux, leurs actions ou leurs prises de position sur ce sujet. La sélection a aussi visé à réunir des experts issus de quatre sphères concernées par la durabilité des chaînes alimentaires, globales ou locales, c'est-à-dire la recherche, le secteur économique, les politiques publiques, et la société civile. Ces experts ont mis en avant une trentaine de critères à même de caractériser une chaîne locale ou une chaîne globale, ou bien de les comparer, en faisant référence à des innovations déployées dans chacune des chaînes (innovations telles que les partenariats entre producteurs et consommateurs, dans les chaînes locales, ou l'agriculture de précision, dans les chaînes globales). Cette liste de critères, quantitatifs ou qualitatifs, proposés par les experts a été complétée par une analyse du contenu de documents issus des quatre sphères mentionnées ; plus de 500 publications, rapports, sites internet, plaidoyers, etc… ont été analysés. Les critères ont ensuite été classés selon les cinq domaines de performance retenus dans le projet Glamur.

Dans la seconde étape, nous avons formé un second groupe d'experts, en intégrant des experts davantage spécialisés sur la tomate et en maintenant la participation de représentants des citoyens. Le groupe a ainsi été constitué de chercheurs avec différentes spécialités (production, nutrition, filières longues, circuits courts...), de techniciens, d'agents de développement, de producteurs, d'un grossiste, d'un distributeur, de consommateurs et d'un élu de collectivité. Pour faciliter l'évaluation, nous avons ensuite validé avec eux un modèle pour chaque chaîne, à la fois archétypal et représentatif d'une tendance forte au sein de la filière de la tomate. Pour incarner ces deux modèles, nous avons choisi deux situations types dans le Sud de la France :
– pour la chaîne locale, il s'agit de tomates issues de variétés anciennes, produites aux alentours de la ville de Montpellier, vendues à la ferme, ou distribuées à Montpellier ou à proximité sur les marchés de plein vent ;
– pour la chaîne globale, il s'agit de tomates issues de variétés hybrides, produites sous serre non chauffée dans le Sud de l'Espagne (province d'Almeria en Andalousie), distribuées en supermarché à Montpellier.

Dans la troisième étape, les experts du second groupe ont pris connaissance des critères définis par le premier, les ont validés, ajustés, complétés, pour aboutir au final à 32 critères d'évaluation des performances. Surtout, le travail avec ce deuxième groupe d'experts a consisté à préciser la façon d'évaluer ces critères, en déclinant chacun d'eux en plusieurs indicateurs pertinents, quantitatifs et/ou qualitatifs, en discutant du mode de calcul ou de fixation de scores pour chaque indicateur, lui-même décliné, dès que nécessaire, en sous-indicateurs, et en définissant un « benchmark », de façon à calculer ensuite la performance des chaînes alimentaires au regard de chaque indicateur.

## Calculer des performances

Dans notre cas d'étude, pour les indicateurs favorables à la durabilité, tels que la contribution à l'emploi, le benchmark correspond à une valeur de référence ou à un score élevé, qu'il est souhaitable d'atteindre ou de dépasser, du point de vue du développement durable ; l'atteinte de ce benchmark est réalisable, à certaines conditions. Pour les indicateurs défavorables à la durabilité, tels que la quantité de gaz à effets de serre produite tout au long de la chaîne, le benchmark correspond à la valeur ou au score le plus élevés pouvant être atteints, selon les experts.

Fixer un benchmark permet ensuite de calculer la performance de la chaîne au regard de chaque indicateur. Pour les indicateurs favorables, elle est calculée en fonction de ce que la valeur ou le score évalués pour l'indicateur considéré représente, entre 0 et 100 % du benchmark, voire même plus de 100 % de celui-ci. Pour les critères défavorables, la performance est inversement proportionnelle au pourcentage que représente la valeur ou le score évalués pour l'indicateur au regard du benchmark

Si la définition de benchmarks peut apparaître relativement aisée pour les indicateurs quantitatifs, elle est moins évidente pour les indicateurs qualitatifs. Pour évaluer les indicateurs qualitatifs favorables au développement durable et définir des benchmarks, les experts ont été invités à identifier les bonnes pratiques ou les facteurs favorables à des performances élevées, pour chacun des indicateurs retenus.

Ces bonnes pratiques et/ou facteurs ont constitué une liste de sous-indicateurs, dont les scores ont ensuite été sommés pour définir le score de l'indicateur. À l'inverse, pour évaluer les indicateurs défavorables, les experts ont listé les mauvaises pratiques qui conduisent à un résultat contraire au développement durable.

Pour illustrer nos propos, nous proposons ici trois exemples d'indicateurs, référant chacun à une des dimensions de la durabilité :
– pour l'indicateur de revenu agricole net par actif (dimension économique de la durabilité), de nature quantitative, le groupe d'experts a retenu, comme benchmark, c'est-à-dire comme niveau de performance de 100 %, le revenu agricole maximum observé en France ; le revenu du producteur à la base des chaînes locales ou globales de tomates a donc été comparé à cette valeur ;
– pour l'indicateur de préservation de la biodiversité cultivée (dimension environnementale de la durabilité), de nature qualitative, le benchmark choisi est un score de 7, constitué par une somme de scores de bonnes pratiques (correspondant à des sous-indicateurs) pouvant déjà être observées dans l'une ou l'autre des chaînes (tableau 15.1) ; un score de 7 atteint par une filière correspond alors à une performance de 100 % au regard de l'indicateur de préservation de la biodiversité cultivée ;
– pour le critère de relation entre le producteur et le consommateur (dimension sociale de la durabilité), également de nature qualitative, le benchmark est un score de 10, correspondant au cumul, cette fois, de facteurs favorables à une relation forte entre producteur et consommateur (tableau 15.1).

**Tableau 15.1.** Choix des sous-indicateurs permettant la définition des benchmarks pour deux indicateurs qualitatifs favorables à la durabilité des filières de la tomate.

| Indicateur favorable à la durabilité | Sous-indicateur de bonne pratique | Score attribué à chaque pratique | Score maximal à atteindre (benchmark) |
|---|---|---|---|
| Préservation de la biodiversité cultivée | Diversité du modèle agricole | 2 | 7 |
| | Diversité des variétés cultivées | 0 à 2, selon le nombre | |
| | Mise en œuvre de pratiques de préservation (lutte biologique, par exemple) | 0 à 2 | |
| | Culture de variétés anciennes | 1 | |
| Relation entre le producteur et le consommateur | Proximité géographique | 1 | 10 |
| | Vente et/ou accueil sur l'exploitation | 1 | |
| | Dispositifs ou médiations permettant une relation forte | 0 à 4, selon le nombre de dispositifs | |
| | Informations échangées entre producteurs et consommateurs à travers la relation (sur les modes de production, les conditions de travail, etc.) | 0 à 4, selon le nombre d'informations | |

## Discuter autour de la mesure et des résultats

Suite à la co-construction de cette première grille d'indicateurs, l'évaluation des scores s'est appuyée sur des données concrètes, produites ou recueillies sur chaque modèle de chaîne. Pour la chaîne locale, nous avons présenté aux experts des résultats d'enquêtes approfondies, auprès d'une vingtaine d'exploitations représentatives du modèle choisi, que nous avons mis en perspective avec des enquêtes auprès d'un échantillon plus important (Bellec-Gauche et Chiffoleau, 2015). Pour la chaîne globale, nous avons proposé des données secondaires très fournies, issues de travaux de thèses récentes sur les exploitations de tomates en Andalousie ainsi que sur des entretiens avec des personnes ressources en Espagne. Ces données ont conduit à ajuster la première grille d'indicateurs et ont permis de fixer des valeurs ou des scores pour chacun des indicateurs, pour chaque chaîne.

Toutefois, l'objectif n'était pas tant de proposer des valeurs dans l'absolu que de saisir les atouts et les limites de chaque chaîne alimentaire, à travers les pratiques mises en œuvre, tant courantes qu'innovantes. Nous n'avons donc pas agrégé les valeurs ou les scores à l'échelle de chaque dimension du développement durable mais au contraire conservé les calculs de performance pour chaque indicateur. Les résultats montrent finalement qu'aucune des deux chaînes n'est, pour l'ensemble des indicateurs, plus performante que l'autre. Chaque chaîne présente un intérêt au regard de certains indicateurs et une performance limitée au regard de certains autres. Pour autant, si certains experts ont ainsi trouvé de nouveaux arguments pour plaider l'intérêt d'une coexistence de différents modèles agricoles, d'autres ont pointé que certains indicateurs avaient plus d'importance que d'autres et ont introduit ainsi la perspective d'une possible hiérarchie entre les deux types de chaînes. D'autres experts ont quant à eux ouvert la discussion vers une évaluation des performances au regard des moyens dont disposent les acteurs (accès aux terres, aux subventions, aux technologies…) et des contraintes auxquels ils sont soumis (organisation du travail, notamment), soulignant alors l'efficience des chaînes locales, qui ont peu de moyens et font face à beaucoup de contraintes, par rapport aux chaînes globales. Ces conclusions nous amènent à croiser cette démarche avec la nouvelle méthode IDEA, pour ouvrir une discussion plus large sur les modalités et les enjeux d'une évaluation multicritères et participative des innovations.

# ▶▶ Retour sur les questions ouvertes par l'évaluation d'innovations

## L'évaluation d'innovations, pour quoi faire ?

Les deux exemples présentés ici illustrent la manière de mettre en œuvre des procédures d'évaluation multicritères, non pas tant pour proposer des valeurs de performance dans l'absolu ou comparer objectivement des systèmes, que pour projeter les acteurs concernés dans la prise en compte des impacts et des effets possibles de certains choix et pour mieux appréhender les atouts, mais aussi les limites, des différentes possibilités d'évolution qui s'offrent à eux.

Au départ, IDEA (Indicateurs de durabilité des exploitations agricoles) n'était pas une méthode visant à évaluer l'innovation. L'objectif était, dans la dynamique de la conférence de Rio et de l'émergence de la multifonctionnalité de l'agriculture en France, de traduire en outil opérationnel le concept de durabilité et de former, à travers une approche normative, les cadres de l'enseignement agricole et les étudiants en agronomie, pour qu'à leur tour ils accompagnent les agriculteurs dans cette voie. Bien entendu, en comparant différents systèmes, on en est venu à repérer des formes d'agriculture plus durables que d'autres, et la demande pour comparer différents types de systèmes agricoles (biologiques, raisonnés, agro-écologiques...) n'a fait qu'augmenter, amenant les concepteurs de la méthode IDEA à se positionner de plus en plus sur ces comparaisons et sur l'évaluation et l'accompagnement du changement. IDEA, par son approche globale basée sur des indicateurs pour la plupart facilement mesurables, peut évaluer les effets des systèmes innovants (des systèmes reconfigurés et stabilisés) qui sont en rupture notable avec les systèmes dominants. Mais elle est mal adaptée à l'évaluation quand l'innovation est uniquement source de changements incrémentaux (un simple changement d'équipement d'épandage de produits phytosanitaires, par exemple). Là où IDEA a été mise en œuvre, les utilisateurs ont mis en exergue l'attrait que la méthode suscite, du fait de son caractère global et de son utilisation possible à différentes échelles. En effet, elle fait apparaître des effets ou des conséquences de certains changements auxquels les agriculteurs n'avaient pas pensé (par exemple, sur les questions alimentaires, sur les pertes et le gaspillage et sur la gestion des déchets). Cela permet à l'agriculteur de rectifier et d'ajuster la trajectoire de transition de son exploitation et aux acteurs qui le conseillent de mieux comprendre la complexité des changements.

Dans le projet Glamur, l'approche multicritères se comprenait à la fois comme une démarche permettant de produire de nouvelles connaissances sur les chaînes alimentaires et comme un outil au service d'une démarche de progrès pour l'ensemble des acteurs de ces chaînes. De plus, si le projet ne visait pas à opposer chaînes locales et chaînes globales, il s'agissait quand même, pour certains concepteurs du projet, de donner un ensemble d'arguments et de pistes concrètes aux politiques publiques pour soutenir des chaînes locales durables, dans un contexte encore largement orienté vers les chaînes globales.

## L'évaluation d'innovations, comment faire ?
## Retour sur l'évaluation multicritères

L'évaluation multicritères se distingue de l'analyse multicritères. Cette dernière notion, issue des sciences de gestion, est un outil d'aide à la décision, créé pour résoudre des problèmes complexes qui incluent des aspects qualitatifs et/ou quantitatifs dans un processus décisionnel (Roy, 1985). L'évaluation multicritères, quant à elle, n'est pas directement orientée vers un objectif de prise de décision mais vers un diagnostic d'une situation. Par rapport à l'analyse multicritères, l'évaluation ajoute une comparaison du système étudié à des systèmes connus, ou situe ses résultats par rapport à des valeurs de référence. Nous l'avons vu, que ce soit pour la méthode IDEA ou pour le projet Glamur, ce n'est pas la valeur absolue des indicateurs qui permet d'évaluer un système mais la distance entre ces valeurs et celles prises par ces mêmes indicateurs dans un autre système ou un système de référence (Acosta-Alba et Van der Werf, 2011).

En approfondissant cette réflexion, nous revendiquons que les démarches mises en place ne visent pas nécessairement à aider à choisir le meilleur système, mais à proposer un regard évaluatif ouvert sur un ensemble de critères, sans définir de hiérarchie ou de référence entre les systèmes évalués. Au final, la démarche sert surtout à modifier les représentations et à favoriser les apprentissages des acteurs (Chia *et al.*, 2009). Dans cette perspective, l'enjeu est aussi d'élargir le champ d'analyse au-delà des indicateurs considérés classiquement, en prenant en compte, comme cela a été fait dans le cas du projet Glamur, les préoccupations et l'expérience d'acteurs divers. L'approche s'inscrivait explicitement dans les travaux sur les nouveaux indicateurs de richesse (Gadrey et Jany-Catrice, 2005), cherchant à élargir l'évaluation des richesses produites par les activités économiques au-delà du seul PIB (produit intérieur brut), en valorisant les pratiques des acteurs des innovations. Certains chercheurs, néanmoins, ont refusé de traduire les critères qualitatifs en scores, les considérant comme trop subjectifs pour être évalués, même à travers des sommes de bonnes pratiques. Les mêmes controverses sont apparues dans le cas du renouvellement de la méthode IDEA. La subjectivité y a quand même été prise en compte, puisqu'on a laissé les agriculteurs pratiquer une auto-évaluation pour certains critères, parfois combinée à un critère considéré comme plus objectif; par exemple, la viabilité économique est regardée non seulement en situant le revenu net par actif par rapport au Smic, mais aussi en abordant avec le ménage son degré de satisfaction par rapport à ce revenu.

## L'évaluation d'innovations, avec qui et dans quelle perspective ? Régime délibératif et performance globale

Dans la méthode IDEA, les critères et les indicateurs sont élaborés par des chercheurs, des enseignants, des formateurs et des membres d'instituts techniques spécialisés. Autrement dit, le point de vue sur les systèmes est porté par des experts non-agriculteurs, au regard d'une conception de la durabilité de l'agriculture, d'un ensemble de problèmes et d'enjeux soulevés par la société et mis à l'agenda d'instances nationales ou internationales, et de ce que la littérature scientifique et les rapports d'experts disent sur l'agriculture française et sur le fonctionnement d'une diversité d'exploitations agricoles. Les agriculteurs et leurs représentants directs ne participent pas directement à l'évaluation car pour les concepteurs de la méthode il importait de demeurer en dehors des groupes de pression et des intérêts particuliers. À la création d'IDEA, à la fin des années 1990, en effet, il était capital de demeurer en dehors du courant de l'agriculture raisonnée, par exemple. Cette approche présente toutefois des limites puisque les institutions sont souvent en retard par rapport à ce que font et savent les acteurs (Darré, 1999).

Dans l'approche Glamur, les acteurs des innovations ont été directement impliqués dans l'évaluation, au côté de chercheurs et d'accompagnateurs, et nous avons cherché à prendre en compte des acteurs représentatifs de différentes stratégies observées. La participation critique de tous, toutefois, suppose à la fois que les acteurs aient les connaissances suffisantes sur ce qui est en jeu dans l'évaluation et qu'ils en connaissent les règles (Friedberg, 1988) ; en ce sens, la participation se prépare, et ne se décrète pas, au risque d'être manipulatoire. En cherchant à créer les conditions de cette participation critique, la démarche Glamur voulait expérimenter une forme concrète de mise en œuvre d'un régime délibératif de performance (Jany-Catrice, 2012), dans lequel tant les critères que les façons de les évaluer sont décidés collectivement, avec l'ensemble des acteurs concernés, en veillant à ce que ceux-ci puissent réellement participer.

Finalement, dans IDEA comme dans Glamur, nous considérons que les indicateurs d'évaluation des innovations ne peuvent être réduits à des instruments de mesure, ils sont également des instruments de médiation et de coordination, ou bien encore des objets intermédiaires (Vinck, 1999), supports d'apprentissages et créateurs de liens, révélant à la fois des dynamiques objectives et la façon subjective avec laquelle la société regarde le développement durable. En tant qu'objets permettant à des acteurs hétérogènes de discuter et d'arbitrer, ils sont aussi supports d'un processus démocratique considéré comme favorable à la transition des systèmes alimentaires (Lang, 1998).

## ▶▶ Conclusion : les enseignements des deux études de cas

Dans un secteur agricole et agroalimentaire soumis à de nouveaux défis (chapitre 2), la mise en œuvre d'innovations multi-performantes prend une dimension stratégique majeure. Dans ce chapitre, nous avons présenté et croisé deux exemples d'application de l'évaluation multicritères, pour accompagner les processus de changement autour de la transition agro-écologique des exploitations agricoles et de la mise en place de chaînes alimentaires plus durables. Parce que l'enjeu est de prendre en compte toutes les dimensions du développement durable, éventuellement difficiles à concilier, nous montrons l'intérêt, mais aussi les difficultés, d'une évaluation à la fois multicritères et participative. En particulier, dans les deux exemples, nous soulignons l'intérêt de traduire des données qualitatives sur une échelle quantitative, y compris dans les controverses que cette traduction génère. Cette démarche permet en effet de mieux comprendre les enjeux autour des innovations, en matière d'effets sur leurs acteurs mais aussi de questions scientifiques et méthodologiques à approfondir.

Utiliser des méthodes d'évaluation multicritères pour accompagner l'innovation présentera néanmoins toujours une difficulté puisque les pratiques innovantes sont souvent des pratiques non stabilisées, dont les effets ne sont pas bien connus et sur lesquelles l'agriculteur, l'intermédiaire des chaînes alimentaires, mais aussi les conseillers et les chercheurs, peuvent manquer de recul. Cette incertitude des connaissances sur les processus suppose la plus grande prudence, car la plupart des données pour identifier les impacts et documenter les conséquences possibles manquent encore. De façon plus radicale, l'usage de ces outils pour aider à concevoir *de novo* de nouveaux systèmes, n'existant pas encore, reste à appréhender.

## ▸▸ Remerciements

Ce chapitre n'aurait pu exister sans le travail commun réalisé depuis 2012 avec tous les membres du conseil scientifique de la méthode IDEA : F. Zahm (animateur-responsable) ainsi que A. Alonso Ugaglia, H. Boureau, B. Del'homme, M. Gafsi, P. Gasselin, L. Guichard, C. Loyce, V. Manneville, A. Menet et B. Redlingshöfer. Nos remerciements vont également à A. Barbottin, avec qui J.M. Barbier a rédigé, pour le compte du département «SAD» de l'Institut national de la recherche agronomique, un état des lieux des recherches sur l'évaluation multicritères au sein du département. De la même manière, nous remercions le collectif de recherche du projet européen Glamur, au sein duquel, avec J.M. Touzard, de l'unité mixte de recherche «Innovation», nous avons pu formuler et discuter une approche spécifique à partir du cadre commun.

## ▸▸ Références bibliographiques

Acosta-Alba I., van der Werf H.M.G., 2011. The use of reference values in indicator-based methods for the environmental assessment of agricultural systems. *Sustainability*, 3, 424-442.

Bellec-Gauche A., Chiffoleau Y., 2015. Construction des stratégies et des performances dans les circuits courts alimentaires : entre encastrement relationnel et gestionnaire. *Revue d'études en agriculture et environnement*, 96(4), 653-676.

Bossel H., 1998. *Earth at a crossroads: Paths to a sustainable future*, Cambridge University Press, Cambridge.

Chia E., Rey-Valette H., Lazard J., Clément O., Mathé S., 2009. Évaluer la durabilité des systèmes et des territoires aquacoles : proposition méthodologique. *Cahiers Agricultures*, 18, 211-219.

Darré J.-P., 1999. *La production de connaissance pour l'action. Arguments contre le racisme de l'intelligence*, Éditions de la Maison des sciences de l'homme, Paris.

Delmotte S., Barbier J.-M., Mouret J.-C., Le Page C., Wery J., Chauvelon P., Sandoz A., Lopez-Ridaura S., 2016. Participatory integrated assessment of scenarios for organic farming at different scales in Camargue, France. *Agricultural Systems,* 143, 147-158.

Doré T., Makowsky D., Malézieux E., Munier-Jolain N., Tchamitchian M., Tittonell P., 2011. Facing up to the paradigm of ecological intensification in agronomy: revisiting methods, concepts and knowledge. *European Journal of Agronomy*, 34, 197-210.

Flichy P., 2003. *L'innovation technique. Récents développements en sciences sociales. Vers une nouvelle théorie de l'innovation*, collection Sciences en société La Découverte, Paris.

Friedberg E., 1988. L'analyse sociologique des organisations. *Pour*, 28.

Gadrey J., Jany-Catrice F., 2005. *Les nouveaux indicateurs de richesse*, La Découverte [3ᵉ édition 2012], Paris.

Granovetter M.S., 2000. *Les marchés autrement. Les réseaux dans l'économie*, Desclée de Brouwer, Paris.

Jany-Catrice F., 2012. La performance globale : nouvel esprit du capitalisme ?, Presses du Septentrion, Villeneuve d'Asq.

Lairez J., Feschet P., Aubin J., Bockstaller C., Bouvarel I., 2015. Évaluer la durabilité en agriculture. Guide pour l'analyse multicritère des productions animales *et végétales*, Éditions Quæ / Educagri, Versailles / Dijon.

Lang T., 1998. Towards a food democracy. *In: Consuming passions: Cooking and eating in the age of anxiety* (S. Griffiths, J. Wallace, eds), Mandolin, Manchester, 13-24.

López-Ridaura S., Masera O., Astier M., 2002. Evaluating the sustainability of complex socioenvironmental systems. The MESMIS framework. *Ecological Indicators,* 2, 135-148.

Maréchal G., 2008. *Les circuits courts. Bien manger dans les territoires*, Educagri, Dijon.

Pujol J.-L., Dron D., 1999. *Agriculture, monde rural et environnement : qualité oblige.* Rapport au ministère de l'aménagement du territoire et de l'environnement. La documentation Française, Paris.

Roy B., 1985. *Méthodologie multicritère d'aide à la décision*, Economica, Paris, 423 p.

Sadok W., Angevin F., Bergez J.E., Bockstaller C., Colomb B., Guichard L., Reau R., Doré T., 2008. Ex ante assessment of the sustainability of alternative cropping systems: implications for using multi-criteria decision-aid methods. A review. *Agronomy for Sustainable Development,* 28, 163-174.

Terrier M., Gasselin P., Le Blanc J., 2013. Assessing the Sustainability of Activity Systems to Support Households' Farming Projects. *In: Methods and Procedures for Building Sustainable Farming Systems. Application in the European Context* (Marta-Costa A.A., Soares da Silva E., eds), Springer, Dordrecht (The Netherlands), 47-61.

Touzard J.-M., Chiffoleau Y., Maffezzoli C., 2016. What is local or global about wine? An attempt at the objectification of a social construction. *Sustainability*, 8(5), 417, 20 p. [Online, open access].

Vilain L. (dir.), 2008. *IDEA : Indicateurs de durabilité des exploitations agricoles,* troisième édition actualisée, Educagri, Dijon, 184 p.

Vinck D., 1999. Les objets intermédiaires dans les réseaux de coopération scientifique. Contribution à la prise en compte des objets dans les dynamiques sociales. *Revue française de sociologie*, 40(2), 385-414.

Zahm F., Alonso Ugaglia A., Boureau H., Del'homme B., Barbier J.-M., Gasselin P., Gafsi M., Guichard L., Loyce C., Manneville V., Menet A., Redlingshofer B., 2015. Agriculture et exploitation agricole durables : état de l'art et proposition de définitions revisitées à l'aune des valeurs, des propriétés et des frontières de la durabilité en agriculture. *Innovations agronomiques*, 46, 117-137.

Chapitre 16

# Des outils de simulation pour comprendre, évaluer et renforcer l'innovation dans les exploitations agricoles

Éric Penot, Nadine Andrieu, Nathalie Cialdella
et Philippe Pedelahore

**Résumé.** L'évaluation de systèmes de production agricole à l'aide d'outils informatisés permet d'analyser, de concevoir et d'accompagner l'innovation à l'échelle des exploitations agricoles. Nous présentons deux expériences d'utilisation d'outils informatiques en Afrique : Olympe, à Madagascar, et Cikeda, au Burkina Faso. Olympe a permis de relativiser l'impact *ex post* de l'adoption d'une innovation comme l'agriculture de conservation, sur les revenus de l'exploitation agricole. Il a également permis d'évaluer *ex ante* son intérêt à moyen et long termes sur la stabilité des revenus. Cikeda a permis d'analyser *ex post* les performances des exploitations existantes et *ex ante* de nouvelles modalités d'intégration de l'agriculture et de l'élevage dans une démarche d'accompagnement de ces innovations auprès de paysans. Destinés à répondre à une question spécifique, ces outils sont amenés à disparaître mais peuvent présenter un intérêt pour des organisations de conseil, qu'il conviendrait d'impliquer davantage dans les travaux.

L'évaluation de systèmes de production agricole permet d'étudier les tensions ou les synergies entre leurs différentes fonctions (production, revenu, sécurité alimentaire, emploi, préservation des paysages ou de la biodiversité) et de comparer des systèmes existants au regard des dimensions complexes de la durabilité (van Ittersum *et al.*, 2008). Cette évaluation peut aussi être utile pour identifier les déterminants à l'origine de changements de pratiques techniques ou organisationnelles

(Cialdella *et al.,* 2009) ou pour mesurer les conséquences de ces changements, à court, moyen et long termes (Andrieu *et al.,* 2015). Les résultats de l'évaluation peuvent alors servir à guider les décisions des paysans, des conseillers agricoles ou des politiques souhaitant analyser les effets *ex post* ou *ex ante* de différentes options de changements dans la gestion du système de production ou de changements de l'environnement. L'évaluation, qu'elle soit *ex ante* ou *ex post*, est au cœur des démarches de co-conception de nouveaux systèmes de production, incluant l'élaboration d'un diagnostic partagé, l'expérimentation des nouveaux systèmes ou la mesure de leurs performances (Duru *et al.,* 2012 ; Le Gal *et al.,* 2011). Pour l'évaluation *ex ante*, il s'agit essentiellement de comparer des scénarios virtuels et d'identifier des pistes prometteuses, alors que pour l'évaluation *ex post*, il s'agit de tirer des leçons sur les performances de pratiques existantes. À la fois outil et démarche, l'évaluation peut donc être utilisée pour analyser, concevoir et accompagner l'innovation à l'échelle des exploitations agricoles.

Cette évaluation peut alors s'appuyer sur des approches qualitatives ou quantitatives utilisant des modèles mathématiques et/ou informatisés. Un courant de recherche s'est précisément mis en place autour de l'usage de modèles informatisés du fonctionnement de l'exploitation agricole, s'inspirant des cadres d'analyse des sciences de gestion, au départ orientés sur la comptabilité et l'analyse fiscale, et des cadres d'analyse des sciences économiques, en intégrant la gestion des ressources de l'exploitation et l'analyse de la formation des revenus (Penot, 2012). Ces outils informatisés, et en particulier les outils de simulation, permettent de conduire une analyse prenant en compte le temps (la campagne agricole, l'année, ou plusieurs années). Ils permettent aussi l'analyse prospective, à travers la création de scénarios, soit pour estimer des résultats attendus soit pour tester l'intérêt de certains changements[1].

En se centrant sur des changements techniques ou organisationnels spécifiques, à l'échelle de l'exploitation agricole, ces démarches se distinguent d'autres courants de simulation d'accompagnement. Parmi ces démarches, citons le *Companion modelling* (Barreteau *et al.,* 2003), dont l'objectif premier est la coordination d'acteurs autour de la gestion d'une ressource collective, ou commune, ou bien des approches de type Mesmis (*Manejo de recursos naturales incorporando Indicadores de Sustentabilidad*) (Lopez-Ridaura *et al.,* 2002), dont l'objectif est de définir, de manière partagée, les critères pertinents pour l'évaluation de la durabilité des activités agricoles d'une famille ou d'une communauté donnée.

Dans ce chapitre, nous voulons discuter de l'intérêt d'outils informatisés pour évaluer, en *ex post* et en *ex ante*, les innovations et les changements dans les exploitations agricoles, mais aussi pour accompagner les acteurs dans les processus d'innovation, en revenant sur deux expériences d'utilisation d'outils informatiques en Afrique. Le logiciel Olympe, qui permet une simulation budgétaire pas à pas, est utilisé avec des agriculteurs de la région du lac Alaotra, à Madagascar (Penot, 2012), et l'outil de simulation Cikeda, qui vise à évaluer l'intégration de l'agriculture à

---

1. Les outils de prospective sont divers ; cela peut être la programmation linéaire, pour définir les optimums techniques, les méthodes centrées sur les règles décisionnelles, telles que MATA (*Multi-level analysis tool for agriculture*), DEXi (Decision EXpert for Education) ou MASC (*Multi-Attribute Assessment of the Sustainability of Cropping systems*), ou la simulation, avec ou sans processus de prise de décision.

l'élevage, est utilisé au Burkina Faso (Andrieu *et al.*, 2015, Sempore *et al.*, 2015). Les évaluations menées à Madagascar et au Burkina Faso grâce à ces outils s'inscrivent dans des dynamiques participatives d'accompagnement des acteurs qui innovent.

Dans les deux cas de figure, les producteurs sont impliqués dans la construction des modèles et dans la discussion des résultats issus des sorties informatiques, à travers des sessions de restitution en *focus group* (à Madagascar), ou à travers des échanges sur des bases individuelles (au Burkina Faso).

Nous présenterons et comparerons ces deux exemples, pour montrer l'intérêt et les limites de ce type d'outils quantitatifs de simulation pour évaluer des innovations techniques et organisationnelles à l'échelle de l'exploitation, puis nous proposerons des pistes méthodologiques pour élargir leur domaine de validité.

# ▸▸ Olympe : un outil pour des simulations budgétaires dans un réseau de fermes de référence à Madagascar

## Contexte et problématique dans la région du lac Alaotra

La région du lac Alaotra, à Madagascar, est une zone densément peuplée, où surviennent des problèmes de maintien de la fertilité des terres, sur le long terme, dans les zones collinaires et les zones non irriguées. Les principales contraintes pesant sur les exploitations agricoles sont une érosion forte et une grande fragilité des sols, une forte variabilité des quantités de pluies et de la durée de la saison des pluies, un manque de capital impliquant un faible recours aux intrants agricoles, une faible mécanisation en agriculture pluviale, non irriguée, et des difficultés de commercialisation. Pour comprendre les stratégies des ménages agricoles, et ensuite mieux les accompagner vers une agriculture plus durable, il a été mis en place un suivi annuel d'un réseau de fermes de référence (ensemble d'exploitations agricoles représentatives des différentes situations agricoles et choisies à partir d'une typologie), afin de mesurer l'impact, sur les exploitations, d'un projet de développement (le projet BV-Lac ou Bassin-Versant-Lac) visant à promouvoir une agriculture de conservation.

L'objectif, à travers ce suivi annuel, est double :
– estimer l'impact de l'adoption des nouvelles techniques et pratiques agricoles proposées par le projet, sur les résultats des exploitations ;
– comparer les résultats obtenus avec d'autres scénarios potentiels.

L'outil de modélisation Olympe a été utilisé à cet effet.

## Caractéristiques et objectifs de l'outil Olympe

Olympe, élaboré par des chercheurs de l'Institut national de la recherche agronomique (Inra), de l'Institut Agronomique Méditerranéen de Montpellier (IAMM) et du Centre de coopération internationale en recherche agronomique pour le développement (Cirad), est un outil de modélisation et de simulation budgétaire du fonctionnement économique de l'exploitation agricole prenant en compte les différentes activités et ressources de l'exploitation. Il offre la possibilité de réaliser une modélisation des systèmes d'exploitation, suffisamment détaillée pour permettre une analyse économique des performances en fonction des choix techniques, des types de productions et des modes de gestion de la main-d'œuvre. Olympe fournit des simulations de résultats économiques à l'échelle d'un système de culture ou d'élevage, ou d'un autre secteur de transformation des produits, ainsi qu'à l'échelle de l'exploitation, voire à celle d'un groupe d'exploitations. Outre les calculs de base automatisés (compte d'exploitation, bilan, trésorerie mensuelle, temps de travaux, calendrier de main d'œuvre, mouvement des entrées et des sorties des animaux), il est possible de créer des tableaux de sortie de données personnalisées, en choisissant le jeu de variables et en créant les indicateurs qui paraissent pertinents. L'outil intègre un module pour des présentations graphiques. Il permet de réaliser des analyses sur des séries de dix ans et de comparer des exploitations entre elles selon divers scénarios. Les données structurelles de base sur les exploitations sont obtenues par le biais d'enquêtes de caractérisation des exploitations agricoles. L'information collectée porte sur les systèmes de production et les itinéraires techniques adoptés, sur les sources de revenu, agricoles ou non agricoles, et sur les temps de travaux. Elle porte également sur les contraintes qui pèsent sur les exploitations agricoles et les stratégies paysannes et sur les opportunités qui leur sont offertes. La modélisation des exploitations à partir du réseau de fermes de référence s'est aussi appuyée sur l'existence d'une base de données à l'échelle de la parcelle, 3 000 parcelles ayant été suivies sur les dix années du projet BV-Lac.

## Mode d'utilisation de l'outil Olympe

Le réseau de fermes de référence a été mis en place en 2008, constitué alors de 55 exploitations, puis réduit à 15 exploitations jugées représentatives, en 2011, pour effectuer une analyse prospective, centrée sur les attendus de l'adoption de l'agriculture de conservation, par le biais d'une exploration de différents scénarios possibles. Ce réseau a permis de mesurer l'impact potentiel, à l'échelle des systèmes de culture puis à celle de l'exploitation, de l'adoption des nouvelles pratiques proposées par le projet (systèmes de cultures en agriculture de conservation) (Penot *et al.*, 2015). Les acteurs concernés par ce dispositif ont été les paysans enquêtés, régulièrement invités à des sessions de restitution des résultats, les 60 techniciens et ingénieurs impliqués dans le projet (issus de la cellule du projet, de bureaux d'étude ou d'organisations non gouvernementales), chargés des activités d'expérimentation et de vulgarisation, et les chercheurs du Cirad et du Fofifa (Centre national de la recherche appliquée au développement rural, de Madagascar). Les restitutions, organisées en salle ou parfois dans des villages, permettent de discuter des résultats mais aussi d'améliorer la modélisation en tenant compte des observations des participants, et de définir de nouvelles simulations sur la base de leurs propositions.

## Résultats produits grâce à l'outil Olympe

Les résultats montrent qu'au-delà d'un noyau limité, constitué de 600 paysans ayant adopté complètement les techniques de l'agriculture de conservation, un grand nombre d'exploitants ont effectué une adoption partielle de techniques agro-écologiques et obtenu des résultats divers, et non encore réellement estimés. Si les techniques préconisées en agriculture de conservation sécurisent la production et semblent permettre un maintien de la fertilité, c'est encore l'intensification classique (avec une importante fertilisation par des engrais minéraux ou organiques) qui assure les meilleurs rendements, et donc les meilleurs revenus. La quantification apportée par la modélisation avec Olympe a permis de détailler les coûts et les marges des paysans, et donc de relativiser l'impact réel de l'adoption de l'agriculture de conservation sur les revenus d'une exploitation agricole utilisant de faibles niveaux d'intrants. L'impact est plus important sur la stabilité de la production à moyen terme. L'analyse prospective a aussi permis, en testant différentes innovations techniques possibles et leur impact sur les résultats économiques des exploitations, et en prenant en compte la variabilité existante entre exploitations, de faire évoluer la perception des techniciens du projet de développement sur les choix techniques qu'ils proposent. Ainsi, de nouvelles actions ont été proposées par le projet en matière d'expérimentation agronomique, de propositions techniques faites aux agriculteurs et de formation pour les agriculteurs. D'une certaine manière, les paysans ont été les premiers bénéficiaires de ces actions de modélisation, du fait de la prise en compte de leur réalité et de leurs contraintes, permettant ainsi une évolution de l'offre de vulgarisation. La figure 16.1 illustre cette démarche.

# ▸▸ Cikeda : un outil informatisé pour la co-conception de systèmes mixtes au Burkina Faso

## Contexte et problématique dans l'Ouest du Burkina Faso

À l'image d'autres zones d'Afrique subsaharienne, l'Ouest du Burkina Faso a connu, ces trente dernières années, un accroissement démographique et un phénomène de sédentarisation des populations. L'augmentation de la défriche des parcours pour augmenter les surfaces cultivées, parallèlement à un accroissement des effectifs de cheptel bovin chez les pasteurs et les agriculteurs, a engendré des antagonismes entre ces deux catégories de producteurs. Dans le cadre d'une collaboration entre le Cirad et des partenaires burkinabé de recherche, l'un des enjeux de notre recherche et développement était de mettre au point, et d'expérimenter avec les producteurs, de nouveaux systèmes de production permettant de renforcer les complémentarités entre agriculture et élevage. Ces nouveaux systèmes incluent, par exemple, des innovations basées sur l'intégration des cultures fourragères ou sur une valorisation des résidus de culture. Il s'agissait par ailleurs de renouveler les démarches de co-conception de systèmes de production, et d'accompagnement des producteurs. Des outils de simulation du fonctionnement de l'exploitation ont été utilisés pour cela. Nous présentons l'un des outils conçus, Cikeda (signifiant « exploitation » en dioula), la façon dont il a permis aux paysans l'ayant utilisé d'évaluer *ex ante* différents scénarios de changement qu'ils avaient eux-mêmes définis, et l'effet de la démarche sur leurs connaissances et leurs pratiques.

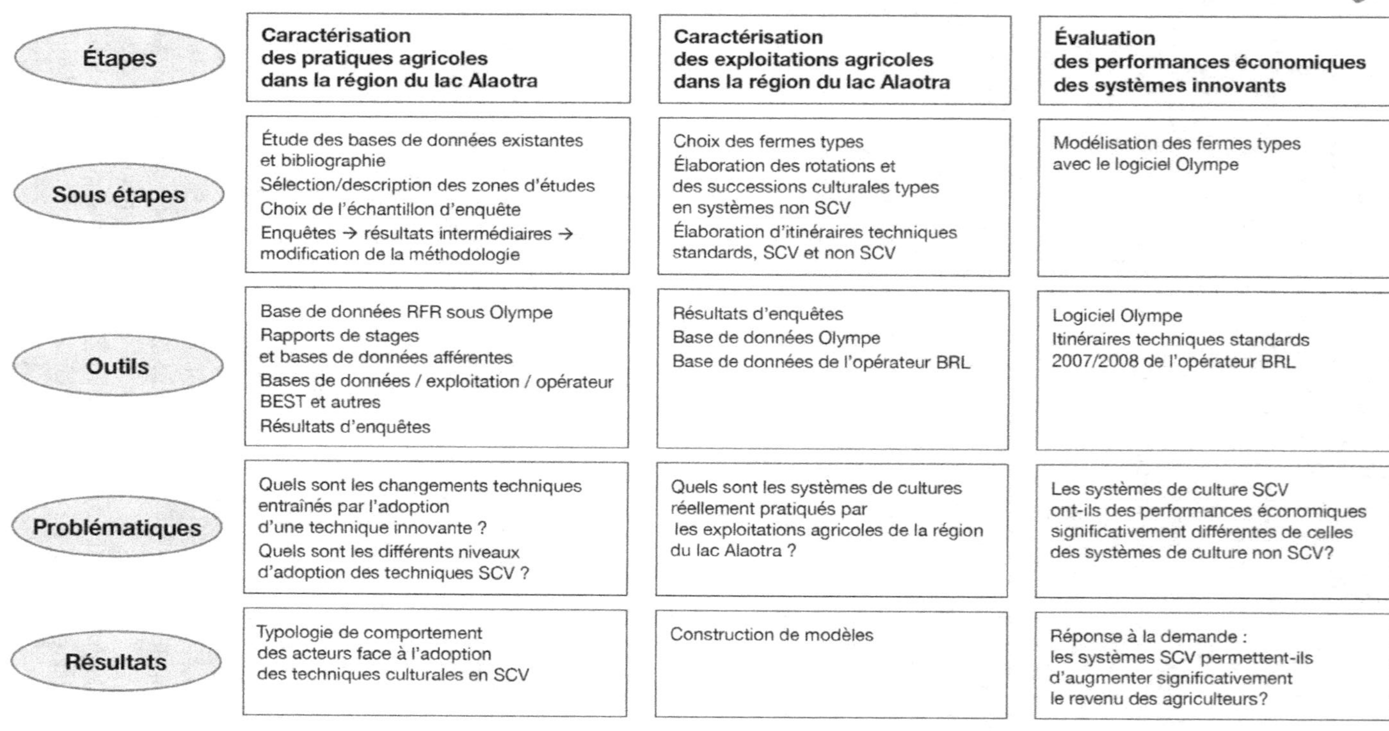


**Figure 16.1.** Démarche méthodologique utilisant Olympe dans la région du lac Alaotra (Madagascar).

## Caractéristiques et objectifs de l'outil Cikeda

Cikeda vise à renforcer les démarches de co-conception de systèmes de production dans le cadre d'une démarche participative impliquant le chercheur, le producteur et le technicien (du ministère de l'agriculture ou de l'élevage). Cet outil permet de calculer l'effet de différentes alternatives techniques et organisationnelles sur des flux de ressources (résidus, fumure organique, céréales) à l'échelle de l'exploitation, sous forme de bilans, fourrager, minéral ou céréalier, ainsi que sur le revenu (Andrieu *et al.*, 2012). Il a été élaboré à partir d'enquêtes sur le fonctionnement des exploitations, ainsi que des ateliers successifs d'échanges avec les producteurs entre 2008 et 2013, pour que ses entrées et ses sorties soient choisies ou que la spécificité des exploitations soit mieux prise en compte. Il a été utilisé pour permettre à des producteurs de comparer les performances de différents choix stratégiques et tactiques et, en particulier, celles de différents scénarios d'intégration de l'agriculture à l'élevage (Sempore *et al.*, 2016).

## Mode d'utilisation de l'outil Cikeda

Cikeda a été utilisé par des techniciens ou des chercheurs pour appuyer la prise de décision de treize producteurs représentatifs des trois types d'exploitants (agriculteurs, éleveurs, agro-éleveurs[2]) rencontrés dans les villages de Koumbia et de Kourouma, situés dans l'Ouest du Burkina Faso. Différents scénarios interactifs, c'est-à-dire élaborés et discutés avec les producteurs, ont été simulés : un scénario 0, de référence, correspondant aux caractéristiques actuelles de chaque exploitation et à ses pratiques, et différents scenarios prospectifs où des changements stratégiques et tactiques ont été introduits par le producteur, en interaction avec un chercheur (Sempore *et al.*, 2015 ; 2016) ou un technicien (Andrieu *et al.*, 2012), en se basant sur les résultats obtenus dans les scénarios précédents. Les innovations évaluées étaient variées et en lien avec l'orientation stratégique de l'exploitation. Il s'agissait, par exemple, de la production de compost chez les agriculteurs et les agro-éleveurs, de l'introduction de cultures fourragères et de stockage de résidus de culture chez les agro-éleveurs et les éleveurs, ou de l'introduction d'un atelier d'embouche bovine chez ces mêmes producteurs. Des enquêtes ont ensuite été menées auprès des producteurs ayant utilisé Cikeda, pour évaluer leur perception sur l'outil, l'effet de la démarche sur leurs connaissances et leurs pratiques en matière d'intégration de l'agriculture à l'élevage.

## Résultats produits grâce à Cikeda

L'utilisation de Cikeda a permis aux paysans d'évaluer de façon systémique et prospective différentes innovations pour leurs systèmes de culture et d'élevage, avant de les tester en vraie grandeur, et de sélectionner les options utiles et réalisables à court terme. La co-conception et la simulation des solutions, ou stratégies, alternatives

---

2. Un agriculteur peut avoir quelques animaux de trait ; dans le cas des agro-éleveurs, les effectifs animaux sont plus importants pour l'embouche.

ont conduit à une évolution rapide des pratiques de gestion en matière de fertilité des sols et d'alimentation des animaux chez les treize producteurs ayant testé la démarche entre 2009 et 2013 (six producteurs à Koumbia, sept à Kourouma). Ces changements ont été notamment favorisés par de meilleures connaissances et perceptions, de la part des producteurs, des flux de biomasse fourragère et de fumure entre les systèmes de cultures et ceux d'élevage, sur leurs fermes.

L'utilisation de l'outil pour évaluer différents scénarios pour la prochaine saison de culture, avec six producteurs entre 2011 et 2012, les a sensibilisés sur la nécessité de mieux planifier la gestion de la fumure organique et de l'alimentation du bétail par des fourrages. Ainsi, l'un des agro-éleveurs ayant testé l'outil a reconnu la nécessité de se préparer pour la campagne d'embouche, non pas, comme il avait l'habitude de le faire, une fois la saison de récolte terminée, mais avant qu'elle débute, pour décider de la taille de la sole fourragère et des stocks de résidus à réaliser. Les agriculteurs ont considéré que leurs connaissances sur la production d'engrais et sur la fertilisation des cultures avaient été améliorées, de même que leur capacité d'évaluation des quantités de résidus à récolter pour répondre aux besoins de leurs animaux de trait et limiter leur dépendance au tourteau de coton. L'aide à la réflexion apportée par la discussion autour des scénarios s'est traduite par des changements de pratiques, en particulier par une augmentation des stocks d'engrais organiques auto-produits par rapport aux pratiques initiales.

Ce cas d'étude montre l'intérêt de l'évaluation s'appuyant sur un outil informatisé, mise au service d'une démarche de co-conception, avec l'exploitant agricole, des systèmes de production, à l'aide de scénarios intégrant et comparant des innovations qui favorisent ou optimisent les relations entre l'agriculture et l'élevage. Cependant, une limite de la démarche réside dans le temps à consacrer à chaque exploitation, ce qui n'a pas permis d'envisager un transfert de l'outil Cikeda aux structures de conseil, même si les techniciens ont participé à sa conception et à son utilisation. Une réflexion doit être menée pour que ce type d'outil puisse servir à la formation des techniciens, pour les ouvrir à la complexité des exploitations et au nécessaire dialogue avec les exploitants agricoles, pour améliorer les systèmes de production.

## ▸▸ Les enseignements des deux études de cas

### Avantages et limites des démarches et des outils de simulation

Les cas d'étude présentés illustrent deux démarches d'évaluation quantitative du fonctionnement des exploitations, mises en œuvre au Burkina Faso et à Madagascar pour accompagner des innovations agronomiques (agriculture de conservation et gestion des résidus de culture et des cultures fourragères pour l'alimentation des animaux et la production de fumure). Ces démarches mobilisant des logiciels informatiques renseignent de façon quantifiée sur les avantages et les inconvénients liés à l'adoption d'une innovation technique (agriculture de conservation) ou d'un ensemble de techniques et de modalités de gestion des différents ateliers de production (intégration de l'agriculture à l'élevage). Cette évaluation porte à la fois sur la situation actuelle des exploitations (évaluation *ex post*) mais aussi, et c'est là la plus-value des démarches, sur des propositions de changement discutées avec les acteurs et sur leurs effets sur les performances de l'exploitation.

Dans les deux cas de figure, les outils utilisés s'appuient sur une connaissance fine du terrain et de la réalité des paysans. Le choix des variables et des processus simulés provient donc d'une vision partagée, avec les acteurs impliqués, de la situation et des problèmes agronomiques à traiter. Ces outils sont complexes, du fait d'une représentation systémique des différentes composantes de l'exploitation et, éventuellement, du ménage (notion de systèmes de production et d'activités). De fait, ils simulent des flux économiques (argent, travail) et, dans le cas de Cikeda, des flux de matière (biomasse, nutriments) entre les différents compartiments de l'exploitation. Ils proposent des bilans annuels, économiques (Olympe) ou agro-économiques (Cikeda), qui peuvent illustrer et comparer des impacts de changements techniques ou organisationnels à l'échelle de l'exploitation agricole. Dans Olympe, le temps est pris en compte à travers la réinjection des sorties de simulation pour une année n, dans les entrées du modèle pour l'année n+1. Dans Cikeda, les changements sont simulés à l'échelle saisonnière (saison sèche et saison des pluies) et agrégés sur l'année. Les évolutions structurelles des exploitations (sur une période supérieure à 10 ans) ne sont pas simulées mais peuvent cependant être rentrées dans le modèle par l'utilisateur, si elles correspondent à un scénario souhaité. Ces modèles peinent néanmoins à analyser les processus de différenciation socio-économique entre exploitations.

De façon générale, l'utilisation de ces outils avec les praticiens (paysans et techniciens) dans le cadre de démarches de co-conception de l'innovation est complémentaire à l'expérimentation en milieu paysan. La modélisation permet de tester une grande diversité de scénarios d'introduction des innovations au sein de l'exploitation, tandis que l'expérimentation permet d'évaluer les performances des innovations les plus prometteuses.

Le caractère potentiellement normatif de ce type d'outils implique une approche prudente et contextualisée quant à leur utilisation. Les résultats des évaluations mobilisant des outils informatiques ne doivent pas être pris en valeur absolue, mais comme une base de discussion avec les acteurs pour évaluer l'adoption d'innovations en *ex post* ou en *ex ante*, ou pour évaluer les changements de trajectoire des exploitations.

## Appropriation de ces outils de simulation par les acteurs

Les outils ont été principalement conçus pour tester de nouveaux systèmes de production et accompagner les agriculteurs. Mais ils ont aussi été utilisés pour la formation des techniciens et des ingénieurs des projets ou pour celle des étudiants. Ainsi, dans le cas de Cikeda, l'outil a servi à animer des travaux avec les étudiants de l'université burkinabé de Bobo-Dioulasso. Dans le cas d'Olympe, il a permis de former l'équipe du projet BV-Lac et les étudiants d'universités locales ou françaises associées au projet.

Pour autant, ces outils n'ont pas été repris par les partenaires du développement (organisations non gouvernementales, organisation de producteurs, etc.) quand l'appui de la recherche s'est arrêté. Cikeda a été testé avec des techniciens des ministères de l'agriculture et de l'élevage, mais la recherche s'est focalisée essentiellement sur les changements de connaissances et de pratiques permis par l'outil dans une démarche de co-conception de l'innovation, et peu sur les conditions d'utilisation de l'outil au sein des structures de conseil. Olympe a été utilisé, avec l'appui de la recherche, dans le cadre d'un autre projet (BVPI-SEHP[3]) à Madagascar entre 2006 et 2013, en s'appuyant sur quatre réseaux de fermes de référence, mais les activités se sont arrêtées après la clôture des projets, en partie à cause de la faiblesse des organisations de conseil dans le contexte malgache.

Il existe cependant une réelle difficulté pour les organisations de conseil des pays du Sud à se saisir de ces outils complexes, pour accompagner les agriculteurs dans le cadre d'un conseil de groupe (courant en Afrique) ou d'un suivi individuel des exploitations (courant en Europe, aux États-Unis ou en Australie). Pour Olympe, une expérimentation a cependant montré que l'utilisation pour un conseil individuel est plus aisée et pertinente pour les grandes exploitations, alors que les outils n'ont pas été créés spécialement pour ce type d'exploitation. Cikeda n'a pas été testé avec des groupes d'agriculteurs. Mais, au-delà de cette distinction entre conseil individuel et conseil de groupe, les deux expériences n'ont pas cherché à évaluer les coûts pour la structure de conseil, liés à l'usage des outils, en matière de formation des techniciens, d'acquisition d'équipements informatiques ou de nouvelle organisation du travail des conseillers.

Au final, deux options sont possibles par rapport à l'appropriation des outils au-delà de la recherche. Soit on considère que la structure et l'usage des outils sont situés. Ils dépendent du contexte dans lequel ils sont construits, de la nature des innovations évaluées, mais également des compétences des concepteurs, et dans ce cas l'outil est amené à disparaître une fois les objectifs spécifiques atteints. C'est le cas dans nos deux exemples, car il apparaît que les outils ont été conçus prioritairement pour répondre à une question spécifique de recherche ou d'un projet. Soit on considère que l'outil peut avoir un intérêt, au-delà des questions spécifiques posées par le chercheur ou le projet, notamment pour des organisations de conseil ou des observatoires régionaux, et alors il faut revoir la conception des outils. Une plus grande participation des acteurs du développement est nécessaire au moment de la conception des outils, pour que ceux-ci soient, d'une part, plus adaptés aux besoins des acteurs et, d'autre part, puissent être éventuellement appropriés par ces acteurs, en s'inscrivant dans le fonctionnement des organisations qui sont censées les utiliser.

## ▸▸ Conclusion : l'apport de la simulation dans l'évaluation des processus d'innovation

Ce chapitre présente à travers deux études de cas comment l'utilisation d'outils de simulation peut contribuer efficacement à la co-conception et l'évaluation des innovations dans les exploitations agricoles. À Madagascar, l'utilisation d'Olympe a permis à travers une analyse *ex post* de relativiser l'impact réel de l'adoption d'une innovation comme l'agriculture de conservation, notamment au niveau des revenus de

---

3. Bassins versants et périmètres irrigués dans le Sud-Est et sur les hauts plateaux.

l'exploitation agricole. Elle a également permis par une analyse *ex ante* de montrer son intérêt à moyen et long termes sur la stabilité des revenus. Au Burkina Faso, l'utilisation de Cikeda a permis d'analyser *ex post* les performances des exploitations existantes et *ex ante* de nouvelles modalités d'intégration de l'agriculture et de l'élevage et de tester l'intérêt de l'outil dans une démarche d'accompagnement de ces innovations auprès de paysans. Nous voulons cependant signaler que les évaluations par simulation mériteraient d'être couplées avec des méthodes d'évaluation qualitative des trajectoires d'exploitation afin de mieux prendre en compte les interactions entre les exploitations et leur environnement. Il semble aussi important de mieux analyser les conditions de conception et d'utilisation de ces outils par les organismes de conseil, afin d'améliorer le conseil en prenant en compte la complexité de l'exploitation.

## ▶▶ Références bibliographiques

Andrieu N., Descheemaeker K., Sanou T., Chia E., 2015. Effects of technical interventions on flexibility of farming systems in Burkina Faso: Lessons for the design of innovations in West Africa. *Agricultural Systems,* 136, 125-137.

Andrieu N., Dugué P., Le Gal P.-Y., Rueff M., Schaller N., Sempore A., 2012. Validating a whole farm modelling with stakeholders: Evidence from a West African case. *Journal of Agricultural Science*, 4, 159-173.

Barreteau O., Antona M., D'Aquino P., Aubert S., Boissau S., Bousquet F., Daré W., Etienne M., Le Page C., Mathevet R., Trébuil G., Weber J., 2003. Our companion modelling approach. *Journal of Artificial Societies and Social Simulation*, 6(1), <http://jasss.soc.surrey.ac.uk/6/2/1.html> (consulté le 19 mars 2018).

Cialdella N., Dobremez L., Madelrieux S., 2009. Livestock farming systems in urban mountain regions: differentiated paths to remain in time. *Outlook on Agriculture,* 38(2), 127-135.

Duru M., Felten, B., Theau J.-P., Martin G., 2012. A modelling and participatory approach for enhancing learning about adaptation of grassland-based livestock systems to climate change. *Regional Environmental Change*, 12, 739-750.

Le Gal P.-Y., Dugué P., Faure G., Novak S., 2011. How does research address the design of innovative agricultural production systems at the farm level? A review. *Agricultural Systems*, 104, 714-728.

López-Ridaura S., Masera O., Astier M., 2002. Evaluating the sustainability of complex socioenvironmental systems. The MESMIS framework. *Ecological Indicators*, 2(1), 135–148.

Penot E., 2012. *Exploitations agricoles, stratégies paysannes et politiques publiques. Les apports du modèle Olympe*, Éditions Quæ, Versailles, 350 p.

Penot E., Domas R., Fabre J., Poletti S., Macdowall C., Dugué P., Le Gal P.-Y., 2015. Le technicien propose, le paysan dispose. Le cas de l'adoption des systèmes de culture sous couverture végétale au lac Alaotra, Madagascar. *Cahiers Agriculture,* 24, 84-92, <http://agritrop.cirad.fr/575868/1/document_575868.pdf> (consulté le 19 mars 2018).

Sempore A.W., Andrieu N., Le Gal P.-Y., Nacro H.B., Sedogo M.P., 2016. Supporting better crop-livestock integration on small-scale West African farms: a simulation based approach. *Agroecology and Sustainable Food Systems*, 40(1), 3-23.

Sempore A.W., Andrieu N., Nacro H.B., Sedogo M.P., Le Gal P.-Y., 2015. Relevancy and role of whole-farm models in supporting smallholder farmers in planning their agricultural season. *Environmental Modelling & Software*, 68, 147-155

van Ittersum M.K., Ewert F., Heckelei T., Wery J., Olsson J.A., Andersen E., Bezlepkina I., Brouwer F., Donatelli M., Flichman G., Olsson L., Rizzoli A.E., van der Wal T., Wien J.E., Wolf J., 2008. Integrated assessment of agricultural systems – A component-based framework for the European Union (SEAMLESS). *Agricultural Systems,* 96, 150-165.

Spirale de l'innovation © Eric Vall

# Quelles innovations au service d'une agriculture durable?

Gaël Giraud[1]

Ce que nous mangeons et comment nous le produisons témoigne de notre rapport au monde, à l'espace et à autrui. Réfléchir sur les innovations dans les secteurs de l'agriculture et de l'alimentation supposait donc de se pencher sur les liens entre ces innovations et notre rapport au monde. C'est là que réside la principale force de cet ouvrage : les innovations agricoles et alimentaires y sont appréhendées au prisme des débats de société dans lesquels elles s'inscrivent, que ce soit au sujet du bien-être animal, de la préservation de la biodiversité ou de l'accès à une alimentation équilibrée pour tou.te.s.

L'équation consistant à nourrir de manière équilibrée une population grandissante face à des ressources naturelles limitées (et pour certaines, comme le cuivre ou le phosphate, en voie de raréfaction relative) est bien difficile à résoudre. Comment nourrir deux milliards d'habitants supplémentaires d'ici à 2050 sans toucher aux limites physiques de notre planète ? Déjà, aujourd'hui, 815 millions de personnes souffrent de la faim dans le monde, selon la FAO. L'accès à une alimentation saine et équilibrée pour tou.te.s n'est pas assuré. Et cela ne va certainement pas s'arranger car les dérèglements climatiques promettent d'impacter violemment l'agriculture, à commencer par les rendements des sols. D'après la dernière synthèse du Giec (Groupe d'experts intergouvernemental sur le changement climatique), à l'échelle mondiale, le rendement du blé a perdu un peu plus de 5 % entre 1980 et 2010 du fait des premières perturbations climatiques observables. Sans mesures d'adaptation,

---

1. Économiste en chef de l'AFD, directeur de recherche CNRS, professeur à l'École nationale des Ponts et Chaussées, directeur de la chaire Énergie et Prospérité.

le changement climatique devrait réduire les rendements agricoles médians de 2 % par décennie. Or, pour répondre à la demande mondiale croissante de nourriture, il faudrait augmenter la production de 14 % par décennie. Sur le front de la biodiversité, les nouvelles ne sont pas meilleures : nous assistons à une vaste migration du vivant, de l'équateur vers les pôles et des plaines vers les sommets, l'aire favorable à une espèce donnée se déplaçant à la surface du globe de 6 km par an, en moyenne. Une bagatelle pour les bipèdes, mais une gageure pour les couverts végétaux...

Source de revenus pour 2,5 milliards de personnes, grande consommatrice de ressources naturelles telles que l'eau et le phosphate, à la fois victime des aléas climatiques et contributrice au réchauffement planétaire (24 % des émissions de gaz à effet de serre sont d'origine agricole, si l'on inclut le changement d'utilisation des sols), l'agriculture est un secteur décisif dans l'avènement des grandes transitions : écologique, bien sûr, mais aussi sociale et démographique, numérique, politique et énergétique. Qui plus est, elle repose en majorité sur une petite paysannerie dont les conditions de vie sont souvent proches du seuil d'extrême pauvreté. Paradoxe que l'on retrouve dans toutes nos sociétés contemporaines : la valorisation sociale du travail semble inversement proportionnelle à la contribution de ce dernier à l'intérêt général. Ainsi, dans les grandes métropoles, en cas de catastrophe globale, l'un des métiers qu'il faut à tout prix sécuriser, ce n'est ni celui de joueur de football, ni celui d'avocat d'affaires mais les manutentionnaires des machines d'évacuation d'eaux usées. Sans eux, aucune ville ne peut survivre au-delà de quelques semaines. *Mutatis mutandis*, il en va de même à l'échelle mondiale : sans les petits paysans du delta du Mékong ou du golfe de Guinée, l'écrasante majorité de l'humanité n'aurait plus les moyens de survivre au-delà de quelques semaines...

L'innovation agricole et alimentaire est donc décisive pour la transformation de nos systèmes alimentaires et pour la transition de nos économies vers des sociétés décarbonées, justes, et résilientes aux effondrements des écosystèmes naturels qui menacent dès aujourd'hui.

## ▸▸ Quels chemins technologiques ?

Comme le relève l'ouvrage, le choix des voies technologiques à privilégier pour faire en sorte que les innovations agricoles et alimentaires contribuent à la transition écologique est source de vifs débats. La controverse est forte entre, notamment, les tenants de l'intensification technique de l'agriculture, les promoteurs de l'intensification écologique et les adeptes des pratiques agro-écologiques, de l'agriculture biologique ou de l'agriculture paysanne. Ces débats sont le reflet des différentes trajectoires possibles vers une agriculture durable qui s'offrent à nous. À l'évidence, ils relèvent de véritables choix de société au même titre que le choix du bouquet énergétique qui devra caractériser nos économies dans la décennie 2030.

Jusque dans les années 1990, les modèles agricoles suggérés par la communauté des bailleurs internationaux aux pays du Sud étaient majoritairement ceux de la révolution verte. La tendance était à l'uniformisation des pratiques agricoles en vue d'augmenter les rendements. Les agriculteurs étaient alors rarement perçus comme vecteurs d'innovation. Désormais, les potentiels d'inventivité paysanne, souvent frugale, sont davantage reconnus. Dans les cacaoyères en Afrique, par exemple, les fientes de poulet commencent ainsi à être utilisées pour maintenir la fertilité des sols tout en évitant des apports d'engrais de synthèse, émetteurs de gaz à effets de serre. Les innovations paysannes peuvent également constituer une source d'inspiration pour les chercheurs travaillant sur une transition agro-écologique de la cacaoculture africaine. Au Cameroun et en Côte d'Ivoire, on assiste à la redécouverte ou au maintien de systèmes d'agroforesterie complexes, où le cacaoyer est associé à d'autres espèces pérennes, forestières et fruitières, aux usages multiples. Au Ghana, une forme plus simple d'agroforesterie est utilisée ; la cacaoyère est entourée d'orangers, de tecks ou de toute autre espèce, alliant trois propriétés : un revenu ou une espérance de revenus, un service écologique potentiel, par exemple sous forme de coupe-vent, et un meilleur marquage foncier.

Les innovations agricoles et alimentaires prennent de multiples formes et touchent toute la chaîne de valeur, de la production à la consommation. Elles peuvent permettre de dépasser le modèle productiviste de la révolution verte et d'adapter l'agriculture aux changements climatiques et aux effondrements de biodiversité déjà en cours. De la mise en œuvre d'innovations techniques dans des zones particulièrement vulnérables aux dérèglements écologiques dépend le maintien de l'agriculture dans ces zones. C'est le cas, par exemple, au Sahel, où la variabilité des précipitations pourrait s'accroître et mettre en danger la sécurité alimentaire de populations dont la transition démographique n'est pas achevée. L'utilisation du *zaï* (système de trous à semis en demi-lune) pourrait être étendue, pour permettre de conserver la fertilité du sol, utiliser le ruissellement des eaux de pluie et ainsi lutter contre la sécheresse. De même, avec un climat futur plus chaud, certaines variétés de céréales traditionnelles seraient moins vulnérables que les variétés améliorées en raison de leur caractère photopériodique.

Le numérique et l'intelligence artificielle démultiplient les possibilités d'innovations au service d'une agriculture durable dans ses trois dimensions, sociale, environnementale et économique. La récolte de nombreuses données, que ce soit à partir d'imageries satellitaires, par le biais de capteurs directement implantés sur la parcelle, ou *via* les plateformes numériques, permet de disposer d'informations précieuses sur l'état des sols, l'évolution de la météorologie, la disponibilité des produits ou encore la localisation des consommateurs. Cela ouvre des possibilités innombrables de meilleure gestion sur l'ensemble du secteur, de la production jusqu'à la distribution. Le prix Digital Africa 2017, financé par l'Agence française de développement et la Banque publique d'investissement, a ainsi récompensé deux *start-ups* dans le secteur agricole dont les activités entrent de plain-pied dans cette nouvelle ère numérique. La première, E-Tumba, propose une solution d'analyse de données sur la parcelle pour simuler le développement des cultures, prédire les rendements et proposer des conseils individualisés à l'échelle de la parcelle tandis que la seconde, Farm Drive, a développé un modèle d'analyse du risque de l'activité des petits agriculteurs grâce aux données géographiques, biologiques et d'images satellitaires. Les applications conçues dans les domaines agricole et alimentaire sont extrêmement nombreuses et favorisent souvent la mise en réseau, comme cette « appli » qui met en lien les commerçants ayant des invendus avec les consommateurs désireux de manger des aliments à moindre coût.

En amont de la filière agricole elle-même, le procédé Watex, d'exploration des sources aquifères profondes, mis au point par l'ingénieur Alain Gachet, pourrait permettre d'identifier les ressources souterraines en eau potable jusqu'à présent inexploitées. La bonne nouvelle à ce sujet, dans un monde où le cycle de l'eau est déjà fortement perturbé et le sera davantage demain, c'est qu'il y a beaucoup plus d'eau potable sous terre qu'à la surface du globe. Mais son exploitation raisonnée suppose un certain nombre de conditions drastiques. En premier lieu, l'usage de l'eau déjà disponible doit être plus économe : les pertes, dans le domaine agricole comme dans l'usage final de l'eau à destination des urbains, sont colossales et les marges de progression, par conséquent, immenses. En second lieu, la question du recyclage et de l'assainissement est prioritaire, sans quoi un afflux supplémentaire d'eau pourrait avoir des effets sanitaires désastreux. En troisième lieu, quand bien même nous saurions où se trouvent les sources aquifères, encore faut-il pouvoir y accéder : l'exploitation d'une nappe enfouie à – 400 mètres exige des infrastructures analogues à celles qui permettent aux pétroliers d'extraire les hydrocarbures fossiles. Les coûts associés peuvent être importants et doivent être mesurés *ex ante*. Enfin, nous devons savoir que l'eau enfouie sous terre est la dernière eau «propre» dont l'humanité dispose et que nous n'avons pas de seconde planète bleue.

Reste que, si l'innovation technique dans les secteurs de l'agriculture et de l'alimentation est une nécessité pour répondre aux défis agricoles et alimentaires, elle peut aussi représenter une menace. L'utilisation des néonicotinoïdes en agriculture en illustre bien l'ambivalence. Introduits dans les années 1990 pour lutter contre les ravageurs de culture, ils se sont avérés destructeurs pour les pollinisateurs. Il a fallu plus de vingt ans pour que l'Union européenne interdise l'utilisation de trois néonicotinoïdes dans les cultures en plein champ, après que de nombreuses études ont pourtant prouvé la toxicité de ces produits pour les abeilles. Cet exemple souligne combien la recherche du profit privé de court terme peut faire obstacle à l'intérêt général, car il est avéré aujourd'hui que les campagnes de désinformation et de corruption (y compris de scientifiques honorables) qui ont permis d'entretenir le doute collectif sur la toxicité de ces insecticides ont été financées par des industriels directement intéressés à retarder le moment de leur interdiction. L'évaluation des impacts d'une innovation ne peut évidemment pas se faire à l'aune du rendement supplémentaire éventuellement apporté par l'innovation et encore moins du possible supplément de revenu dégagé.

## ▸▸ L'environnement financier

En dehors de l'innovation technique agricole et des possibilités ouvertes par le numérique, une réelle créativité est de rigueur en faveur d'une meilleure gestion agricole durable. Dans le domaine du financement, je pense par exemple au crédit «*warrantage*», qui permet à un agriculteur d'accéder à un crédit rural en mettant en garantie une partie de sa production. Bien sûr, ce genre de dispositif doit être manié avec une extrême prudence, compte tenu des risques qu'il fait encourir au dit agriculteur si ce dernier se révélait incapable d'honorer sa garantie. Les problèmes d'aléa moral sont légion dans ce domaine comme dans celui du micro-crédit notamment. Et l'on sait qu'une mauvaise gestion de ce dernier a déjà conduit à des tragédies, dont les suicides en série en Inde ne sont qu'une illustration partielle.

Mais construire un environnement financier favorable à une agriculture mondiale durable, cela passe aussi par une régulation internationale des marchés d'actifs financiers dérivés sur les matières premières agricoles. On le sait, le prix de ces denrées élémentaires (qui conditionne à la fois la survie des petits agriculteurs et l'accès à l'alimentation de l'humanité tout entière) n'est plus dicté à court terme par l'égalité de l'offre et de la demande globales de produits agricoles mais par les mouvements de capitaux sur les actifs dérivés dont ces produits sont les sous-jacents – en particulier les contrats futurs de livraison à terme. Le poids financier des marchés dérivés sur ces produits est souvent plusieurs dizaines de fois plus important que celui du marché *spot* de la denrée elle-même. Et les stratégies de portefeuille qui s'y jouent sont principalement dictées par des objectifs de spéculation largement déconnectés des intérêts des agriculteurs comme de ceux des consommateurs. L'Organisation mondiale du commerce est démunie face à cette réalité, dans la mesure où les marchés financiers n'entrent pas dans son périmètre. Il y a donc un enjeu vital à réguler davantage les marchés financiers internationaux dérivés sur les produits agricoles. La même problématique vaut évidemment pour l'ensemble des actifs dérivés, et au premier chef pour ceux dont les sous-jacents sont liés à une énergie aussi décisive que le pétrole. La différence considérable qui sépare néanmoins ces deux types de marchés, c'est que le secteur pétrolier possède un pouvoir de lobbying sur les régulateurs financiers sans comparaison avec celui des paysanneries du Sud.

## ▸▸ Biodiversité et communs

L'impact des innovations sur la biodiversité, et particulièrement sur les espèces communes, est souvent mal mesuré. La biodiversité dite «commune» est en effet souvent mise de côté dans l'évaluation des impacts des innovations techniques, alors qu'elle peut remplir des fonctions importantes dans l'écosystème ou le paysage. Les espèces communes jouent ainsi un rôle essentiel dans le maintien de l'ensemble de la biodiversité, que ce soit de manière directe (les arbres porteurs de micro-habitats utilisés par les insectes et la faune cavicole, par exemple) ou indirecte (les interactions de type prédation ou pollinisation). Cette interdépendance entre espèces a été soulignée par les travaux récents du Muséum national d'histoire naturelle et du Centre national de la recherche scientifique qui pointent la disparition d'un tiers des populations d'oiseaux en quinze ans dans les campagnes françaises.

Comment préserver le patrimoine génétique de la faune et de la flore ? La diversité génétique des variétés paysannes de semences et de plants est le fruit d'une innovation individuelle et collective sur le long terme. Elle favorise la résilience des populations animales et végétales à des conditions écologiques changeantes. Par exemple, au Sénégal, certains agriculteurs du bassin arachidier, pour bénéficier de la reprise actuelle des pluies, ont récemment réintroduit des variétés de mil à cycle long qui avaient été abandonnées durant les sécheresses des années 1970. Mais la diversité génétique est mise à mal par les monocultures. Une étude de la Fondation pour la recherche sur la biodiversité publiée en 2011 sur les indicateurs permettant de suivre la diversité génétique des plantes cultivées souligne, par exemple, une homogénéisation génétique et spatiale d'une espèce très cultivée en France, le blé tendre. La Fondation s'alarme de la croissante fragilité des cultures de blé vis-à-vis des changements de l'environnement en cours et à venir (pathogènes, sécheresses, pratiques agricoles durables...). Dans le modèle de l'agriculture intensive, la diversité génétique des plantes n'est plus maintenue dans les champs par les agriculteurs. En attendant que soient inventés des modèles de sauvegarde de la biodiversité agricole (au-delà des «frigos» des centres de recherche ou du célèbre «frigo» mondial à semences, qui ne permettent pas de tout conserver), il est urgent de réfléchir aux moyens de sauvegarder la biodiversité dans les champs.

Une des voies possibles pourrait être de considérer le patrimoine génétique des plantes comme un «commun», autour duquel une ou plusieurs communautés pourraient se constituer en vue de sa préservation. On a vu, par exemple, des communs se former dans certains pays du Sud pour la conservation des variétés paysannes, en marge et en complément des semences pures inscrites aux catalogues nationaux des pays. De manière générale, la gestion de ressources naturelles comme des communs est susceptible de constituer un troisième mode d'appropriation, entre la privatisation et l'étatisation, plus favorable à la préservation d'un monde hospitalier à la présence humaine. Les exemples autour de l'eau sont nombreux : en Jordanie, en Tunisie, en Bolivie, en République démocratique du Congo, des communautés se sont donné leurs propres règles pour gérer la ressource, que ce soit l'eau souterraine ou des services d'accès à l'eau. L'agriculture et l'alimentation gagneraient à être vues et organisées comme des communs. Tout comme la monnaie ou le travail, par exemple. On le devine, c'est là tout un projet de société qui se dessine !

En matière d'innovation institutionnelle, la création des Associations pour le maintien de l'agriculture paysanne (Amap) dans les années 1990-2000 en Europe a connu un succès sans précédent. En France, selon le mouvement interrégional des Amap, 2 000 associations de ce type auraient été recensées en 2015. Enfin, les innovations sur le volet de la labellisation méritent également d'être mentionnées et notamment la mise en place, depuis les années 1990, des écolabels, fréquemment appelés «standards volontaires de durabilité», qui reposent sur un consentement des uns à payer pour inciter les autres à adopter des modes de production plus durables. En 2012, on estimait que 40 % du café échangé et 22 % du cacao étaient écolabellisés.

Comme le souligne l'ouvrage, un environnement institutionnel et juridique propice est essentiel pour faire émerger et diffuser les innovations au sein de la société civile et des petites entreprises. Les services d'accompagnement des agriculteurs jouent à ce titre un rôle essentiel. Contrairement à ce qu'un imaginaire libertaire pourrait suggérer, l'État a donc un rôle majeur à jouer pour favoriser l'émergence d'innovations institutionnelles permettant aux humains d'ordonner leur relation au monde qu'ils partagent en commun. Mais, comme l'exemple des néonicotinoïdes le rappelle, c'est aussi à l'État de réglementer l'usage des innovations nuisibles à l'intérêt collectif. À condition qu'il parvienne lui-même à se libérer de la «capture» du régulateur dans laquelle la financiarisation privée des sociétés du Nord le tient parfois enfermé.

À l'ère du «capitalocène», où les activités du décile supérieur des humains les plus fortunés (responsables de 50 % des émissions de gaz à effet de serre) contribuent de manière massive à la destruction en marche de l'écosystème terrestre, il est de notre responsabilité de promouvoir les innovations qui permettront de faciliter l'avènement des transitions écologiques et sociales vers un monde commun plus juste et plus durable.

# Liste des auteurs

**Nadine Andrieu**
CIAT Km 17, Recta Cali-Palmira,
Valle Del Cauca, Cali, Colombie
nadine.andrieu@cirad.fr

**Jean-Marc Barbier**
Inra, La Gaillarde, B27, 2 place Pierre Viala,
34000 Montpellier
jean-marc.barbier@inra.fr

**François Boucher**
IICA, calle San Francisco 1514, 03200,
cuidad de Mexico, Mexique
fymboucher@yahoo.com

**François Bousquet**
Cirad, TA C-47/F,
Campus international de Baillarguet,
34398 Montpellier Cedex 5
francois.bousquet@cirad.fr

**Bernard Bridier**
Cirad, TA C-85/15,
73 rue Jean-François Breton,
34398 Montpellier Cedex 5
bernard.bridier@cirad.fr

**Hélène Brives**
Isara Lyon, 23 rue Baldassini,
69364 Lyon cedex 07
hbrives@isara.fr

**Claire Cerdan**
Cirad, TA C-85/15,
73 rue Jean-François Breton,
34398 Montpellier Cedex 5
claire.cerdan@cirad.fr

**Didier Chabrol**
Le Cézanne A 603, avenue Pont Trinquat,
34070 Montpellier
didier.chabrol@cirad.fr

**Eduardo Chia**
Inra, La Gaillarde, B27, 2 place Pierre Viala,
34000 Montpellier
eduardo.chia@inra.fr

**Yuna Chiffoleau**
Inra, La Gaillarde, B27, 2 place Pierre Viala,
34000 Montpellier
yuna.chiffoleau@inra.fr

**Nathalie Cialdella**
Embrapa Amazônia Oriental,
Travessa Doutor Enéas Pinheiro, s/n, Marco,
Belém, PA, 66095-903, Brésil
nathalie.cialdella@cirad.fr

**Camille Clément**
Inra, La Gaillarde, B27, 2 place Pierre Viala,
34000 Montpellier
camilleleilaclement@gmail.com

**Jean-Paul Danflous**
Station de Bassin Plat, BP 180,
97455 Saint-Pierre Cedex, La Réunion
jean-paul.danflous@cirad.fr

**Stéphane de Tourdonnet**
IRC, Lavalette, 1101 avenue Agropolis,
BP 5098, 34093 Montpellier Cedex 05
stephane.de-tourdonnet@supagro.fr

**Sylvestre Delmotte**
1476 3ᵉ avenue, Québec, G1L2Y2, Canada
sylvestre@sylvestredelmotte.ca

**Agathe Devaux-Spatarakis**
5 bis rue Martel, 75010 Paris
adevaux@quadrant-conseil.fr

**Marie-Laure Duffaud Prévost**
Cermosem, Le Pradel, 07170 Mirabel
ml.duffaud.prevost@gmail.com

**Patrick Dugué**
Cirad, TA C-85/15,
73 rue Jean-François Breton,
34398 Montpellier Cedex 5
patrick.dugue@cirad.fr

**Michel Dulcire**
14 impasse Marjolaine, 34830 Clapiers
michel.dulcire@cirad.fr

**Guy Faure**
Cirad, TA C-85/15,
73 rue Jean-François Breton,
34398 Montpellier Cedex 5
guy.faure@cirad.fr

**Thierry Ferré**
Cirad, TA C-85/15,
73 rue Jean-François Breton,
34398 Montpellier Cedex 5
thierry.ferre@cirad.fr

**Stéphane Fournier**
IRC, Lavalette, 1101 avenue Agropolis,
BP 5098, 34093 Montpellier Cedex 05
stephane.fournier@supagro.fr

**Pierre Gasselin**
Inra, La Gaillarde, B27, 2 place Pierre Viala,
34000 Montpellier
pierre.gasselin@inra.fr

**Gaël Giraud**
Agence française de développement,
5 Rue Roland Barthes,
75598 Paris Cedex 12
giraudg@afd.fr

**Frédéric Goulet**
Cirad, UMR Innovation et développement
dans l'agriculture et l'alimentation,
CPDA-UFRRJ,
CEP 20071-003 Rio de Janeiro, Brésil
frederic.goulet@cirad.fr

**Nabil Hasnaoui Amri**
Montpellier Méditerranée Métropole,
50 place Zeus, BP 9531, 34000 Montpellier
nabil.hasnaoui@gmail.com

**Michel Havard**
CIRDES, 01 BP 454, Bobo-Dioulasso,
Burkina Faso
michel.havard@cirad.fr

**Laure Hossard**
Inra, La Gaillarde, B27, 2 place Pierre Viala,
34000 Montpellier
laure.hossard@inra.fr

**Françoise Jarrige**
Inra, La Gaillarde, B27, 2 place Pierre Viala,
34000 Montpellier
francoise.jarrige@supagro.fr

**Lucette Laurens**
Inra, La Gaillarde, B27, 2 place Pierre Viala,
34000 Montpellier
lucette.laurens@supagro.inra.fr

**Pierre-Yves Le Gal**
Cirad, TA C-85/15, 73 rue Jean-François
Breton, 34398 Montpellier Cedex 5
pierre-yves.le_gal@cirad.fr

**Ismaïl M. Moumouni**
Faculté d'Agronomie, université de Parakou,
BP 123, Parakou, Bénin
ismail.moumouni@fa-up.bj

**Delphine Marie-Vivien**
Cirad/MALICA,
Consortium CASRAD-FAVRI-RUDEC-CIRAD,
298 Kim Ma, Bldg 2G, Hanoï, Viet Nam
delphine.marie-vivien@cirad.fr

**Laura Michel**
université de Montpellier,
faculté de Droit et Science politique,
39 rue de l'Université,
4060 Montpellier cedex 2
laura.michel@umontpellier.fr

**Isabelle Michel**
IRC, Lavalette, 1101 avenue Agropolis,
BP 5098, 34093 Montpellier Cedex 05
isabelle.michel@supagro.fr

**Sébastien Mouret**
Inra, La Gaillarde, B27, 2 place Pierre Viala,
34000 Montpellier
mouret_s@hotmail.com

**Brigitte Nougarèdes**
Inra, La Gaillarde, B27, 2 place Pierre Viala,
34000 Montpellier
brigitte.nougaredes@inra.fr

**Dominique Paturel**
Inra, La Gaillarde, B27, 2 place Pierre Viala,
34000 Montpellier
dominique.paturel@inra.fr

**Philippe Pedelahore**
Organisation africaine de la propriété
intellectuelle (OAPI),
158 place de la Préfecture, BP 887,
Yaoundé, Cameroun
philippe.pedelahore@cirad.fr

**Éric Penot**
Cirad, TA C-85/15,
73 rue Jean-François Breton,
34398 Montpellier Cedex 5
eric.penot@cirad.fr

**Coline Perrin**
Inra, La Gaillarde, B27, 2 place Pierre Viala,
34000 Montpellier
coline.perrin@inra.fr

**Jocelyne Porcher**
Inra, La Gaillarde, B27, 2 place Pierre Viala,
34000 Montpellier
jocelyne.porcher@inra.fr

**Sylvain Quiédeville**
FIBL Ackerstrasse 113, 5070 Frick, Suisse
sylvain.quiedeville@fibl.org

**Pierre Rebuffel**
Cirad, TA C-85/15,
73 rue Jean-François Breton,
34398 Montpellier Cedex 5
pierre.rebuffel@cirad.fr

**Ophélie Robineau**
Cirad, TA C-85/15,
73 rue Jean-François Breton,
34398 Montpellier Cedex 5
robineauophelie@gmail.com

**Claire Ruault**
Gerdal (Groupe d'expérimentation et de
recherche : développement et actions locales),
La Houdinais, 35160 Le Verger
c.gerdal.ruault@wanadoo.fr

**Denis Sautier**
Cirad, TA C-85/15,
73 rue Jean-François Breton,
34398 Montpellier Cedex 5
denis.sautier@cirad.fr

**Pascale Scheromm**
Inra, La Gaillarde, B27, 2 place Pierre Viala,
34000 Montpellier
pascale.scheromm@inra.fr

**Nicole Sibelet**
Cirad, TA C-85/15,
73 rue Jean-François Breton,
34398 Montpellier Cedex 5
nicole.sibelet@cirad.fr

**Zayda Sierra**
Facultad de Educación,
Universidad de Antioquia,
calle 67 No. 53 – 108 - 9-111,
Medellín, Colombia
sierrazayda@yahoo.com

**Luanda Sito**
Universidad de Antioquia,
Sede principal,
Calle 67 n° 53 - 108 – 9-144, Medellín,
Colombia
luanda.soares@udea.edu.co

**Christophe-Toussaint Soulard**
Inra, La Gaillarde, B27, 2 place Pierre Viala,
34000 Montpellier
christophe.soulard@inra.fr

**Fabien Stark**
Agreenium,
42 rue Scheffer, 75016 Paris
fabien.stark@agreenium.fr
fabienstark6606@yahoo.fr

**Hélène Tallon**
hameau d'Ichis, 34390 Prémian
htallon@gmail.com

**Ludovic Temple**
Cirad, TA C-85/15,
73 rue Jean-François Breton,
34398 Montpellier Cedex 5
ludovic.temple@cirad.fr

**Aurélie Toillier**
CEDRES, 03 BP 7210,
Ouagadougou 03, Burkina Faso
aurelie.toillier@cirad.fr

**Jean-Marc Touzard**
Inra, La Gaillarde, B27, 2 place Pierre Viala,
34000 Montpellier
jean-marc.touzard@inra.fr

**Guy Trebuil**
Cirad, TA C-85/15,
73 rue Jean-François Breton,
34398 Montpellier Cedex 5
guy.trebuil@cirad.fr

**Gerardo Ubilla Bravo**
Inra, La Gaillarde, B27, 2 place Pierre Viala,
34000 Montpellier
gerardo.ubilla_bravo@yahoo.fr

Édition : Paule Lacroix
Mise en pages : Hélène Bonnet – Studio 9

Imprimé pour vous par Books on Demand